U0904672

全国安全技能提升培训统编教材

煤矿从业人员安全技能提升培训教材

人力资源社会保障部教材办公室
北京注安注册安全工程师安全科学研究院
组织编写

中国劳动社会保障出版社

图书在版编目（CIP）数据

煤矿从业人员安全技能提升培训教材/人力资源社会保障部教材办公室组织编写. -- 北京：中国劳动社会保障出版社，2021

全国安全技能提升培训统编教材

ISBN 978-7-5167-4879-4

Ⅰ.①煤… Ⅱ.①人… Ⅲ.①煤矿-矿山安全-技术培训-教材 Ⅳ.①TD7

中国版本图书馆 CIP 数据核字（2021）第 116544 号

中国劳动社会保障出版社出版发行

（北京市惠新东街 1 号　邮政编码：100029）

*

三河市华骏印务包装有限公司印刷装订　新华书店经销

787 毫米×1092 毫米　16 开本　20.75 印张　333 千字

2021 年 6 月第 1 版　2021 年 6 月第 1 次印刷

定价：55.00 元

读者服务部电话：（010）64929211/84209101/64921644

营销中心电话：（010）64962347

出版社网址：http://www.class.com.cn

版权专有　侵权必究

如有印装差错，请与本社联系调换：（010）81211666

我社将与版权执法机关配合，大力打击盗印、销售和使用盗版图书活动，敬请广大读者协助举报，经查实将给予举报者奖励。

举报电话：（010）64954652

煤矿从业人员安全技能提升培训教材

编　委　会

（按姓氏笔画排序）

主　　任： 井延海

副 主 任： 周心权　张广富　陈　起　王永双　赵春柱
姜洪君　杨丰宝　尹森山　耿友明　郭　刚

委　　员： 王永刚　王　斌　王志刚　王洪利　王维群
王振武　冯国春　吕孝先　刘文生　刘国兴
刘丽会　刘雨春　刘　洋　刘　聪　连　容
张景钢　李凤仙　李自民　李洪恩　李崇娟
李鹏飞　纪新海　宋梓瑜　杜春艳　杨庆丰
范兴玉　范永杰　陈光伟　赵俊波　赵海涛
尚文忠　钟　雷　郎友刚　郝万年　胡银龙
胡常海　高小辉　贾秀江　倪文耀　菅志勇
崔修义　韩　波　彭　丽　黎云山

内容简介

本书为“全国安全技能提升培训统编教材”之一，属于专业核心课程（培训要点、培训学时详见附录一、附录二），由人力资源社会保障部教材办公室与北京注安注册安全工程师安全科学研究院根据国家职业技能提升行动方案、《应急管理部　人力资源社会保障部　教育部　财政部　国家煤矿安全监察局关于高危行业领域安全技能提升行动计划的实施意见》（应急〔2019〕107 号）及《煤矿从业人员安全生产培训大纲》组织编写。

本书主要内容包括安全生产法律法规、煤矿安全管理、露天煤矿开采安全、井工煤矿开采安全、煤矿职业病防治基本知识、煤矿事故避灾和自救互救基本知识、井工煤矿典型事故案例分析及防范措施等，适用于煤矿从业人员（本教材适用工种详见附录三）安全技能提升培训、安全生产培训与再培训、工伤预防培训等。

前言

实施高危行业领域安全技能提升行动计划，推动从业人员安全技能水平大幅度提升，是贯彻落实《职业技能提升行动方案（2019—2021 年）》《应急管理部　人力资源社会保障部　教育部　财政部　国家煤矿安全监察局关于高危行业领域安全技能提升行动计划的实施意见》（应急〔2019〕107 号，以下简称《实施意见》）和《应急管理部办公厅关于扎实推进高危行业领域安全技能提升行动的通知》（应急厅〔2020〕34 号）部署的重点工作。《实施意见》要求，高危企业在岗和新招录从业人员 100%培训考核合格后上岗；高危企业班组长普遍接受安全技能提升培训，将高危企业班组长轮训一遍；实行企业内安全培训、职业技能培训等学习成果互认；开展在岗员工安全技能提升培训，培训计划要覆盖全员；要分岗位对全体员工考核一遍，考核不合格的，按照新上岗人员培训标准离岗培训，考核合格后再上岗；高危企业新上岗人员安全生产与工伤预防培训不得少于 72 学时，考核合格后方可上岗。

本套“全国安全技能提升培训统编教材”的编写重点突出三个特点：一是重点突出安全操作技能；二是重点突出典型事故案例及事故预防；三是重点突出培训实效。本套教材通过从业人员应知应会的内容，提高从业人员的学习兴趣，激发其学习积极性，使培训内容易学易懂、易于掌握，适合所有从业人员学习掌握安全知识，达到提升其安全技能的培训效果。通过培训，使从业人员了解我国安全生产方针、有关法律法规和规章；熟悉从业人员安全生产的权利和义务；掌握安全生产基本知识、安全操作规程，个人防护、避灾、自救与互救方法，事故应急措施，安全设施和个人劳动防护用品的使用和维护，以及职业病预防知识等，具备与其从事作业场所和工作岗位相适应的知识和能力。根据《实施意见》的要求，从业人员应人手一册本教材，接受安全技能培训，经考试合格后，方准上岗作业。

按照《实施意见》要求："应急管理部门要提供专家、内容资源等支持，会同人力资源社会保障和教育部门组织编制培训大纲和有关教材。"为编写理论与实践相结合的优质教材，推进"产学研"协同创新，人力资源社会保障部教材办公室与北京注安注册安全工程师安全科学研究院组织国内知名高等院校的相关专家学者系统地编写了本套教材，包括企业通用教材和煤矿、非煤矿山、化工危险化学品、金属冶炼、烟花爆竹等高危行业领域教材，并已纳入《国家职业技能提升行动推荐教材目录》。本套教材在编写过程中，由应急管理部门提供专家、内容资源及编写意见。为了发挥专业教材的出版优势，更有力地推动安全技能提升工作，本套教材由中国人力资源和社会保障出版集团中国劳动社会保障出版社出版发行。

人力资源社会保障部教材办公室

北京注安注册安全工程师安全科学研究院

2021 年 5 月

目录

第一章　安全生产法律法规

第二章 煤矿安全管理

第三章　露天煤矿开采安全

第四章 井工煤矿开采安全

第五章 煤矿职业病防治基本知识

第六章　煤矿事故避灾和自救互救基本知识

第七章 井工煤矿典型事故案例分析及防范措施

第一章　安全生产法律法规

第一节　安全生产方针、政策

安全生产是关系人民群众生命财产安全的大事，是经济社会协调健康发展的标志，是党和政府对人民利益高度负责的要求。党中央、国务院历来高度重视安全生产工作，“安全为了生产、生产必须安全”是现代工业的客观需要。《中共中央　国务院关于推进安全生产领域改革发展的意见》中明确，“坚守发展决不能以牺牲安全为代价这条不可逾越的红线”。这条红线是确保人民生命财产安全和经济社会发展的保障线，是矿山行业各单位各职工确保安全生产的责任线。

一、安全生产方针

1. 安全生产方针的内容

《中华人民共和国安全生产法》规定，安全生产工作应当以人为本，坚持人民至上、生命至上，把保护人民生命安全摆在首位，树牢安全发展理念，坚持安全第一、预防为主、综合治理的方针，从源头上防范化解重大安全风险。实行管行业必须管安全、管业务必须管安全、管生产经营必须管安全，强化和落实生产经营单位的主体责任与政府监管责任，建立生产经营单位负责、职工参与、政府监管、行业自律和社会监督的机制。

安全生产方针是安全生产的总方针、总政策，是党和国家针对生产建设的特殊性而制定的工作方针，是社会主义制度优越性的具体体现，是对各行业安全生产工作总的要求和指导原则，它为安全生产工作指明了方向。

2. 安全生产方针的内涵

“安全第一”是指在看待和处理安全同生产和其他工作的关系上，要突出安全，要把安全放在一切工作的首要位置。当生产和其他工作同安全发生矛盾时，安全是主要的、第一位的，生产和其他工作要服从于安全，要做到不安全不生产，风险不管控不生产，隐患不排除不生产，安全措施不落实不生产。

“预防为主”是指在事故预防与事故处理的关系上，应以预防为主，防患于未然。依靠安全风险分级管控和事故隐患排查治理双重预防等有效的防范措施，把风险挺在隐患前面，把隐患挺在事故前面，把事故消灭在发生之前。

“综合治理”是预防事故及其危害的一种最佳方法，在全行业、全系统、全企业各部门的业务关系上，要把安全工作看作一项复杂而艰巨的工作，必须齐抓共管，综合治理；坚持“管理、装备、素质、系统”并重的基本原则，全员、全过程、全方位搞好安全工作。

3. 贯彻安全生产方针的措施

为了贯彻落实安全生产方针，我国安全生产工作要坚持“管理、装备、素质、系统”并重的基本原则。使从业人员做到：

（1）牢固树立“安全第一”的意识，做到不安全不生产。

（2）熟练掌握岗位安全生产职责，做到明责、履责、尽责。

（3）遵守安全管理制度，学法、知法、守法，树立依法从事安全生产的意识。

（4）依规作业，坚决做到不“三违”（违章指挥、违规作业、违反劳动纪律）。

（5）积极参加安全培训及安全技能提升培训，掌握安全生产知识和岗位操作技能，不断提高自身业务素质。

（6）作业前要进行安全风险辨识及安全确认，工作中随时排查事故隐患，发现问题立即报告，在能力范围内应及时处理。

二、安全生产政策

党的十八大以来，习近平总书记作出一系列重要指示，深刻阐述了安全生产的重要意义、思想理念、方针政策和工作要求，强调必须“坚守发展决不能以牺牲安全为代价这条不可逾越的红线”，明确要求“党政同责、一岗双责、齐抓共管、失职追责”。李克强总理多次作出重要批示，强调要以对人民群众生命高度负责的态度，坚持预防为主、标本兼治，以更有效的举措和更完善的制度，切实落实和强化安全生产责任，筑牢安全防线。习近平总书记的重要指示和李克强总理的重要批示，为我国安全生产工作提供了新的理论指导和行动指南。各地区、各有关部门和单位坚决贯彻落实党中央、国务院决策部署，进一步健全安全生产法律法规和政策措施，严格落实安全生产责任，全面加强安全生产监督管理，不断强化安全生产隐患排查治理和重点行业领域专项整治，深入开展安全生产大检查，严肃查处各类生产安全事故，大力推进依法治安和科技强安，加快安全生产基础保障能力建设，推动了安全生产形势持续稳定好转。

2016 年 12 月 9 日，《中共中央　国务院关于推进安全生产领域改革发展的意见》（以下简称《意见》）印发实施，标志着我国安全生产领域改革发展迎来了一个新时期、新发展。《意见》以习近平总书记系列重要讲话特别是关于安全生产重要论述为指导，顺应全面建成小康社会发展大势，总结实践经验，吸收创新成果，坚持目标和问题导向，科学谋划安全生产领域改革发展蓝图，是今后一个时期全国安全生产工作的行动纲领。

《意见》是中华人民共和国成立以来第一个以党中央、国务院名义出台的安全生产工作的纲领性文件，对推动我国安全生产工作具有里程碑式的重大意义。现阶段，一些地区和行业领域安全生产事故多发，根源是思想意识问题，抓安全生产态度不坚决、措施不得力。党中央、国务院的《意见》要求，“坚守发展决不能以牺牲安全为代价这条不可逾越的红线”，构建“党政同责、一岗双责、齐抓共管、失职追责”的安全生产责任体系，推进安全监管体制改革，坚持管生产必须管安全，充实执法力量，堵塞监管漏洞，切实消除盲区。

1. 指导思想

全面贯彻党的十八大和十八届三中、四中、五中、六中全会精神，以邓小平理论、“三个代表”重要思想、科学发展观为指导，深入贯彻习近平总书记系列重要讲话精神和治国理政新理念新思想新战略，进一步增强“四个意识”，紧紧围绕统筹推进“五位一体”总体布局和协调推进“四个全面”战略布局，牢固树立新发展理念，坚持安全发展，坚守发展决不能以牺牲安全为代价这条不可逾越的红线，以防范遏制重特大生产安全事故为重点，坚持安全第一、预防为主、综合治理的方针，加强领导、改革创新，协调联动、齐抓共管，着力强化企业安全生产主体责任，着力堵塞监督管理漏洞，着力解决不遵守法律法规的问题，依靠严密的责任体系、严格的法治措施、有效的体制机制、有力的基础保障和完善的系统治理，切实增强安全防范治理能力，大力提升我国安全生产整体水平，确保人民群众安康幸福、共享改革发展和社会文明进步成果。

2. 基本原则

（1）坚持安全发展

贯彻以人民为中心的发展思想，始终把人的生命安全放在首位，正确处理安全与发展的关系，大力实施安全发展战略，为经济社会发展提供强有力的安全保障。

（2）坚持改革创新

不断推进安全生产理论创新、制度创新、体制机制创新、科技创新和文化创新，增强企业内生动力，激发全社会创新活力，破解安全生产难题，推动安全生产与经济社会协调发展。

（3）坚持依法监管

大力弘扬社会主义法治精神，运用法治思维和法治方式，深化安全生产监管执法体制改革，完善安全生产法律法规和标准体系，严格规范公正文明执法，增强监管执法效能，提高安全生产法治化水平。

（4）坚持源头防范

严格安全生产市场准入，经济社会发展要以安全为前提，把安全生产贯穿城乡规划布局、设计、建设、管理和企业生产经营活动全过程。构建风险分级管控和隐患排查治理双重预防工作机制，严防因风险演变、隐患升级而导致生产安全事故发生。

（5）坚持系统治理

严密层级治理和行业治理、政府治理、社会治理相结合的安全生产治理体系，组织动员各方面力量实施社会共治。综合运用法律、行政、经济、市场等手段，落实人防、技防、物防措施，提升全社会安全生产治理能力。

第二节　我国安全生产法律法规体系

安全生产事关人民群众生命财产安全，事关改革开放、经济发展和社会稳定大局，事关党和政府的形象和声誉，因此历来受到党和人民政府的高度重视。安全生产立法是安全生产法制建设的前提和基础，安全生产法制建设是做好安全生产工作的重要制度保障。

在新时期新时代，全面加强我国安全生产立法建设，完善安全生产法律法规体系，加强相关行政权力机关的依法管理，是激发全社会对生命权的保护，提高全民安全法治意识，规范生产经营单位的安全生产主体责任，强化安全生产监督管理，遏制各类事故尤其是重特大事故发生的前提和基础。

一、我国安全生产立法现状 

安全生产立法有两层含义：一是泛指国家立法机关和行政机关依照法定职权和法定程序制定、修订有关安全生产方面的法律、法规、规章的活动；二是专指国家制定的现行有效的安全生产法律、行政法规、部门规章、地方性法规、地方政府规章等安全生产规范性文件。

加强安全生产法制建设，依法加强安全生产管理，是安全生产领域贯彻落实“依法治国”基本方略，建立依法、科学、长效的安全生产管理体制机制，推动实现安全生产长治久安的必然要求和根本举措。特别是在党的十一届三中全会以后，随着我国改革开放事业的不断发展，经济结构和生产方式不断变化，市场主体和利益主体日益多样化、多元化。按照依法治国，建设社会主义法治国家的要求，安全生产秩序除了要采用经济手段和必要的行政手段外，更重要的是要依靠法律的手段来维护。在新形势下，我国大大加快了有关安全生产的立法步伐，中央和地方各有关部门陆续颁布实施了一系列与安全生产有关的法律、法规、部门规章、地方性法规、地方行政规章和其他规范性文件，经过多年来的持续努力，基本建立了以《中华人民共和国安全生产法》为主体，由相关法律法规和标准规程、部门规章、规范性文件等所构成的安全生产法律法规体系，安全生产各方面工作大致上都可以做到有法可依、有章可循。

据统计，目前，全国人民代表大会、国务院和相关主管部门已经颁布实施并仍然有效的有关安全生产主要法律法规约有 160 多部。其中，包括《中华人民共和国安全生产法》《中华人民共和国劳动法》《中华人民共和国煤炭法》《中华人民共和国矿山安全法》《中华人民共和国职业病防治法》《中华人民共和国海上交通安全法》《中华人民共和国道路交通安全法》《中华人民共和国消防法》《中华人民共和国铁路法》《中华人民共和国民用航空法》《中华人民共和国电力法》《中华人民共和国建筑法》《中华人民共和国特种设备安全法》等 10 多部法律；国务院制定的《国务院关于特大安全事故行政责任追究的规定》《安全生产许可证条例》《煤矿安全监察条例》《国务院关于预防煤矿生产安全事故的特别规定》《生产安全事故报告和调查处理条例》《危险化学品安全管理条例》《道路交通安全法实施条例》《建设工程安全生产管理条例》等 50 多部行政法规；国务院有关部门和机构制定的《安全生产违法行为行政处罚办法》《安全生产监督罚款管理暂行办法》《安全生产领域违法违纪行为政纪处分暂行规定》《煤矿矿用产品安全标志管理暂行办法》《煤矿安全监察行政处罚办法》《危险化学品登记管理办法》等 100 多部部门规章。各地人民代表大会和政府也陆续出台了不少地方性法规和地方政府规章，如各省（自治区、直辖市）的安全生产条例。

需要指出的是，中华人民共和国成立以来，我国安全生产标准化工作发展迅速，据不完全统计，国家及各行业颁布了涉及安全生产的国家标准 1 500 多项，各类行业标准几千项。我国安全生产方面的国家标准或者行业标准，均属于法定安全生产标准。《中华人民共和国安全生产法》有关条款明确要求生产经营单位必须执行安全生产国家标准或者行业标准，通过法律的规定赋予了国家标准和行业标准强制执行的效力。此外，我国许多安全生产立法直接将一些重要的安全生产标准规定在法律法规中，使之上升为安全生产法律法规中的条款。因此，我国安全生产国家标准和行业标准，也可以被视为我国安全生产法律法规体系的一个重要组成部分。

近年来，随着经济社会的快速发展，我国已经进入了事故易发的工业经济中级发展阶段，安全生产事故频发，已有的安全生产立法与我国安全生产形势的迫切需要产生了一定的差距。与一些发达国家相比，我国在立法上的某些环节和方面显得落后，亟待加强立法，以进一步健全完善我国安全生产法律法规体系，将安全生产工作全面纳入法治化轨道，促进安全生产形势的持续稳定好转。

二、我国安全生产法律法规体系的基本架构 

1. 目前的安全生产法律法规体系

安全生产法律法规体系是一个包含多种法律形式和法律层次的综合性系统，从法律规范的形式和特点来讲，既包括作为整个安全生产法律法规基础的宪法规范，也包括行政法律规范、技术性法律规范、程序性法律规范。按法律地位及效力同等原则，安全生产法律法规体系分为以下 6 个门类：

（1）宪法

《中华人民共和国宪法》是法律法规体系框架中的最高层级，“加强劳动保护，改善劳动条件”是在安全生产方面具有最高法律效力的规定。

（2）安全生产方面的法律

1）基础法。我国有关安全生产的法律包括《中华人民共和国安全生产法》和与它平行的专门法律和相关法律。《中华人民共和国安全生产法》是综合规范安全生产法律制度的法律，它适用于所有生产经营单位，是我国安全生产法律法规体系的核心。

2）专门法律。专门安全生产法律是规范某一专业领域安全生产法律制度的法律。我国在专业领域的安全生产法律有《中华人民共和国矿山安全法》《中华人民共和国海上交通安全法》《中华人民共和国消防法》《中华人民共和国道路交通安全法》等。

3）相关法律。与安全生产有关的法律是指专门法律以外的其他涉及安全生产内容的法律，如《中华人民共和国劳动法》《中华人民共和国建筑法》《中华人民共和国煤炭法》《中华人民共和国铁路法》《中华人民共和国民用航空法》《中华人民共和国工会法》《中华人民共和国全民所有制工业企业法》《中华人民共和国乡镇企业法》《中华人民共和国矿产资源法》等。还有一些与安全生产监督执法工作有关的法律，如《中华人民共和国刑法》《中华人民共和国刑事诉讼法》《中华人民共和国行政处罚法》《中华人民共和国行政复议法》《中华人民共和国国家赔偿法》和《中华人民共和国标准化法》等。

（3）安全生产行政法规

安全生产行政法规是由国务院组织制定并批准公布的，是为实施安全生产法律或规范安全生产监督管理制度而制定并颁布的一系列具体规定，是实施安全生产监督管理和监察工作的重要依据。我国已颁布了多部安全生产行政法规，如《国务院关于特大安全事故行政责任追究的规定》《煤矿安全监察条例》等。

（4）地方性安全生产法规

地方性安全生产法规是指由有立法权的地方权力机关——人民代表大会及其常务委员会制定的安全生产规范性文件。地方性安全生产法规是由法律授权制定的，是对国家安全生产法律法规的补充和完善，以解决本地区某一特定的安全生产问题为目标，具有较强的针对性和可操作性。如目前我国多数的省（自治区、直辖市）人民代表大会制定了《安全生产条例》《劳动安全卫生条例》以及《中华人民共和国矿山安全法》的实施办法等。

（5）部门安全生产规章、地方政府安全生产规章

根据《中华人民共和国立法法》的有关规定，部门规章之间、部门规章与地方政府规章之间具有同等效力，并在各自的权限范围内施行。

国务院部门安全生产规章由有关部门为加强安全生产工作而颁布的规范性文件组成，从部门角度可划分为：交通运输业、化学工业、石油工业、机械工业、电子工业、冶金工业、电力工业、建筑业、建材工业、航空航天业、船舶工业、轻纺工业、煤炭工业、地质勘探业、农村和乡镇工业、技术装备与统计工作、安全评价与竣工验收、劳动防护用品、培训教育、事故调查与处理、职业危害、特种设备、防火防爆和其他部门等。部门安全生产规章作为安全生产法律法规的重要补充，在我国安全生产监督管理工作中起着十分重要的作用。

地方政府安全生产规章一方面从属于法律和行政法规，另一方面又从属于地方法规，并且不能与它们相抵触。

（6）安全生产标准

安全生产标准是安全生产法律法规体系中的一个重要组成部分，也是安全生产监督管理和监察工作的重要依据。安全生产标准大致分为设计规范类，安全生产设备、工具类，生产工艺安全卫生类，劳动防护用品类四类标准。

2. 涉及安全生产的相关法律范畴

我国的安全生产法律法规体系比较复杂，它覆盖整个安全生产领域，包含多种法律形式。根据涵盖内容可以分成8个类别，包括综合类安全生产法律法规、矿山安全生产法律法规、危险物品安全生产法律法规、建筑业安全生产法律法规、交通运输安全生产法律法规、公众聚集场所及消防安全法律法规、其他安全生产法律法规和国际劳工安全卫生标准。以下以综合类安全生产法律法规和已批准的国际劳工安全公约为例进行分析。

（1）综合类安全生产法律法规

综合类安全生产法律法规是指同时适用于矿山、危险物品、建筑业和其他方面的安全生产法律法规，它对各行各业的安全生产行为都具有指导和规范作用，主导性的法律是《中华人民共和国劳动法》《中华人民共和国安全生产法》，由安全生产监督检查类、伤亡事故报告和调查处理类、重大危险源监管类、安全中介管理类、安全检测检验类、安全培训考核类、劳动防护用品管理类、特种设备安全监督管理类和安全生产举报奖励类通用安全生产法律法规组成。

（2）已批准的国际劳工安全公约

当前，国际上将贸易与劳工标准挂钩是发展趋势，我国早已加入世界贸易组织，参与世界贸易必须遵守国际通行的规则，安全生产立法和监督管理工作也需要与国际接轨。

国际劳工组织自1919年创立以来，通过了100多种国际公约和若干建议书，这些公约和建议书统称国际劳工标准，其中70%的国际劳动标准涉及职业安全卫生问题。我国政府为国际性安全生产工作已签订了国际性公约，当我国安全生产法律与国际公约有不同时，应优先采用国际公约的规定（保留条件的条款除外）。目前我国政府已批准的国际公约有26个，其中4个是专门与职业安全卫生相关的。

第三节 煤矿相关安全生产法律法规

法律是由全国人民代表大会及其常务委员会制定，由国家主席签署主席令予以公布，如《安全生产法》《中华人民共和国矿产资源法》《中华人民共和国突发事件应对法》《中华人民共和国道路交通安全法》《中华人民共和国刑法》等。这里主要介绍与煤矿安全生产相关的法律。

一、安全生产法

《中华人民共和国安全生产法》（以下简称《安全生产法》）是中华人民共和国成立以来第一部全面规范安全生产的专门法律。这部法律是我国安全生产法律法规体系的基础法。

《安全生产法》内容包括总则、生产经营单位的安全生产保障、从业人员的安全生产权利义务、安全生产的监督管理、生产安全事故的应急救援与调查处理、法律责任及附则。

1. 立法目的

制定本法是为了加强安全生产工作，防止和减少生产安全事故，保障人民群众生命和财产安全，促进经济社会持续健康发展。

2. 从业人员的安全教育培训规定

《安全生产法》规定，生产经营单位应当对从业人员进行安全生产教育和培训，保证从业人员具备必要的安全生产知识，熟悉有关的安全生产规章制度和安全操作规程，掌握本岗位的安全操作技能，了解事故应急处理措施，知悉自身在安全生产方面的权利和义务。未经安全生产教育和培训合格的从业人员，不得上岗作业。

生产经营单位使用被派遣劳动者的，应当将被派遣劳动者纳入本单位从业人员统一管理，对被派遣劳动者进行岗位安全操作规程和安全操作技能的教育和培训。劳务派遣单位应当对被派遣劳动者进行必要的安全生产教育和培训。

生产经营单位应当建立安全生产教育和培训档案，如实记录安全生产教育和培训的时间、内容、参加人员以及考核结果等情况。

生产经营单位采用新工艺、新技术、新材料或者使用新设备，必须了解、掌握其安全技术特性，采取有效的安全防护措施，并对从业人员进行专门的安全生产教育和培训。

3. 从业人员的安全生产权利义务

（1）从业人员在安全生产方面的权利

1）知情权与建议权。生产经营单位的从业人员有权了解其作业场所和工作岗位存在的危险因素、防范措施及事故应急措施，有权对本单位的安全生产工作提出建议。

2）批评、检举、控告权及合法拒绝权。从业人员有权对本单位安全生产工作中存在的问题提出批评、检举、控告；有权拒绝违章指挥和强令冒险作业。

生产经营单位不得因从业人员对本单位安全生产工作提出批评、检举、控告或者拒绝违章指挥、强令冒险作业而降低其工资、福利等待遇或者解除与其订立的劳动合同。

3）紧急避险权。从业人员发现直接危及人身安全的紧急情况时，有权停止作业或者在采取可能的应急措施后撤离作业场所。

生产经营单位不得因从业人员在紧急情况下停止作业或者采取紧急撤离措施而降低其工资、福利等待遇或者解除与其订立的劳动合同。

4）工伤保险权。生产经营单位与从业人员订立的劳动合同，应当载明有关保障从业人员劳动安全、防止职业危害的事项，以及依法为从业人员办理工伤保险的事项。

生产经营单位不得以任何形式与从业人员订立协议，免除或者减轻其对从业人员因生产安全事故伤亡依法应承担的责任。

5）依法获得赔偿权。因生产安全事故受到损害的从业人员，除依法享有工伤保险外，依照有关民事法律尚有获得赔偿的权利的，有权向本单位提出赔偿要求。

（2）从业人员在安全生产方面的义务

1）遵章守纪，服从管理，正确佩戴和使用劳动防护用品。从业人员在作业过程中，应当严格落实岗位安全责任，应当严格遵守本单位的安全生产规章制度和安全操作规程，服从管理。

2）接受安全生产教育培训。从业人员应当接受安全生产教育和培训，掌握本职工作所需的安全生产知识，提高安全生产技能，增强事故预防和应急处理能力。

3）立即报告事故隐患、事故的义务。从业人员发现事故隐患或者其他不安全因素，应当立即向现场安全生产管理人员或者本单位负责人报告；接到报告的人员应当及时予以处理。

生产经营单位发生生产安全事故后，事故现场有关人员应当立即报告本单位负责人。

生产经营单位使用被派遣劳动者的，被派遣劳动者享有本法规定的从业人员的权利，并应当履行《安全生产法》规定的从业人员的义务。

4. 法律责任

《安全生产法》规定，国家实行生产安全事故责任追究制度，依照本法和有关法律法规的规定，追究生产安全事故责任人员的法律责任。

生产经营单位的从业人员不落实岗位安全责任，不服从管理，违反安全生产规章制度或者安全操作规程的，由生产经营单位给予批评教育，依照有关规章制度给予处分；构成犯罪的，依照刑法有关规定追究刑事责任。

二、煤炭法

《中华人民共和国煤炭法》（以下简称《煤炭法》）为煤炭的生产、经营活动确立了基本规范。

《煤炭法》内容包括总则、煤炭生产开发规划与煤矿建设、煤炭生产与煤矿安全、煤炭经营、煤矿矿区保护、监督检查、法律责任及附则。

《煤炭法》中与煤矿从业人员相关的规定如下：

（1）煤矿企业必须坚持安全第一、预防为主的安全生产方针，建立健全安全生产的责任制度和群防群治制度。

（2）煤炭生产应当依法在批准的开采范围内进行，不得超越批准的开采范围越界、越层开采。采矿作业不得擅自开采保安煤柱，不得采用可能危及相邻煤矿生产安全的决水、爆破、贯通巷道等危险方法。

（3）煤矿企业应当对职工进行安全生产教育、培训；未经安全生产教育、培训的，不得上岗作业。煤矿企业职工必须遵守有关安全生产的法律、法规、煤炭行业规章、规程和企业规章制度。

三、矿山安全法

《中华人民共和国矿山安全法》（以下简称《矿山安全法》）内容包括总则、矿山建设的安全保障、矿山开采的安全保障、矿山企业的安全管理、矿山安全的监督和管理、矿山事故处理、法律责任及附则。

1. 立法目的

制定《矿山安全法》是为了保障矿山生产安全，防止矿山事故，保护矿山职工人身安全，促进采矿业的发展。

2. 与从业人员相关的内容

（1）矿山企业职工必须遵守有关矿山安全的法律法规和企业规章制度。

（2）矿山企业职工有权对危害安全的行为，提出批评、检举和控告。

（3）矿山企业必须对职工进行安全教育、培训；未经安全教育、培训的，不得上岗作业。

（4）矿山企业必须对冒顶、片帮、瓦斯爆炸、煤尘爆炸、冲击地压、瓦斯突出、火灾、水害、粉尘等事故隐患采取预防措施。

（5）矿山企业必须制定矿山事故防范措施，并组织落实。

（6）矿山企业主管人员违章指挥、强令工人冒险作业，因而发生重大伤亡事故的，依照刑法有关规定追究刑事责任。

（7）矿山企业主管人员对矿山事故隐患不采取措施，因而发生重大伤亡事故的，依照刑法有关规定追究刑事责任。

四、职业病防治法

《中华人民共和国职业病防治法》（以下简称《职业病防治法》）内容包括总则、前期预防、劳动过程中的防护与管理、职业病诊断与职业病病人保障、监督检查、法律责任及附则。

1. 劳动者依法享有的职业卫生保护权利

（1）获得职业卫生教育、培训的权利。

（2）获得职业健康检查、职业病诊疗、康复等职业病防治服务的权利。

（3）了解工作场所产生或者可能产生的职业病危害因素、危害后果和应当采取的职业病防护措施的权利。

（4）要求用人单位提供符合防治职业病要求的职业病防护设施和个人使用的职业病防护用品，改善工作条件的权利。

（5）对违反职业病防治法律法规以及危及生命健康的行为提出批评、检举和控告的权利。

（6）拒绝违章指挥和强令进行没有职业病防护措施的作业的权利。

（7）参与用人单位职业卫生工作的民主管理，对职业病防治工作提出意见和建议的权利。

用人单位应当保障劳动者行使上述权利。因劳动者依法行使正当权利而降低其工资、福利等待遇或者解除、终止与其订立的劳动合同的，其行为无效。

2. 疑似职业病病人的保障

（1）医疗卫生机构发现疑似职业病病人时，应当告知劳动者本人并及时通知用人单位。

（2）用人单位应当及时安排对疑似职业病病人进行诊断；在疑似职业病病人诊断或者医学观察期间，不得解除或者终止与其订立的劳动合同。

（3）疑似职业病病人在诊断、医学观察期间的费用，由用人单位承担。

3. 职业病病人的保障

（1）用人单位应当保障职业病病人依法享受国家规定的职业病待遇。

（2）用人单位应当按照国家有关规定，安排职业病病人进行治疗、康复和定期检查。

（3）用人单位对不适宜继续从事原工作的职业病病人，应当调离原岗位，并妥善安置。

（4）职业病病人变动工作单位，其依法享有的待遇不变。

（5）用人单位在发生分立、合并、解散、破产等情形时，应当对从事接触职业病危害作业的劳动者进行健康检查，并按照国家有关规定妥善安置职业病病人。

（6）用人单位已经不存在或者无法确认劳动关系的职业病病人，可以向地方人民政府民政部门申请医疗救助和生活等方面的救助。

五、消防法

《中华人民共和国消防法》（以下简称《消防法》）内容包括总则、火灾预防、消防组织、灭火救援、监督检查、法律责任及附则。

1. 消防义务

（1）任何单位和个人都有维护消防安全、保护消防设施、预防火灾、报告火警的义务。任何单位和成年人都有参加有组织的灭火工作的义务。

（2）任何人发现火灾都应当立即报警。任何单位、个人都应当无偿为报警提供便利，不得阻拦报警。严禁谎报火警。

（3）人员密集场所发生火灾，该场所的现场工作人员应当立即组织、引导在场人员疏散。

（4）任何单位发生火灾，必须立即组织力量扑救。邻近单位应当给予支援。

（5）消防车、消防艇前往执行火灾扑救或者应急救援任务，在确保安全的前提下，不受行驶速度、行驶路线、行驶方向和指挥信号的限制，其他车辆、船舶以及行人应当让行，不得穿插超越。

（6）火灾扑灭后，发生火灾的单位和相关人员应当按照消防救援机构的要求保护现场，接受事故调查，如实提供与火灾有关的情况。

2. 法律责任

（1）单位违反《消防法》规定，有下列行为之一的，责令改正，处 5 000 元以上 50 000 元以下罚款：

1）消防设施、器材或者消防安全标志的配置、设置不符合国家标准、行业标准，或者未保持完好有效的。

2）损坏、挪用或者擅自拆除、停用消防设施、器材的。

3）占用、堵塞、封闭疏散通道、安全出口或者有其他妨碍安全疏散行为的。

4）埋压、圈占、遮挡消火栓或者占用防火间距的。

5）占用、堵塞、封闭消防车通道，妨碍消防车通行的。

6）人员密集场所在门窗上设置影响逃生和灭火救援的障碍物的。

7）对火灾隐患经消防救援机构通知后不及时采取措施消除的。

个人有上述第二项、第三项、第四项、第五项行为之一的，处警告或者 500 元以下罚款。

有上述第三项、第四项、第五项、第六项行为，经责令改正拒不改正的，强制执行，所需费用由违法行为人承担。

（2）有下列行为之一的，依照《中华人民共和国治安管理处罚法》的规定处罚：

1）违反有关消防技术标准和管理规定生产、储存、运输、销售、使用、销毁易燃易爆危险品的。

2）非法携带易燃易爆危险品进入公共场所或者乘坐公共交通工具的。

3）谎报火警的。

4）阻碍消防车、消防艇执行任务的。

5）阻碍消防救援机构的工作人员依法执行职务的。

（3）违反《消防法》规定，有下列行为之一的，处警告或者500元以下罚款；情节严重的，处5日以下拘留：

1）违反消防安全规定进入生产、储存易燃易爆危险品场所的。

2）违反规定使用明火作业或者在具有火灾、爆炸危险的场所吸烟、使用明火的。

（4）违反《消防法》规定，有下列行为之一，尚不构成犯罪的，处10日以上15日以下拘留，可以并处500元以下罚款；情节较轻的，处警告或者500元以下罚款：

1）指使或者强令他人违反消防安全规定，冒险作业的。

2）过失引起火灾的。

3）在火灾发生后阻拦报警，或者负有报告职责的人员不及时报警的。

4）扰乱火灾现场秩序，或者拒不执行火灾现场指挥员指挥，影响灭火救援的。

5）故意破坏或者伪造火灾现场的。

6）擅自拆封或者使用被消防救援机构查封的场所、部位的。

六、刑法

《中华人民共和国刑法》（以下简称《刑法》）是追究安全生产违法犯罪行为刑事责任的依据。

1. 重大责任事故罪

在生产、作业中违反有关安全管理的规定，因而发生重大伤亡事故或者造成其他严重后果的，处3年以下有期徒刑或者拘役；情节特别恶劣的，处3年以上7年以下有期徒刑。

2. 强令违章冒险作业罪

强令他人违章冒险作业，或者明知存在重大事故隐患而不排除，仍冒险组织作业，因而发生重大伤亡事故或者造成其他严重后果的，处5年以下有期徒刑或者拘役；情节特别恶劣的，处5年以上有期徒刑。

3. 重大劳动安全事故罪

安全生产设施或者安全生产条件不符合国家规定，因而发生重大伤亡事故或者造成其他严重后果的，对直接负责的主管人员和其他直接责任人员，处3年以下有期徒刑或者拘役；情节特别恶劣的，处3年以上7年以下有期徒刑。

第四节　煤矿安全生产规章、标准与规范

一、煤矿安全培训规定 

为了加强和规范煤矿安全培训工作，提高从业人员安全素质，防止和减少伤亡事故，原国家安全生产监督管理总局于2017年12月11日第16次局长办公会议审议通过了《煤矿安全培训规定》，自2018年3月1日起施行。

《煤矿安全培训规定》系统地规范了煤矿企业安全培训的各种行为，包括安全培训的组织与管理、主要负责人和安全生产管理人员的安全培训及考核、特种作业人员的安全培训和考核发证以及其他从业人员的安全培训和考核等。这里重点介绍其他从业人员的安全培训和考核的具体要求。

煤矿其他从业人员是指除煤矿主要负责人、安全生产管理人员和特种作业人员以外，从事生产经营活动的其他从业人员，包括煤矿其他负责人、其他管理人员、技术人员和各岗位的工人、使用的被派遣劳动者和临时聘用人员。

1. 文化程度

煤矿其他从业人员应当具备初中及以上文化程度。

2. 培训的依据

煤矿企业或者具备安全培训条件的机构应当按照培训大纲对其他从业人员进行安全培训。

3. 培训目的

煤矿企业应当对煤矿其他从业人员进行安全培训，保证其具备必要的安全生产知识、技能和事故应急处理能力，知悉自身在安全生产方面的权利和义务。

4. 培训要求

（1）煤矿其他从业人员的初次安全培训时间不得少于72学时，每年再培训的时间不得少于20学时。

（2）对从事采煤、掘进、机电、运输、通风、防治水等工作的班组长的安全培训，应当由其所在煤矿的上一级煤矿企业组织实施；没有上一级煤矿企业的，由本单位组织实施。

（3）煤矿企业新上岗的井下作业人员安全培训合格后，应当在有经验的工人师傅带领下，实习满4个月，并取得工人师傅签名的实习合格证明后，方可独立工作。

（4）企业井下作业人员调整工作岗位或者离开本岗位1年以上重新上岗前，以及煤矿企业采用新工艺、新技术、新材料或者使用新设备的，应当对其进行相应的安全培训，经培训合格后，方可上岗作业。

二、煤矿安全规程

2015年12月22日，《煤矿安全规程》（2016版）经原国家安全生产监督管理总局第13次局长办公会议审议通过，自2016年10月1日起施行。

《煤矿安全规程》是煤矿安全法规群体中最重要的规章之一，它既具有安全管理的内容，又具有安全技术的内容。它是煤炭工业贯彻执行党和国家安全生产方针和国家有关矿山安全法规在煤矿的具体规定，是保障煤矿职工安全与健康、保证国家资源和财产不受损失，促进煤炭工业现代化建设必须遵循的准则。

1. 特点

（1）强制性

违反《煤矿安全规程》要视情节或后果给予经济和行政处分。对造成重大事故和严重后果者，要进一步按照有关法律和法规追究行政责任（行政处分和行政处罚）和刑事责任，由特定的行政机关强制执行。

（2）科学性

《煤矿安全规程》的每一条规定都是经验总结或血的教训，都是以科学实验为依据，科学准确地对煤矿和各种行为作出了规定。

（3）规范性

《煤矿安全规程》的每一条规定都是在煤矿特定条件下可以普遍适用的行为规则，并明确规定了煤矿生产建设中哪些行为被禁止，哪些行为被允许。

（4）相对稳定性

《煤矿安全规程》一旦颁布执行，不得随意修改，在一段时间内有相对的稳定性。应用一段时间后，经过一定程序由国务院煤炭安全监管主管部门负责修改。

2. 作用

（1）《煤矿安全规程》具体体现国家对煤矿安全工作的要求，进一步调整煤矿企业管理中人和人之间的关系。

（2）《煤矿安全规程》正确反映煤矿生产的客观规律，明确煤矿安全技术标准，调整煤炭生产中人和自然的关系。

（3）《煤矿安全规程》同其他安全法规一样，有利于加强法制观念、限制违章、处罚犯罪、确保安全。

（4）《煤矿安全规程》有利于加强职工监督安全生产的权利，有利于发动群众，搞好安全生产工作。

3. 主要内容

《煤矿安全规程》共6编，721条，主要内容包括总则、地质保障、井工煤矿、露天煤矿、职业病危害防治、应急救援等内容。其中，在井工煤矿、露天煤矿这两编中又分别阐述了煤矿各生产环节、各作业行为以及各种灾害防治必须遵守的规定；在职业病危害防治编中阐述了煤矿企业对职业病危害管理与职业健康监护、煤矿职业危害因素以及防治措施等规定；在应急救援编中规定了安全避险措施应达到的要求，灾变处理措施等内容。

三、煤矿重大事故隐患判定标准 

2020 年 11 月 20 日，《煤矿重大事故隐患判定标准》经应急管理部第 31 次部务会议审议通过，自 2021 年 1 月 1 日起施行。制定本判定标准目的是为了准确认定、及时消除煤矿重大事故隐患。

《煤矿重大事故隐患判定标准》规定了 15 种重大生产安全事故隐患及其所包括的情形，具体内容如下：

（1）超能力、超强度或者超定员组织生产。

（2）瓦斯超限作业。

（3）煤与瓦斯突出矿井，未依照规定实施防突出措施。

（4）高瓦斯矿井未建立瓦斯抽采系统和监控系统，或者不能正常运行。

（5）通风系统不完善、不可靠。

（6）有严重水患，未采取有效措施。

（7）超层越界开采。

（8）有冲击地压危险，未采取有效措施。

（9）自然发火严重，未采取有效措施。

（10）使用明令禁止使用或者淘汰的设备、工艺。

（11）煤矿没有双回路供电系统。

（12）新建煤矿边建设边生产，煤矿改扩建期间，在改扩建的区域生产，或者在其他区域的生产超出安全设计规定的范围和规模。

（13）煤矿实行整体承包生产经营后，未重新取得或者及时变更安全生产许可证而从事生产，或者承包方再次转包，以及将井下采掘工作面和井巷维修作业进行劳务承包。

（14）煤矿改制期间，未明确安全生产责任人和安全管理机构，或者在完成改制后，未重新取得或者变更采矿许可证、安全生产许可证和营业执照。

（15）其他重大事故隐患。

四、煤矿作业场所职业病危害防治规定 

2015 年 1 月 16 日，《煤矿作业场所职业病危害防治规定》经原国家安全生产监督管理总局局长办公会议审议通过，自 2015 年 4 月 1 日起施行。

制定本规定的目的是为了加强煤矿作业场所职业病危害的防治工作，强化煤矿企业职业病危害防治主体责任，预防、控制职业病危害，保护煤矿劳动者健康。

煤矿应当履行职业病危害告知义务，与劳动者订立或者变更劳动合同时，应当将作业过程中可能产生的职业病危害及其后果、防护措施和相关待遇等如实告知劳动者，并在劳动合同中载明，不得隐瞒或者欺骗。

煤矿应当对劳动者进行上岗前、在岗期间的定期职业病危害防治知识培训，督促劳动者遵守职业病防治法律、法规、规章、标准和操作规程，指导劳动者正确使用职业病防护设备和个体防护用品。上岗前培训时间不少于 4 学时，在岗期间的定期培训时间每年不少于 2 学时。

五、煤矿安全生产标准化管理体系 

煤矿安全生产标准化管理体系是煤矿安全管理的基础工作，是落实企业安全生产主体责任、提高企业安全生产工作的内在需要。

煤矿安全生产标准化管理体系中对从业人员的规定主要如下：

（1）普通从业人员必须具备初中及以上文化程度。

（2）参加安全风险分级管控专项培训，掌握安全风险分级管控基本知识、岗位作业流程风险管控标准、年度和专项安全风险辨识评估结果及与本岗位相关的重大安全风险管控措施。岗位作业人员在作业前进行安全风险辨识和安全确认。

（3）参加事故隐患排查治理基本技能培训，掌握事故隐患排查方法、治理流程和要求、所在区（队）作业区域常见事故隐患的识别等。岗位作业人员在作业过程中要随时排查事故隐患。

（4）班组长、现场作业人员在作业中要严格执行本岗位安全生产责任制；掌握本岗位相应的操作规程、安全措施；规范操作，无“三违”行为。

（5）每名员工都有制止和纠正违规作业的权利。

六、防治煤与瓦斯突出细则 

2009 年 4 月 30 日，《防治煤与瓦斯突出细则》经原国家煤矿安全监察局局长办公会议审议通过，自 2019 年 10 月 1 日起施行。

《防治煤与瓦斯突出细则》对煤矿从业人员的要求主要如下：

（1）突出煤层任何区域的任何工作面进行揭煤和采掘作业期间，必须采取安全防护措施。

突出矿井的入井人员必须随身携带隔离式自救器。

（2）突出煤层工作面的作业人员、瓦斯检查工、班组长应当熟悉突出预兆，发现有突出预兆时，必须立即停止作业，按避灾路线撤出，并报告调度室。班组长、瓦斯检查工、矿调度员有权责令相关现场作业人员停止作业、停电撤人。

（3）突出矿井的井下工作人员必须接受防突基本知识以及与本岗位相关的防突规章制度培训，经考试合格后方可上岗作业。突出矿井的区（队）长、班组长和有关职能部门的工作人员应当全面熟悉两个“四位一体”综合防突措施、防突的规章制度等内容。

七、煤矿防治水细则

2018 年 5 月 2 日，《煤矿防治水细则》经原国家煤矿安全监察局局长办公会议审议通过，自 2018 年 9 月 1 日起施行。

《煤矿防治水细则》有关要求主要如下：

（1）煤矿防治水工作应当坚持“预测预报、有疑必探、先探后掘、先治后采”的原则，根据不同水文地质条件，采取“探、防、堵、疏、排、截、监”等综合防治措施。

（2）煤矿主要负责人必须赋予调度员、安检员、井下带班人员、班组长等相关人员紧急撤人的权力，发现突水（透水、溃水）征兆、极端天气可能导致淹井等重大险情，立即撤出所有受水患威胁地点的人员，在原因未查清、隐患未排除之前，不得进行任何采掘活动。

（3）煤矿应当对井下作业人员进行防治水知识的教育和培训，对防治水专业人员进行新技术、新方法的再教育，提高防治水工作技能和有效处置水灾的应急能力。

八、防治煤矿冲击地压细则 

2018 年 4 月 16 日，《防治煤矿冲击地压细则》经原国家煤矿安全监察局局长办公会议审议通过，自 2018 年 8 月 1 日起施行。

《防治煤矿冲击地压细则》有关要求主要如下：

（1）冲击地压防治工作坚持的原则。防治冲击地压工作应当坚持“区域先行、局部跟进、分区管理、分类防治”的原则。

（2）建立冲击地压防治培训制度。冲击地压矿井必须定期对井下相关的作业人员、班组长、技术员、区队长、防冲专业人员与管理人员进行冲击地压防治的教育和培训，保证防冲击地压相关人员具备必要的岗位防冲击地压知识和技能。

（3）建立冲击地压危险区域人员准入制度。作业人员进入冲击地压危险区域时必须严格执行“人员准入制度”。准入制度必须明确规定人员进入的时间、区域和人数，井下现场设立管理站。

第二章 煤矿安全管理

第一节 煤矿安全管理概述

安全是企业永恒的主题，是煤矿的头等大事，对煤炭生产起着保障作用，为煤矿企业实现生产经营目标奠定坚实的基础。抓好煤矿安全管理工作，认真贯彻执行安全生产方针，严格遵守安全生产法律、法规、规章、标准、规范，才能实现安全生产。

一、煤矿安全管理的目的

煤矿安全管理的目的是确保煤矿安全生产和职工的身体健康，提高矿井灾害防治的科学水平，预先发现、消除或控制生产过程中的各种危险危害因素，防止发生事故、职业病和环境灾害，避免各种损失，最大限度地发挥安全技术措施的作用，增加安全投入效益，推动矿井生产活动的正常进行。

二、煤矿安全管理的任务

煤矿安全管理的任务是在贯彻执行国家安全生产法律法规、方针政策的前提下，分析、研究、评价企业生产建设过程中各种不安全因素，从组织、技术、管理、培训等方面采取措施，消除或控制危险源，预防事故发生或最大限度控制事故的影响范围及程度，实现最优化安全状态，为企业生产建设的顺利进行和经营目标的实现提供保障。

三、煤矿安全管理的主要内容

根据安全管理的目的和对象，煤矿安全管理的主要内容包括以下 3 个方面。

1. 安全管理的基础工作

建立纵向专业管理、横向各职能部门管理和群众监督相结合的安全管理体制；建立以企业安全生产责任制为核心的规章制度体系、安全生产标准化体系、安全技术措施体系、安全宣传与教育培训体系、应急与救灾救援体系、安全信息管理系统，制定安全生产发展目标、发展规划和年度计划，建立危险源辨识、评估和管控责任体系，建立事故隐患排查、治理、督办、验收、销号闭环的管理责任体系等。

2. 生产建设中的动态安全管理

这种安全管理主要指企业生产环境和生产工艺过程中的安全保障，主要包括：生产过程中人员不安全行为的发现与控制，设备安全性能的检测、检验和维修管理，物质流的安全管理，环境安全化的保证，安全风险的辨识、评估与管控，重大危险源的监测监控，生产工艺过程安全性的动态评价和控制，事故隐患的排查与治理，定期、不定期的安全检查等。

3. 安全信息化工作

对本企业内安全信息的搜集、整理、分析、反馈，提高安全信息运转速度，充分发挥安全信息作用，以提高安全管理的信息化水平，推动安全生产自动化、科学化、动态化。

四、煤矿安全管理的意义和作用

安全工作的根本目的是保护广大职工的安全与健康，防止伤亡事故和职业危害，保护国家和集体财产不受损失。为了实现这一目的，需要进行3个方面的工作，即安全管理、安全技术、职业健康。而这三者中，安全管理起着决定性的作用，其重要意义和作用主要体现在以下5个方面。

1. 搞好安全管理是防止伤亡事故和职业危害的根本对策

造成伤亡事故的原因概括起来不外乎人的不安全行为、物（机）的不安全状态、环境的不安全条件和安全管理的缺陷。管理上的原因是最深层的本质原因，安全管理缺陷是事故发生的根源。发生事故以后，人们往往把事故的原因简单地归咎为“违章”。殊不知，造成“违章”有更多深层次的本质原因。不找出这些原因，并采取措施加以消除，就难免再次发生类似的事故。要从根本上防止事故，必须从加强安全管理做起，不断改进安全管理技术，提高安全管理水平。

2. 搞好安全管理是贯彻落实“安全第一、预防为主、综合治理”方针的基本保障

“安全第一、预防为主、综合治理”是我国安全生产工作方针，是长期安全生产工作中实践经验和教训的科学总结。为了贯彻这一方针，一方面需要各级管理人员具有高度的安全责任感和自觉性，千方百计制定防止事故和职业危害发生的各方面对策；另一方面需要广大职工提高安全意识，自觉贯彻执行各项安全生产的规章制度，不断增强自我防护能力。因此，良好的安全管理工作是实现我国安全生产工作方针的基本保障。

3. 搞好安全管理是实现煤矿安全生产的根本保障

通过增加安全投入，采取有效的安全技术措施，提高设备的安全性能，才能创造本质安全化作业条件和作业环境等工作以提高煤矿灾害防治水平，同时安全技术措施的选择需要科学的安全管理决策作为基础。安全技术措施的有效实施需要有效的安全管理措施作为保证，安全技术资金作用的充分发挥需要合理的安全经济分析作为支持。因此，没有科学、有效的安全管理则很难从根本上实现安全生产，安全管理是安全生产的基础工作，搞好安全管理是实现煤矿安全生产的根本保障。

4. 安全技术和职业健康措施都有赖于有效的安全管理

安全技术指各种有关安全的专门技术，职业健康指对尘毒、噪声、辐射等各方面物理化学危害因素的预防和治理。安全技术和职业健康措施对于从根本上改善劳动条件，实现安全生产是有巨大作用的。然而这些纵向单独分科的硬技术，基本上是以物为主的，是不可能自动实现的，需要人们计划、组织、督促、检查，并进行有效的安全管理活动才能发挥它们应有的作用。再者，单独某一方面的安全技术，其安全保障作用是有限的。当代生产力的高度发展，要求综合应用各方面的安全技术，才能求得整体的安全。而这种横向综合的功能也只有依靠有效的安全管理才能得以实现。

5. 搞好安全管理有助于改进企业管理，全面推进企业各方面工作的进步，促进经济效益的提高

搞好企业的安全管理需要对企业各方面进行综合治理，包括提高人员的素质，作业环境的整治和改善，设备与设施的检查、维修、改造和更新，劳动组织的科学化，以及作业方法的改善等。综合治理对企业各方面工作提出了很高的要求，从而推动企业管理的改善和全面工作的进步。企业管理的改善和全面工作的进步反过来又为改进安全管理创造了条件，促使安全管理水平不断提高。企业安全生产状况的好坏反映出企业管理水平的高低。企业管理得好，安全状况得到改善，能促进劳动生产率的提高。相反，安全管理混乱，人员伤亡事故不断，不但会影响职工的安全与健康，使职工无法安心工作、挫伤职工的生产积极性，从而导致生产效率的降低，而且还会带来巨大的经济损失，严重影响企业的社会形象、市场竞争力和矿区的稳定，从而制约企业经济效益的提高和持续稳定发展。

第二节 煤矿安全管理基本知识

煤矿安全管理是煤矿企业管理的重要组成部分，是管理者对企业安全工作进行计划、组织、指挥、协调和控制的一系列活动，以保护职工在生产过程中的安全与健康，保障煤矿企业生产的顺利进行，促进企业持续、高效、稳定、安全发展。

一、煤矿安全管理基本原理

1. 系统原理

系统原理是指人们在从事管理工作时，运用系统的观点、理论和方法对管理活动进行充分的分析，以达到管理的优化目标，即从系统论的角度来认识和处理管理中出现的问题。

运用系统原理，可以把管理的对象看成是一个有机的“人、机、物、环”统一系统，对问题的各个方面和各种关系进行全面系统的综合分析和研究，并采取相应对策。系统原理体现在全企业、全部门、全过程、全员的安全管理中。

2. 人本原理

在管理活动中必须把人的因素放在首位，体现以人为本的指导思想。管理要以人为主体，以调动人的积极性、主动性和创造性为根本手段，这就是人本原理。

一切管理活动均要以调动人的积极性、主动性和创造性为根本，使全体人员能够明确整体目标、各自的职责、工作的意义和相互的关系，从而在和谐的气氛中积极、主动和创造性地完成各自的工作任务。

3. 整分合原理

企业是一个高效率的有序系统，具有明显的层次性。现代高效率的管理必须在整体规划下明确分工，在分工基础上进行有效的组合，这就是整分合原理。安全管理要构成有序的管理体系，各层次要各司其职，下一层次要服从上一层次的管理，下一层次不能解决的问题，由上一层次来协调解决，各层次间要协调配合，综合平衡地发展。

4. 反馈原理

反馈原理就是由控制系统把信息输出去，又把其作用结果返回来，并对信息再输出产生影响，从而起到控制的作用，达到调整未来行动的目的。面对不断变化的客观实际，系统的管理是否有效，关键在于是否有灵敏、准确而有力的反馈。

5. 能级原理

能级原理就是在企业管理系统中，根据管理功能的不同把管理系统分成不同级别，把相应的管理内容和管理者都分配到相应的级别中去，各占其位、各司其职。管理能级的层次分为经营层、管理层、执行层和操作层，各管理层次有不同的责、权、利。各级能级必须动态地对应，做到人尽其才、各尽所能。

6. 封闭原理

任何一个管理系统必须构成一个连续的封闭回路，才能有效地进行管理活动，这就是封闭原理。它要求在管理系统中，不仅要有指挥中心、执行机构，还应有监督机构和反馈机构。这些机构应相互独立、相互制约、权责明确，形成一个闭环回路。管理过程中，执行、监督、反馈、奖惩必须配套实施，缺一不可。

7. 弹性原理

管理是在系统内、外部千变万化环境条件下进行的，管理工作中的方法、手段、措施等必须保持充分的伸缩性，以保证管理有很强的适应性和灵活性，从而有效地实现动态管理，这就是弹性原理。安全管理面临的是错综复杂的环境和条件，尤其是事故致因是很难完全预测和掌握的。因此，安全管理必须尽可能保持弹性，以满足应急需要。

8. 动力原理

管理动力有物质动力、精神动力、信息动力三种基本类型。这三种动力要综合、灵活运用，在不同的时间、地点、条件下，要掌握好各种动力所占比重、刺激量和刺激频度。

二、煤矿安全管理方法 

1. 安全检查法

安全检查是指煤矿根据企业生产特点，对生产过程中的安全生产状况进行经常性、定期性、监督性的管理活动，也是促使煤矿企业在整个生产活动的过程中，贯彻方针政策、法规、规章、规范的一种实用管理技术方法。煤矿企业职工在作业前，要对作业现场的安全情况进行安全检查、安全风险的辨识与安全确认，发现不安全因素要立即汇报，做到不安全不生产。

2. 安全目标管理法

安全目标管理是安全管理的集中要求和目的所在，是指将企业一定时期的安全工作任务转化为明确的安全工作目标，并将目标分解到本系统的各个部门和个人，各个部门和个人严格地、自觉地按照所定目标进行工作的一种管理方法。它也是实施全系统、全方位、全过程和全员性安全管理，提高系统功能，达到降低事故发生率、实现安全目标值、保障安全生产目的的重要策略，是煤矿安全管理中应用较为广泛的一种方法。

3. 系统工程管理法

煤矿安全系统工程是以现代系统安全管理的基础理论和主要方法为指导来管理煤矿的安全生产，可以改变传统的安全管理现状，实现系统安全化，达到最佳的安全生产效益。煤矿安全生产系统工程研究的内容多、范围广，主要包括以下几方面：

（1）事故致因

事故发生的原因是多方面的，归纳起来有四个方面，即人的不安全行为、物（机）的不安全状态、环境的不安全条件和安全管理的缺陷。

（2）事故预防对策

制定事故预防的三大对策，即工程技术对策（本质安全化措施）、管理法制对策（强化安全措施）和教育培训对策（人治安全化措施）。

（3）教育和培训对策

按规定要求对职工进行安全教育和培训，提高其安全意识和技能，使其按章作业，杜绝不安全行为。

4. 系统安全预测法

预测是指运用各种知识和科学手段，分析研究历史资料，对安全生产发展的趋势或结果进行事先的推测和估计。系统安全预测的方法种类繁多，煤矿常用的大致可分为以下三类：

（1）安全生产专业技术方面，如矿压预测预报、煤与瓦斯突出预测预报、煤炭自燃预报、水害预测预报、机电运输故障预测预报等。

（2）安全管理和技术方面，如回顾历史法、过程转移法、隐患排查法、预兆观察法、趋势外推法、控制图法、管理评定法等。

（3）人的安全行为方面，如人体生物节律法、行为抽样法、心理归类法、思想排队法、行动分类法、年龄统计法等。

煤矿在生产过程中，最常用的系统安全预测法是观察预兆法、隐患排查法和预测预报法。

5. 系统安全评价法

系统安全评价包括危险性确认和危险性评价两个方面。安全评价的根本问题是确定安全与危险的界限，分析危险因素的危险性，采取降低危险性的措施。评价前要先确定系统的危险性，再根据危险的影响范围和公认的安全指标，对危险性进行具体评价，并采取措施消除或降低系统的危险性，使其降至允许的范围之内。安全评价中的允许范围是指社会允许标准，它取决于国家政治、经济和技术等。通常可以将安全评价看成既是一种“传感器”，又是一种“检测器”，前者是感受传递企业安全生产方面的数量和质量的信息，后者主要是检查安全生产方面的数量和质量是否符合国家（或上级）规定的标准和要求。

三、煤矿安全管理的原则 

1．“安全第一、预防为主、综合治理”的原则

“安全第一、预防为主、综合治理”是我国安全生产方针，安全管理必须贯彻执行国家的安全生产方针，真正把安全生产工作放在第一位。

2．“三并重”原则

管理、装备、培训“三并重”原则是我国煤矿安全生产长期实践经验的总结：管理体现了对煤矿生产进行的组织、计划、指挥、协调和控制；装备是人们向自然斗争的武器，先进的技术装备不但有很高的效率，同时可以创造良好的作业环境，避免事故的发生；培训是提高职工素质的主要手段，只有高素质的职工才能使用高技术的装备，才能进行高水平的管理，才能确保安全生产。

3．“安全生产，人人有责”的原则

企业生产依靠全体职工，各个部门都要结合自己的业务实现安全生产目标。安全生产贯穿于企业生产建设的全过程，安全生产必须实行全员、全系统、全过程、全天候安全管理，调动职工的积极性，使安全管理建立在广泛的群众基础上。职工在自身的责任范围内，应树立法制观念，自觉地执行安全制度，严格劳动纪律，遵守工艺规范和操作规程，自我发现、防范、控制不安全因素，不伤害别人，不伤害自己，不被别人伤害，就能在最大范围内防止和控制各类事故，实现安全生产。

4．“3E”原则

“3E”是指工程技术（engineering）、教育（education）、管理（enforcement）措施的统称，是防止事故的三大支柱。工程技术措施的目的是提高工艺过程、机械设备的本质安全性，即当人出现操作失误时，其本身的安全防护系统能自动调节和处理，以保护设备和人身的安全，所以它是预防事故的基本措施。教育措施的目的是提高人们安全素质，掌握安全技术知识、操作技能和安全管理方法的手段。没有安全教育就谈不上采取安全技术措施和安全管理措施。管理措施的目的是保证人们按照一定的秩序从事工作，并为采取安全技术措施提供依据和方案，同时还要对安全防护设施加强维护保养，保证其性能正常，否则，安全技术措施就不能发挥有效作用。

技术、教育、管理三个方面措施是相辅相成的，必须同时进行，缺一不可。

5. “四不放过”原则

“四不放过”原则是指发生事故后，要做到事故原因未查清不放过，当事人未受到处理不放过，群众未受到教育不放过，整改措施未落实不放过。这是我国事故管理的基本经验和基本原则，其出发点是预防事故，与“安全第一、预防为主、综合治理”的安全生产方针是一致的。

6. “安全发展”的原则

《中共中央　国务院关于推进安全生产领域改革发展的意见》中提出，坚持安全发展，坚守发展决不能以牺牲安全为代价这条不可逾越的红线。要始终贯彻以人民为中心的发展思想，始终把人的生命安全放在首位，正确处理安全与发展的关系，大力实施安全发展战略，为经济社会发展提供强有力的安全保障。

四、安全管理“五要素”

1. 安全文化

安全文化是指人类在生产活动中，为保护身心安全与健康所创造的有关物质财富和精神财富的总和，是安全生产的灵魂。安全文化建设，就是提高全民的安全素质，最终保障职工的生命安全。围绕安全文化建设，其重点就是要加强安全宣传教育，普及安全常识，强化职工的安全意识。

2. 安全法制

安全法制是保障安全生产的“利器”。要保障安全生产工作的顺利进行，必须坚持“依法治安”，用法律法规来规范职工的行为，使安全生产工作有法可依、有章可循，建立安全生产法制秩序。

3. 安全责任

安全责任是安全生产的核心，必须按层级落实安全责任。牢固树立安全责任意识，要以全面落实安全生产责任制为核心，坚持事前预防、事中监督、事后处理，多管齐下，使各个环节、各个阶段、各个岗位的安全责任都能得到有效落实。

4. 安全科技

安全科技是安全生产的动力。发展安全生产必须依靠先进的科学技术，创新安全科技将劳动者从繁重的体力、脑力劳动中解放出来，从风险大、危害大的作业环境和生产岗位上解放出来。先进的安全装置、防护设施、预测报警技术都是解放生产力、保护生产力、发展生产力的最重要途径，安全科技是安全生产的先导，是科学生产的延伸，是安全生产的强力技术支持和巨大的动力源泉。

5. 安全投入

安全投入是安全生产的保障，也是安全生产的物质及非物质保障，是保护生产力、提高生产力的重要表现形式。必须加大对安全生产的硬件、软件的改造与更新以及对安全生产环境改善的投入，有投入才会有更高的回报。有计划的安全投入一方面要见其实效，但也不可忽视其滞后效应和公益效应，以及其厚积薄发的巨大潜力。

五、安全色

安全色是表达安全信息的颜色，表示禁止、警告、指令、提示等意义。应用安全色使人们能够对威胁安全和健康的物体和环境尽快作出反应，以减少事故的发生。安全色用途广泛，如用于安全标志牌、交通标志牌、防护栏杆及机器上不准乱动的部位等。

安全色的应用必须以表示安全为目的并且有规定的颜色范围。安全色应用红、蓝、黄、绿四种，其含义和用途分别如下：

1. 红色

红色表示禁止、停止、消防和危险的意思。禁止、停止和有危险的器件设备或环境涂以红色的标记。

2. 黄色

黄色表示注意、警告的意思。需警告人们注意的器件、设备或环境涂以黄色标记。

3. 蓝色

蓝色表示指令、必须遵守的规定。

4. 绿色

绿色表示通行、安全和提供信息的意思。可以通行或安全的情况涂以绿色标记。

第三节　煤矿规章制度和劳动纪律

规章制度和劳动纪律是指用人单位制定的组织劳动过程和进行劳动管理的规则、制度的总和，也称为内部劳动规则，是企业内部的“法律”。用人单位制定规章制度和劳动纪律，要严格执行国家法律法规的规定，保障劳动者的劳动权利，督促劳动者履行劳动义务。制定规章制度应当体现权利与义务、结合奖励与惩罚，不得违反法律法规的规定。

《安全生产法》规定，生产经营单位必须遵守本法和其他有关安全生产的法律法规，加强安全生产管理，建立健全安全生产责任制和安全生产规章制度，改善安全生产条件，推进安全生产标准化建设，提高安全生产水平，确保安全生产。

《煤矿安全规程》规定，煤矿企业必须加强安全生产管理，建立健全各级负责人、各部门、各岗位安全生产与职业病危害防治责任制。

煤矿企业必须建立健全安全生产与职业病危害防治目标管理、投入、奖惩、技术措施审批、培训、办公会议制度，安全检查制度，事故隐患排查、治理、报告制度，事故报告与责任追究制度等。

煤矿企业必须建立各种设备、设施检查维修制度，定期进行检查维修，并做好记录。

煤矿必须制定本单位的作业规程和操作规程。

一、安全生产责任制度

《中共中央　国务院关于推进安全生产领域改革发展的意见》规定，企业实行全员安全生产责任制度。

《安全生产法》规定，生产经营单位的安全生产责任制应当明确各岗位的责任人员、责任范围和考核标准等内容。生产经营单位应当建立相应的机制，加强对安全生产责任制落实情况的监督考核，保证安全生产责任制的落实。

煤矿安全生产标准化管理体系建设的相关文件中要求，煤矿要制定各岗位安全生产责任制，明确责任范围，岗位有固定工作场所的，在适当位置进行长期公示。依据全年安全生产责任落实情况进行全员考核，制定落实考核方案，并将考核结果纳入岗位绩效管理。

1. 安全生产责任制度的含义

安全生产责任制度是明确规定各级负责人员、各职能部门及其工作人员和各岗位生产人员在安全生产方面应做的事情和应负的责任的一种制度，是企业安全生产制度体系的核心内容，是企业岗位责任制的组成部分，是企业各项管理制度中一项最基本的安全制度。

2. 建立安全生产责任制度的意义

建立安全生产责任制度的意义主要体现在三个方面：一是增强生产经营单位各级负责人员、各职能部门及其工作人员和各岗位生产人员对安全生产的责任感；二是明确生产经营单位中各级负责人员、各职能部门及其工作人员和各岗位生产人员在安全生产中应履行的职责和应承担的责任，以充分调动各级人员和各部门在安全生产方面的积极性和主观能动性；三是能够促进“安全第一、预防为主、综合治理”安全生产方针得以落实。

二、事故隐患排查治理制度 

事故隐患是指生产经营单位违反安全生产法律、法规、规章、标准、规程和作业岗位操作规程的规定，或在生产经营活动中可导致人的不安全行为、物（机）的不安全状态和安全管理上的缺陷发生的其他因素。

事故隐患排查治理制度应能够保证及时发现和消除矿井在通风、瓦斯、煤尘、火灾、顶板、机电、运输、爆破、水害和其他方面存在的事故隐患，明确各科室、区（队）、班组、岗位人员的职责，并对事故隐患的排查、登记、治理、督办、验收、销号、分析总结、检查考核等工作作出规定。

三、安全目标管理制度 

安全目标管理是指煤矿企业将一定时期的安全工作任务转化为安全工作目标，制定安全目标体系，并层层分解到本企业的各个部门和个人，各个部门和个人按照所制定的目标，制定相应的对策和措施。安全目标管理制度，应依据上级下达的安全指标，结合实际制定年度或阶段性安全生产目标，并将指标逐渐分解，明确责任、保证措施、考核和奖惩办法。

《煤矿安全生产标准化管理体系基本要求及评分方法（试行）》中规定：煤矿应建立安全生产目标管理制度，对安全目标和任务及措施的制定、责任分解、考核等工作作出规定。

四、安全检查制度 

安全检查是指对生产过程及安全管理中可能存在的隐患、危险有害因素、缺陷等进行查证。

煤矿安全检查制度能够更好地督促煤矿企业职工自觉地贯彻执行国家有关安全生产的方针政策、法律法规、安全生产责任制和各项安全管理制度以及“三大规程”“三个细则”等相关的规定，及时发现和查明煤矿生产过程中存在的各种危险和隐患，并加以有效的防范和整改，坚决杜绝“三违”行为，确保煤矿安全生产。

五、安全教育和培训制度 

安全教育和培训制度是为了保证煤矿企业职工掌握本职工作应具备的法律法规知识、必要的安全知识、专业技术知识和岗位操作技能，明确企业职工教育和培训的周期、内容、方式、标准和考核办法，明确相关部门安全教育和培训的职责和考核办法，明确年度安全生产教育和培训计划，确定任务，保证安全教育和培训的条件，落实费用。

六、安全生产考评奖惩制度 

安全生产考评奖惩制度是搞好煤矿安全工作不可缺少的重要安全管理制度。它既兼顾了职工在安全方面的责任、权利和义务，又运用经济、行政、安全制约和激励机制等手段，体现了奖优罚劣、奖罚对应的公正性、严肃性，同时还具有一定的规范性和可操作性。

第四节　煤矿常见的职业病危害因素

职业病危害因素是指职业活动中存在的各种有害的化学、物理、生物因素以及在作业过程中产生的其他危害劳动者健康，能导致职业病的有害因素。

我国煤矿大部分是井工开采，由于作业场所的特殊性，作业现场存在大量的职业病危害因素，严重影响和威胁着煤矿井下作业人员的身体健康。必须加强现场对生产性粉尘、有害气体、生产性噪声和振动以及不良气候条件（高温）等职业病危害因素的管理，为作业人员提供安全健康的作业环境。

一、生产性粉尘 

1. 定义与种类

生产性粉尘是指在生产中形成的，并能较长时间以浮游状态存在于空气中的固体微粒。粉尘按其存在的形式分为浮尘和落尘，其中对身体危害最严重的是浮尘，其中的呼吸性粉尘能使作业人员患上尘肺病。因此，职业卫生标准均是以浮尘为防治对象的。

2. 对人体的危害

（1）呼吸系统疾病

1）尘肺病，如硅肺、煤工尘肺、硅酸盐肺、灰尘肺、混合性尘肺、金属性尘肺等。

2）粉尘沉着症。

3）有机粉尘引起的肺部病变，如棉尘症、变态反应性肺泡炎、慢性阻塞性肺病等。

4）粉尘性支气管炎、肺炎、哮喘性鼻炎、支气管哮喘等。

5）呼吸系统肿瘤。

（2）局部危害

呼吸道肥大性病变、萎缩性改变、堵塞性皮脂炎、粉刺、毛囊炎、脓皮病、角膜炎、光感性皮炎等。

(3) 中毒危害

铅、砷、锰等的中毒。

二、有害气体

煤矿生产中可接触的化学毒物主要有氮氧化物、碳氧化物和硫化氢等有毒有害气体。

1. 氮氧化物的危害

氮氧化物以二氧化氮为主，它对肺组织产生强烈的刺激和腐蚀作用，可引起支气管炎和肺水肿等。

2. 碳氧化物的危害

碳氧化物以一氧化碳和二氧化碳为主。一氧化碳是一种剧毒气体，会使作业人员中毒死亡；二氧化碳浓度高的区域，会使作业人员窒息死亡。

3. 甲烷的危害

甲烷俗称沼气，是无色、无味的气体。甲烷对人体基本无毒，其麻醉作用极弱，由呼吸道吸入后，大部分以原形呼出。甲烷浓度增加会使空气中氧含量降低，引起机体缺氧，在极高浓度时是一种单纯窒息性气体，因无色无味不易被察觉。

4. 硫化氢的危害

硫化氢为无色、带有臭鸡蛋气味、剧毒气体，主要作用于人类的中枢神经系统。在浓度较高区域，会使作业人员立即发生昏迷或呼吸麻痹，严重的会因喉头痉挛、咽喉水肿而窒息呈“闪电型”死亡。

三、生产性噪声和振动 

1. 生产性噪声对人体的危害

生产性噪声一般是由机械的撞击、摩擦、转动而产生，也可以由于气体压力突变或液体流动而产生，或由于电机中交变力相互作用而产生。使用风动工具的工人、发动机实验人员、机床操作人员等均会接触噪声。生产性噪声对人体的危害主要有两个方面。

(1) 对听觉系统的危害

作业人员若长时间在 85 dB 的强噪声下作业，会感到刺耳难受，长时间接触会造成职业性耳聋。在某些生产条件下，如进行爆破作业，由于防护不当或缺乏必要的防护设备，作业人员可因强烈爆炸所产生的振动波造成急性听觉系统的严重外伤，甚至会引起听力丧失，即爆震性耳聋。

（2）对听觉以外系统的危害

主要表现为对神经系统、心血管系统等造成危害，如易疲劳、头痛、头晕、睡眠障碍、注意力不集中、记忆力减退等一系列神经系统症状。高频噪声可引起血管痉挛、心率加快、血压增高等心血管系统的病变。长期接触噪声还可引起食欲不振、胃液分泌减少、肠蠕动减慢等胃肠功能紊乱的症状。

2. 生产性振动对人体的危害

生产过程中的一切振动统称为生产性振动。振动对人体各系统均可产生影响，按其作用于人体的方式，可分为全身振动和局部振动。生产性振动常见的职业性危害类型是局部振动，生产性振动对人体的危害主要有以下几个方面。

（1）生产性振动会使人产生运动病。低频振动会引起协调方面的视觉紊乱，甚至对嗅觉系统起到决定性的影响。

（2）生产性振动影响人的睡眠质量。

（3）生产性振动会使视觉功能减退。当振动频率为眼球最大共振振幅时，人的视觉功能迅速减退。

（4）生产性振动影响人的语言能力。在振动中说话声调会提高，说话的时间也会拖长，因为气管和支气管的共振会损伤语言能力。

（5）生产性振动会使人的生理受到影响，详见表 2-1。

表 2-1　生产性振动对人的生理影响

生理（系统）	影响
循环系统	血压上升、心搏加快、心排血量减少等
呼吸系统	呼吸次数增加
代谢	耗氧量增加、能量代谢率增加等
体温	体温升高
消化系统	肠胃内压增高、肠胃运动抑制、内脏下垂等
神经系统	交感神经兴奋，手指运动能力降低、颤动，睡眠质量低等
感觉系统	眼压升高、眼调节力减弱等
血液系统	红细胞比容值增加，中性粒细胞增加，血清钾、钙等增加

四、不良气候条件（高温）

高温可使作业人员感到闷热、头晕、心慌、心烦、口渴、无力、疲倦等，可出现一系列生理功能的改变，主要表现在以下几个方面。

（1）体温调节障碍。

（2）大量水盐丧失，可引起水盐代谢平衡紊乱，导致体内酸碱失衡和渗透压失调。

（3）心率加快，皮肤血管扩张及血管紧张度增加，加重心脏负担，血压下降，但重体力劳动时，血压也有可能增加。

（4）消化道贫血，唾液、胃液分泌减少，胃液酸度降低，胃肠蠕动减慢，造成消化不良和其他胃肠道疾病。

（5）高温条件下若水盐供应不足可使尿液浓缩，增加肾脏负担，有时可见到肾功能不全，尿中出现蛋白、红细胞等。

（6）出现中枢神经抑制，肌肉的工作能力差，人体动作的准确性和协调性及反应速度均会降低。

第五节　安全标志与安全设施的使用与维护

一、术语和定义

1. 安全标志

用以表达特定安全信息的标志，由图形符号、安全色、几何形状（边框）或文字构成。

2. 安全色

传递安全信息含义的颜色，包括红、蓝、黄、绿四种颜色。

3. 禁止标志

禁止人们不安全行为的图形标志。

4. 警告标志

提醒人们对周围环境引起注意，以避免可能发生危险的图形标志。

5. 指令标志

强制人们必须做出某种动作或采用防范措施的图形标志。

6. 提示标志

向人们提供某种信息（如标明安全设施或场所等）的图形标志。

7. 说明表示

向人们提供特定提示信息（标明安全分类或防护措施等）的标记，由几何图形边框和文字构成。

8. 环境信息标志

所提供的信息涉及较大区域的图形标志。标志种类代号：H。

9. 局部信息标志

所提供的信息只涉及某地点，甚至某个设备或部件的图形标志。标志种类代号：J。

二、标志类型

安全标志分禁止标志、警告标志、指令标志和提示标志四大类型。

1. 禁止标志

禁止标志的基本型式是带斜杠的圆边框，其基本型式如图 2-1 所示，详见表 2-2。禁止标志的颜色为白底，红圈、红斜杠，黑图形符号。

外径 $d_1=0.025L$；

内径 $d_2=0.800d_1$；

斜杠宽 $c=0.080d_2$；

斜杠与水平线的夹角 $\alpha=45°$；

L 为观察距离，详见表 2-3。

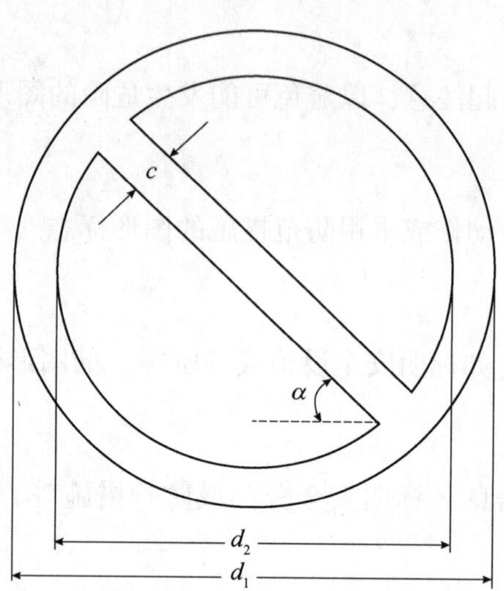

图 2-1　禁止标志的基本型式

表 2-2

禁止标志

编号	图形标志	名称	标志种类	设置范围和地点
1-1		禁止吸烟 No smoking	H	有甲、乙、丙类火灾危险物质的场所和禁止吸烟的公共场所等，如木工车间、油漆车间、沥青车间、纺织厂、印染厂等
1-2		禁止烟火 No burning	H	有甲、乙、丙类火灾危险物质的场所，如面粉厂、煤粉厂、焦化厂、施工工地等
1-3		禁止带火种 No kindling	H	有甲类火灾危险物质及其他禁止带火种的各种危险场所，如炼油厂、乙炔站、液化石油气站、煤矿井内、林区、草原等
1-4		禁止用水灭火 No extinguishing with water	H，J	生产、储运、使用中有不准用水灭火的物质的场所，如变压器室、乙炔站、化工药品库、各种油库等

续表

编号	图形标志	名称	标志种类	设置范围和地点
1-5		禁止放置易燃物 No laying inflammable things	H，J	具有明火设备或高温的作业场所，如动火区，各种焊接、切割、锻造、浇注车间等场所
1-6		禁止堆放 No stocking	J	消防器材存放处、消防通道及车间主通道等
1-7		禁止启动 No starting	J	暂停使用的设备附近，如设备检修、更换零件等
1-8		禁止合闸 No switching on	J	设备或线路检修时，相应开关附近
1-9		禁止转动 No turning	J	检修或专人定时操作的设备附近
1-10		禁止叉车和厂内机动车辆通行 No access for fork lift trucks and other industrial vehicles	J，H	禁止叉车和其他厂内机动车辆通行的场所
1-11		禁止乘人 No riding	J	乘人易造成伤害的设施，如室外运输吊篮、外操作载货电梯框架等

续表

编号	图形标志	名称	标志种类	设置范围和地点
1-12		禁止靠近 No nearing	J	不允许靠近的危险区域，如高压试验区、高压线、输变电设备的附近等
1-13		禁止入内 No entering	J	易造成事故或对人员有伤害的场所，如高压设备室、各种污染源等入口处
1-14		禁止推动 No pushing	J	易倾倒的装置或设备，如车站屏蔽门等
1-15		禁止停留 No stopping	H，J	对人员具有直接危害的场所，如粉碎场地、危险路口、桥口等处
1-16		禁止通行 No throughfare	H，J	有危险的作业区，如起重、爆破现场，道路施工工地等
1-17		禁止跨越 No striding	J	禁止跨越的危险地段，如专用的运输通道、带式输送机和其他作业流水线，作业现场的沟、坎、坑等
1-18		禁止攀登 No climbing	J	不允许攀爬的危险地点，如有坍塌危险的建筑物、构筑物、设备旁等

续表

编号	图形标志	名称	标志种类	设置范围和地点
1-19		禁止跳下 No jumping down	J	不允许跳下的危险地点，如深沟、深池、车站站台及盛装过有毒物质、易产生窒息气体的槽车、贮罐、地窖等处
1-20		禁止伸出窗外 No stretching out of the window	J	易造成头手伤害的部位或场所，如公交车窗、火车车窗等
1-21		禁止倚靠 No leaning	J	不能倚靠的地点或部位，如列车车门、车站屏蔽门、电梯轿门等
1-22		禁止坐卧 No sitting	J	高温、腐蚀性、塌陷、坠落、翻转、易损等易造成人员伤害的设备设施表面
1-23		禁止蹬塌 No steeping on surface	J	高温、腐蚀性、塌陷、坠落、翻转、易损等易造成人员伤害的设备设施表面
1-24		禁止触摸 No touching	J	禁止触摸的设备或物体附近，如裸露的带电体，炽热物体，具有毒性、腐蚀性物体等处
1-25		禁止伸入 No reaching in	J	易夹住身体部位的装置或场所，如有开口的传动机、破碎机等

续表

编号	图形标志	名称	标志种类	设置范围和地点
1-26		禁止饮用 No drinking	J	禁止饮用水的开关处，如循环水、工业用水、污染水等
1-27		禁止抛物 No tossing	J	抛物易伤人的地点，如高处作业现场，深沟（坑）等
1-28		禁止戴手套 No putting on gloves	J	戴手套易造成手部伤害的作业地点，如旋转的机械加工设备附近等
1-29	化纤	禁止穿化纤服装 No putting on chemical fibre clothing	H	有静电火花会导致灾害或有炽热物质的作业场所，如冶炼、焊接及有易燃易爆物质的场所等
1-30		禁止穿带钉鞋 No putting on spikes	H	有静电火花会导致灾害或有触电危险的作业场所，如有易燃易爆气体或粉尘的车间及带电作业场所等
1-31		禁止开启无线移动通信设备 No activated mobile phones	J	火灾、爆炸场所以及可能产生电磁干扰的场所，如加油站、飞行中的航天器、油库、化工装置区等
1-32		禁止携带金属物或手表 No metallic articles or watches	J	易受到金属物品干扰的微波和电磁场所，如磁共振室等

续表

编号	图形标志	名称	标志种类	设置范围和地点
1-33		禁止佩戴心脏起搏器者靠近 No access for persons with pacemakers	J	安装人工起搏器者禁止靠近高压设备、大型电机、发电机、电动机、雷达和有强磁场设备等
1-34		禁止植入金属材料者靠近 No access for persons with metallic implants	J	易受到金属物品干扰的微波和电磁场所，如磁共振室等
1-35		禁止游泳 No swimming	H	禁止游泳的水域
1-36		禁止滑冰 No skating	H	禁止滑冰的场所
1-37		禁止携带武器及仿真武器 No carrying weapons and emulating weapons	H	不能携带和托运武器、凶器和仿真武器的场所或交通工具，如飞机等
1-38		禁止携带、托运易燃及易爆物品 No carrying flammable and explosive materials	H	不能携带和托运易燃、易爆物品及其他危险品的场所或交通工具，如火车、飞机、地铁等
1-39		禁止携带、托运有毒物品及有害液体 No carrying poisonous materials and harmful liquid	H	不能携带、托运有毒物品及有害液体的场所或交通工具，如火车、飞机、地铁等

续表

编号	图形标志	名称	标志种类	设置范围和地点
1-40		禁止携带、托运放射性及磁性物品 No carrying radioactive and magnetic materials	H	不能携带、托运放射性及磁性物品的场所或交通工具，如火车、飞机、地铁等

表 2-3　　安全标志牌的尺寸　　单位：m

型号	观察距离 L	圆形标志的外径	三角形标志的外边长	正方形标志的边长
1	$0<L\leqslant2.5$	0. 070	0. 088	0. 063
2	$2.5<L\leqslant4.0$	0. 110	0. 1420	0. 100
3	$4.0<L\leqslant6.3$	0. 175	0. 220	0. 160
4	$6.3<L\leqslant10.0$	0. 280	0. 350	0. 250
5	$10.0<L\leqslant16.0$	0. 450	0. 560	0. 400
6	$16.0<L\leqslant25.0$	0. 700	0. 880	0. 630
7	$25.0<L\leqslant40.0$	1. 110	1. 400	1. 000

注：允许有 3%的误差。

2. 警告标志

警告标志的基本型式是正三角形边框，如图 2-2 所示，详见表 2-4。警告标志的颜色为黄底，黑边，黑图形符号。

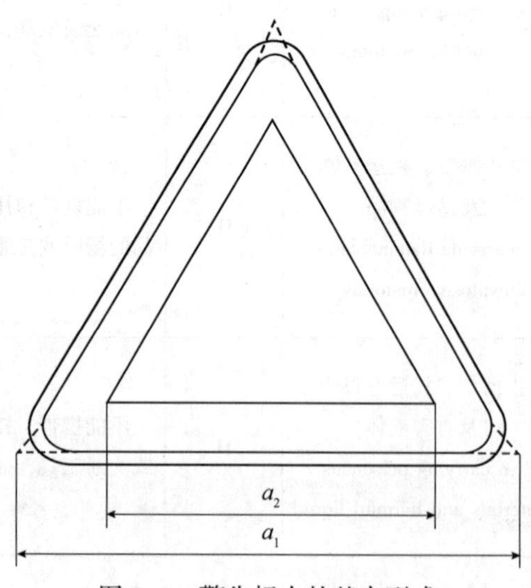

图 2-2　警告标志的基本型式

警告标志基本型式的参数：

外边 $a_1=0.034L$；

内边 $a_2=0.700a_1$；

边框外角圆弧半径 $r=0.080a_2$；

L 为观察距离，详见表 2-3。

表 2-4　　警告标志

编号	图形标志	名称	标志种类	设置范围和地点
2-1		注意安全 Warning danger	H，J	易造成人员伤害的场所及设备等
2-2		当心火灾 Warning fire	H，J	易发生火灾的危险场所，如可燃性物质的生产、储运、使用等地点
2-3		当心爆炸 Warning explosion	H，J	易发生爆炸危险的场所，如易燃易爆物质的生产、储运、使用或受压容器等地点
2-4		当心腐蚀 Warning corrosion	J	有腐蚀性物质［《危险货物品名表》（GB 12268—2012）中第 8 类所规定的物质］的作业地点
2-5		当心中毒 Warning poisoning	H，J	剧毒品及有毒物质［《危险货物品名表》（GB 12268—2012）中第 6 类第 1 项所规定的物质］的生产、储运及使用地点

续表

编号	图形标志	名称	标志种类	设置范围和地点
2-6		当心感染 Warning infection	H，J	易发生感染的场所，如医院传染病区；有害生物制品的生产、储运、使用等地点
2-7		当心触电 Warning electric shock	J	有可能发生触电危险的电器设备和线路，如配电室、开关等
2-8		当心电缆 Warning cable	J	有暴露的电缆或地面下有电缆处施工的地点
2-9		当心自动启动 Warning automatic start-up	J	配有自动启动装置的设备
2-10		当心机械伤人 Warning mechanical injury	J	易发生机械卷入、轧压、碾压、剪切等机械伤害的作业地点
2-11		当心塌方 Warning collapse	H，J	有塌方危险的地段、地区，如堤坝及土方作业的深坑、深槽等
2-12		当心冒顶 Warning roof fall	H，J	具有冒顶危险的作业场所，如矿井、隧道等

续表

编号	图形标志	名称	标志种类	设置范围和地点
2-13		当心坑洞 Warning hole	J	具有坑洞易造成伤害的作业地点，如构件的预留孔洞及各种深坑的上方等
2-14		当心落物 Warning falling objects	J	易发生落物危险的地点，如高处作业、立体交叉作业的下方等
2-15		当心吊物 Warning overhead load	J，H	有吊装设备作业的场所，如施工工地、港口、码头、仓库、车间等
2-16		当心碰头 Warning overhead obstacles	J	有产生碰头的场所
2-17		当心挤压 Warning crushing	J	有产生挤压的装置、设备或场所，如自动门、电梯门、车站屏蔽门等
2-18		当心烫伤 Warning scald	J	具有热源易造成伤害的作业地点，如冶炼、锻造、铸造、热处理车间等
2-19		当心伤手 Warning injure hand	J	易造成手部伤害的作业地点，如玻璃制品、木制加工、机械加工车间等

续表

编号	图形标志	名称	标志种类	设置范围和地点
2-20		当心夹手 Warning hands pinching	J	有产生挤压的装置、设备或场所，如自动门、电梯门、列车车门等
2-21		当心扎脚 Warning splinter	J	易造成脚部伤害的作业地点，如铸造车间、木工车间、施工工地及有尖角散料等处
2-22		当心有犬 Warning guard dog	H	有犬类作为保卫的场所
2-23		当心弧光 Warning arc	H，J	由于弧光造成眼部伤害的各种焊接作业场所
2-24		当心高温表面 Warning hot surface	J	有灼烫物体表面的场所
2-25		当心低温 Warning low temperature/ freezing conditions	J	易导致冻伤的场所，如冷库、汽化器表面、存在液化气体的场所等
2-26		当心磁场 Warning magnetic field	J	有磁场的区域或场所，如高压变压器、电磁测量仪器附近等

续表

编号	图形标志	名称	标志种类	设置范围和地点
2-27		当心电离辐射 Warning ionizing radiation	H，J	能产生电离辐射危害的作业场所，如生产、储运、使用《危险货物品名表》（GB 12268—2012）规定的第7类物质的作业区
2-28		当心裂变物质 Warning fission matter	J	具有裂变物质的作业场所，如其使用车间、储运仓库、容器等
2-29		当心激光 Warning laser	H，J	有激光产品和生产、使用、维修激光产品的场所（激光辐射警告标志常用尺寸规格详见表2-7）
2-30		当心微波 Warning microwave	H	凡微波场强超过相关规定的作业场所
2-31		当心叉车 Warning fork lift trucks	J，H	有叉车通行的场所
2-32		当心车辆 Warning vehicle	J	厂内车、人混合行走的路段，道路的拐角处，平交路口；车辆出入较多的厂房、车库等出入口
2-33		当心火车 Warning train	J	厂内铁路与道路平交路口，厂（矿）内铁路运输线等

续表

编号	图形标志	名称	标志种类	设置范围和地点
2-34		当心坠落 Warning drop down	J	易发生坠落事故的作业地点，如脚手架、高处平台、地面的深沟（池、槽）、建筑施工、高处作业场所等
2-35		当心障碍物 Warning obstacles	J	地面有障碍物，绊倒易造成伤害的地点
2-36		当心跌落 Warning drop (fall)	J	易跌落的地点，如楼梯、台阶等
2-37		当心滑倒 Warning slippery surface	J	地面有易造成伤害的滑跌地点，如地面有油、冰、水等物质及滑坡处
2-38		当心落水 Warning falling into water	J	落水后有可能产生淹溺的场所或部位，如城市河流、消防水池等
2-39		当心缝隙 Warning gap	J	有缝隙的装置、设备或场所，如自动门、电梯门、列车等

3. 指令标志

指令标志的基本型式是圆形边框，颜色为蓝底、白图形符号，如图 2-3 所示，详见表 2-5。

指令标志基本型式的参数：直径 $d=0.025L$。L 为观察距离，详见表 2-3。

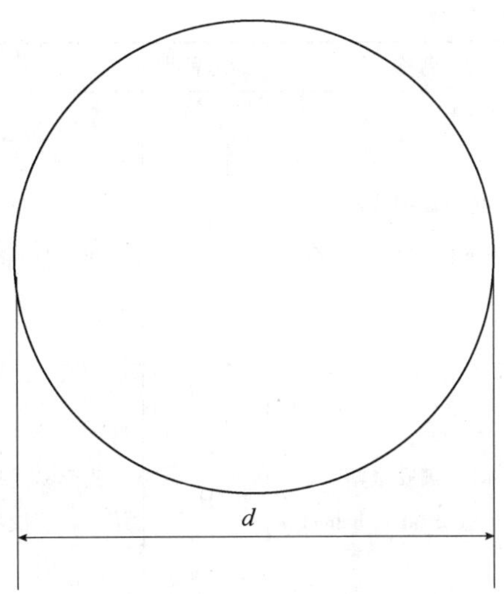

图 2-3 指令标志的基本型式

表 2-5 **指令标志**

编号	图形标志	名称	标志种类	设置范围和地点
3-1		必须戴防护眼镜 Must wear protective goggles	H，J	对眼睛有伤害的各种作业场所和施工场所
3-2		必须佩戴遮光护目镜 Must wear opaque eye protection	J，H	存在紫外、红外、激光等光辐射的场所，如电气焊等
3-3		必须戴防尘口罩 Must wear dustproof mask	H	具有粉尘的作业场所，如纺织清花车间、粉状物料拌料车间以及矿山凿岩处等
3-4		必须戴防毒面具 Must wear gas defence mask	H	具有对人体有害的气体、气溶胶、烟尘等作业场所，如有毒物散发的地点或处理有毒物造成的事故现场等

续表

编号	图形标志	名称	标志种类	设置范围和地点
3-5		必须戴护耳器 Must wear ear protector	H	噪声超过 85 dB 的作业场所，如铆接车间、织布车间、射击场、工程爆破、风动掘进等处
3-6		必须戴安全帽 Must wear safety helmet	H	头部易受外力伤害的作业场所，如矿山、建筑工地、伐木场、造船厂及起重吊装处等
3-7		必须戴防护帽 Must wear protective cap	H	易造成人体碾烧伤害或有粉尘污染头部的作业场所，如纺织、石棉、玻璃纤维以及具有旋转设备的机加工车间等
3-8		必须系安全带 Must fastened safety belt	H，J	易发生坠落危险的作业场所，如高处建筑、修理、安装等地点
3-9		必须穿救生衣 Must wear life jacket	H，J	易发生溺水的作业场所，如船舶、海上工程结构物等
3-10		必须穿防护服 Must wear protective clothes	H	具有放射、微波、高温及其他需穿防护服的作业场所

续表

编号	图形标志	名称	标志种类	设置范围和地点
3-11		必须戴防护手套 Must wear protective gloves	H，J	易伤害手部的作业场所，如具有腐蚀、污染、灼烫、冰冻及触电等危险的作业地点
3-12		必须穿防护鞋 Must wear protective shoes	H，J	易伤害脚部的作业场所，如具有腐蚀、灼烫、触电、砸（刺）伤等危险的作业地点
3-13		必须洗手 Must wash your hands	J	接触有毒有害物质作业后
3-14		必须加锁 Must be locked	J	剧毒品、危险品库房等地点
3-15		必须接地 Must connect an carth terminal to the ground	J	防雷、防静电场所
3-16		必须拔出插头 Must disconnect mains plug from electrical outlet	J	在设备维修、故障、长期停用、无人值守状态下

4. 提示标志

提示标志的基本型式是正方形边框，颜色为绿底、白图案，白字（也可用黑字），如图 2-4 所示，详见表 2-6。

图 2-4 提示标志的基本型式

提示标志基本型式的参数：边长 $a=0.025L$。L 为观察距离，详见表 2-3。

表 2-6 提示标志

编号	图形标志	名称	标志种类	设置范围和地点
4-1		紧急出口 Emergent exit	J	便于安全疏散的紧急出口处，与方向箭头结合设在通向紧急出口的通道、楼梯口等处

续表

编号	图形标志	名称	标志种类	设置范围和地点
4-2		避险处 Haven	J	铁路桥、公路桥、矿井及隧道内躲避危险的地点
4-3		应急避难场所 Evacuation assembly point	H	在发生突发事件时用于容纳危险区域内疏散人员的场所，如公园、广场等
4-4		可动火区 Flare up region	J	经有关部门划定的可使用明火的地点
4-5		击碎板面 Break to obtain access	J	必须击开板面才能获得出口
4-6		急救点 First aid	J	设置现场急救仪器设备及药品的地点
4-7		应急电话 Emergency telephone	J	安装应急电话的地点
4-8		紧急医疗站 Doctor	J	有医生的医疗救助场所

5. 提示标志的方向辅助标志

提示标志提示目标的位置时要加方向辅助标志。按实际需要指示左向时，辅助标志应放在图形标志的左方；如指示右向时，则应放在图形标志的右方，如图 2-5 所示。

图 2-5　应用方向辅助标志示例

6. 文字辅助标志

文字辅助标志的基本型式是矩形边框。文字辅助标志有横写和竖写两种形式。

（1）横写时，文字辅助标志写在标志的下方，可以和标志连在一起，也可以分开。

禁止标志、指令标志为白色字，警告标志为黑色字。禁止标志、指令标志衬底色为标志的颜色，警告标志衬底色为白色，如图 2-6 所示。

图 2-6　横写的文字辅助标志

（2）竖写时，文字辅助标志写在标志杆的上部。

禁止标志、警告标志、指令标志、提示标志均为白色衬底，黑色字。

标志杆下部色带的颜色应和标志的颜色相一致，如图 2-7 所示。

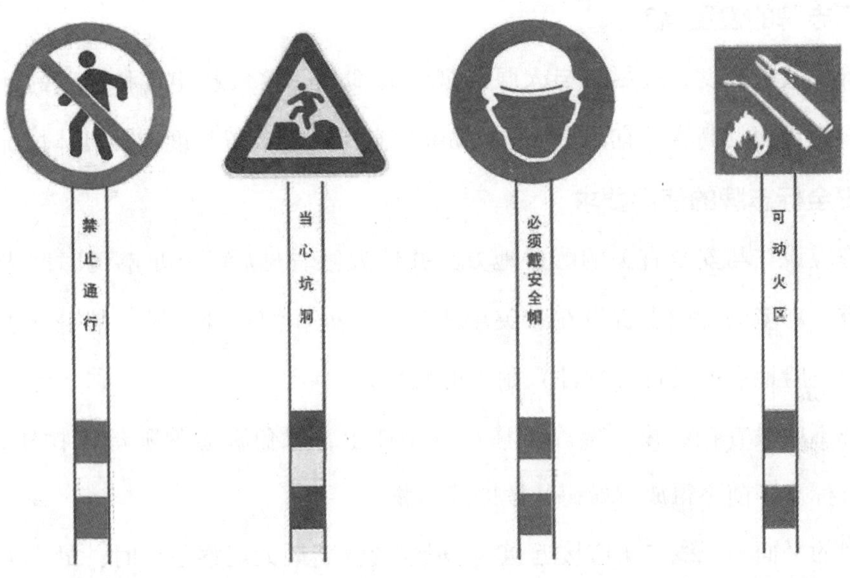

图 2-7 竖写在标志杆上部的文字辅助标志

（3）文字字体均为黑体字。

7. 颜色

安全标志所用的颜色应符合《安全色》（GB 2893—2008）规定的颜色。

8. 安全标志牌的要求

安全标志牌要有衬边。除警告标志边框用黄色勾边外，其余全部用白色将边框勾一窄边，即为安全标志的衬边，衬边宽度为标志边长或直径的 0.025 倍。

9. 标志牌的材质

安全标志牌应采用坚固耐用的材料制作，一般不宜使用遇水变形、变质或易燃的材料，有触电危险的作业场所应使用绝缘材料。

10. 标志牌表面质量

标志牌应图形清楚，无毛刺、孔洞和影响使用的任何疵病。

11. 标志牌的型号选用

工地、工厂等的入口处设 6 型或 7 型，车间入口处、厂区内和工地内设 5 型或 6 型，车间内设 4 型或 5 型，局部信息标志牌设 1 型、2 型或 3 型。标志牌型号（尺寸）详见表 2-3。

无论厂区或车间内，所设标志牌其观察距离不能覆盖全厂或全车间面积时，应多设几个标志牌。

12. 标志牌的设置高度

标志牌设置的高度，应尽量与人眼的视线高度相一致。悬挂式和柱式的环境信息标志牌的下缘距地面的高度不宜小于 2 m，局部信息标志的设置高度应视具体情况确定。

13. 安全标志牌的使用要求

标志牌应设在与安全有关的醒目地方，并使大家看见后，有足够的时间来注意它所表示的内容。环境信息标志宜设在有关场所的入口处和醒目处，局部信息标志应设在所涉及的相应危险地点或设备（部件）附近的醒目处。

标志牌不应设在门、窗、架等可移动的物体上，以免标志牌随母体物体相应移动，影响认读。标志牌前不得放置妨碍认读的障碍物。

标志牌的平面与视线夹角应接近 90°，观察者位于最大观察距离时，最小夹角不低于 75°，如图 2-8 所示。

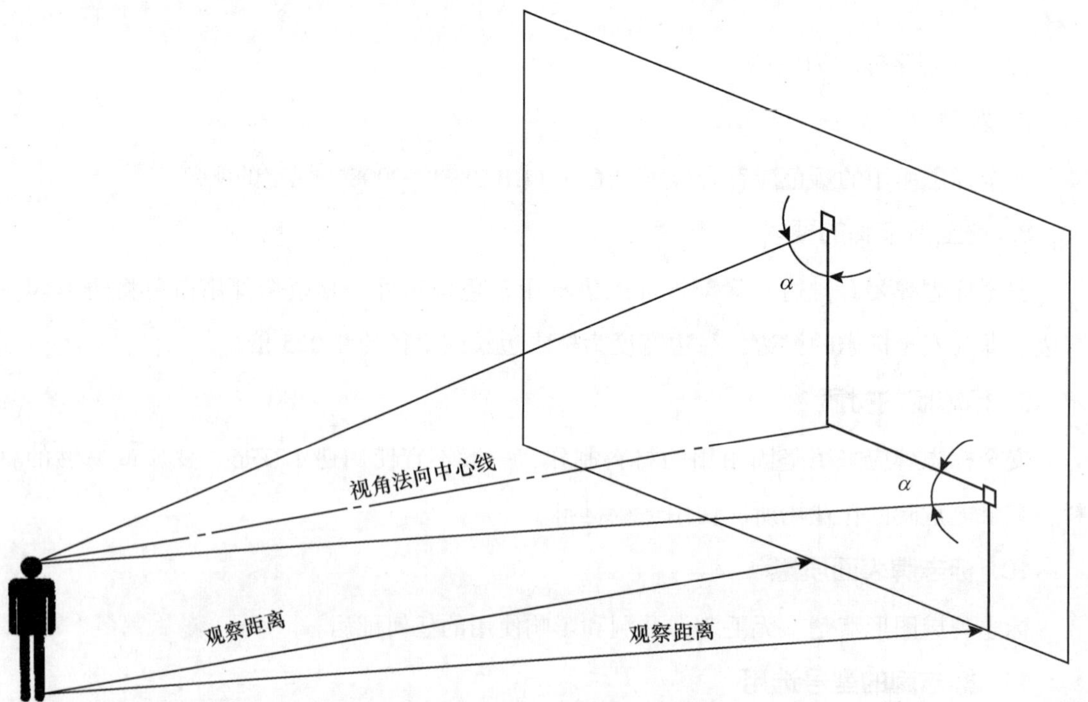

图 2-8　标志牌平面与视线夹角 α 不低于 75°

标志牌应设置在明亮的环境中。多个标志牌在一起设置时，应按警告、禁止、指令、提示类型的顺序，先左后右、先上后下地排列。标志牌的固定方式分附着式、悬挂式和柱式三种。悬挂式和附着式的固定应稳固不倾斜，柱式的标志牌和支架应牢固地连接在一起。其他要求应符合《公共信息导向系统设置原则与要求 第 1 部分：总则》（GB 15566.1—2020）的规定。

14. 检查与维修

安全标志牌至少每半年检查一次，如发现有破损、变形、褪色等不符合要求时应及时修整或更换。在修整或更换激光安全标志时应有临时的标志替换，以避免发生意外伤害。

15. 激光辐射警告标志

（1）激光辐射警告标志的尺寸

激光辐射警告标志如图 2-9 所示，常用尺寸规格见表 2-7。

图 2-9 激光辐射警告标志的图形与尺寸

表 2-7 激光辐射警告标志常用尺寸规格 单位：mm

a	g_1	g_2	r	D_1	D_2	D_3	d
25	0.5	1.5	1.25	10.5	7	3.5	0.5
50	1	3	2.5	21	14	7	1
100	2	6	5	42	28	14	2

续表

a	g_1	g_2	r	D_1	D_2	D_3	d
150	3	9	7.5	63	42	21	3
200	4	12	10	84	56	28	4
400	8	24	20	168	112	56	8
600	12	36	30	252	168	84	12

注：1. 尺寸 D_1、D_2、D_3、g_2 和 d 都是推荐值。

2. 能够理解标记的最大距离 L 与标记最小面积 A 之间的关系由公式给出：$A=L^2/2\,000$，式中 A 和 L 分别用 m^2 和 m 表示。这个公式适用于 L 小于 50 m 的情况。

（2）激光辐射窗口标志、说明标志及其使用

1）激光辐射窗口标志。激光辐射窗口标志为带说明文字的长方形，如图 2-10 所示，其位置应在紧贴“当心激光”警告标志下边界的正下方。

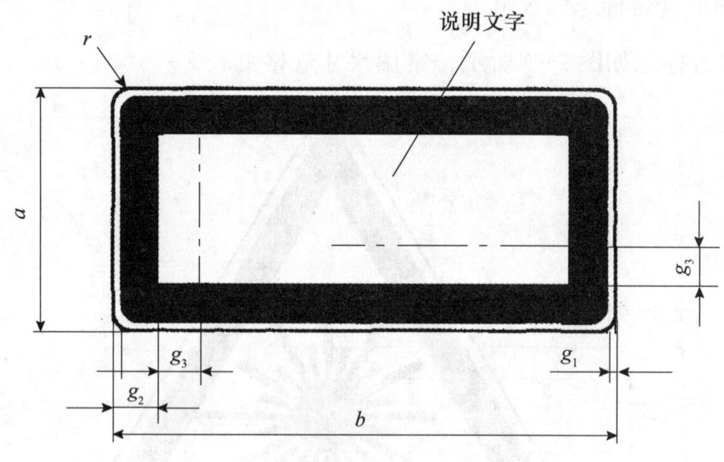

图 2-10　激光辐射窗口标志的图形与尺寸

激光辐射窗口标志说明文字为：激光窗口或避免受到从该窗口射出的激光辐射。

激光辐射窗口标志说明文字应写在激光辐射窗口标志规定的长方形边框中，文字的位置在激光辐射窗口标志 g_3 尺寸规定的虚线框内。

激光辐射窗口的常用尺寸规格详见表 2-8。

2）激光产品辐射分类说明标志。激光产品辐射分类说明标志为带说明文字的长方形，如图 2-10 所示，图形、尺寸、文字位置符合规定。说明文字的内容必须严格按照不同的辐射分类给予说明。

表 2-8　激光辐射窗口常用尺寸规格　单位：mm

$a-b$	g_1	g_2	g_3	r	文字的最小字号
26-52	1	4	4	2	文字的最小字号的大小必须能复制清楚
52-105	1.6	5	5	3.2	
74-148	2	6	7.5	4	
100-250	2.5	8	12.5	5	
140-200	2.5	10	10	5	
140-250	2.5	10	12.5	5	
140-400	3	10	20	6	
200-250	3	12	12.5	6	
200-400	3	12	20	6	
250-400	4	15	25	8	

对可能达到 2 类激光产品辐射分类标志的说明文字为：激光辐射、勿直视激光束、2 类激光产品。

对可能达到 3A 类激光产品辐射标志的说明文字为：激光辐射、勿直视或通过光学仪器观察激光束、3A 类激光产品。

对可能达到 3B 类激光产品辐射标志的说明文字为：激光辐射、避免激光束照射、3B 类激光产品。

对可能达到 4 类激光辐射标志的说明文字为：激光辐射、避免眼或皮肤受到直射和散射照射、4 类激光产品。

2 类以上（包括 2 类）激光产品辐射分类标志的说明文字还应标明激光辐射的发射波长、脉冲宽度（如果脉冲激光输出）等信息。这些信息可以写在激光分类的下方或独立写在说明标志规定的长方形边框内。

说明文字中“激光辐射”一词对于波长在 400~700 nm（可见）范围内的激光辐射注明“可见激光辐射”；对于波长在 400~700 nm 范围之外的激光辐射应注明“不可见激光辐射”。

3）激光辐射场所安全说明标志。激光辐射场所安全说明标志为带说明文字的长方形（见图 2-10），图形、尺寸、文字位置符合规定。说明文字的内容按照不同的辐射分类给予相应的说明。

对可能达到 3B 类激光辐射场所说明标志的说明文字为：激光辐射、避免激光束照射，或者（也可同时）采用：激光工作、进入时请戴好防护镜。

对可能达到4类激光辐射标志的说明文字为：激光辐射、避免眼或皮肤受到直射和散射激光的照射，或者（也可同时）采用：激光工作、未经允许不得入内。

4）激光产品和激光作业场所安全标志的使用。对所有可能达到2类的激光产品都必须有激光安全标志。每台设备必须同时具有激光警告标志、激光安全分类说明标志和激光窗口标志，激光产品安全标志使用实例如图2-11所示。

图2-11　激光产品安全标志使用实例

激光安全标志的粘贴位置必须是人员不受到超过1类辐射就能清楚看到的地方。激光分类说明标志应置于激光警告标志的正下方，激光窗口标志应置于激光出光口的附近（3类和4类激光产品应在所有可能达到2类的激光辐射窗口贴上窗口标志）。若激光产品的尺寸或设计不便于装贴，应将标志作为附件一起提供给用户。

对所有3B类和4类激光产品工作的场所都必须有激光安全标志。可以单独使用激光警告标志，或者同时使用激光警告标志与激光辐射场所安全分类说明标志，此时激光辐射场所分类说明标志应置于激光警告标志的正下方。在3A类激光产品作为测量、准直、调平使用时的场所应设置激光安全标志。激光安全标志的装贴位置必须是激光防护区域的明显位置，人员不受到超过1类辐射就能够注意到标志并知道所示的内容。在所设标志不能覆盖整个工作区域时，应设置多个标志。永久性的激光防护区域应在出入口处设置激光安全标志，在由活动挡板、护栏围成的临时防护区除在出入口处必须设置激光安全标志外，还必须在每一块构成防护围栏和隔挡板的可移动部位或检修接头处设置激光安全标志，以防止这些板块分开或接头断开时人员受到有害激光辐射。

第六节 煤矿“三违”行为及其危害

安全是生命之本，违章是事故之源。在实际生产活动中，由于安全意识不到位，习惯性违规作业是导致生产安全事故的主要原因。在生产系统中，“人”是安全生产各要素的根本，只有加强对煤矿从业人员的安全教育和培训，使其了解安全生产的重要性，掌握必要的安全生产知识和安全生产技能，才能使其自觉做到不伤害自己、不伤害别人、不被别人伤害，从根本上预防事故、化解风险。

一、“三违”的含义

一般地，人们把违章指挥、违规作业、违反劳动纪律合称为“三违”。

1. 违章指挥

违章指挥是指煤矿生产过程中，有关管理人员不遵守国家有关安全生产法律法规的要求及企业安全生产规章制度，命令、指挥、默许、纵容从业人员违规作业或冒险作业的行为。

违章指挥是领导者的特定行为。领导者拥有一定的权力，虽然依据《安全生产法》规定，煤矿从业人员有权拒绝违章指挥，但是领导权力给从业人员的心理压力是不可能完全消除的。因此，违章指挥行为往往会引导、促使从业人员的违规作业行为，使之具有连锁性，即领导的违章指挥和从业人员违规作业、违反劳动纪律行为会同时发生。从这个意义上讲，领导者的违章指挥行为的危害性往往要大于从业人员的违规作业行为。

2. 违规作业

违规作业是指在煤矿生产工作活动中，违反国家有关安全生产法律法规要求及企业安全生产规章制度，违反煤矿安全规程、安全技术操作规程、作业规程及安全技术措施的行为。

违规作业是人为制造事故的行为，是造成矿井事故的主要原因之一，如带电检修电气设备、不按规定检查瓦斯、瓦斯超限继续作业等。

违规作业虽然只是发生在个别从业人员或直接操作的班组长身上，但对从事生产的从业人员心理有极大作用。尤其班组长是矿井生产组织中的核心人物，是作业现场的指挥者、主管，其行为给从业人员以无声的指令。个别班组长的违规作业，会带动和影响本班组部分从业人员效仿班组长的违规作业行为。因此，在制止违规作业方面班组长起着重要的作用，为了杜绝违规作业，应对班组长提出严格要求，使他们成为维护安全生产的典范。

3. 违反劳动纪律

违反劳动纪律是指煤矿从业人员不遵守企业制定的规范和约束劳动者劳动及相关行为的规定要求，违反相关制度行为。

违反劳动纪律的现象在任何单位都时有发生，煤矿企业虽然制定了严格的劳动纪律以及相应的惩罚制度，但违反劳动纪律的现象还是时常发生，如井下睡觉、迟到、早退、脱岗等。

劳动纪律是煤矿企业对从业人员在生产劳动中的不规范行为的约束，它对煤矿安全生产有着极其重要的作用。煤矿企业从业人员人数众多、分工细致，如果缺乏铁的劳动纪律，众多的从业人员似一盘散沙，各工序将会混乱不堪，无法进行正常生产。

二、煤矿井下常见的“三违”行为及其危害 

煤矿生产安全事故与“三违”有着直接联系，据统计，80%~90%的煤矿事故均是由“三违”造成的。在企业从业人员队伍中的有些人，由于综合素质较差、安全意识不强、法制观念淡薄，“三违”现象时有出现（详见表2-9），屡禁不绝，严重地威胁煤矿的正常生产和从业人员的生命安全，甚至给煤矿带来惨重的损失。因此，对“三违”的现象和行为，决不能宽容和忽视。只有坚决与“三违”行为作斗争，才能确保煤矿的安全生产。

表2-9　煤矿井下常见的“三违”行为及其可能产生的危害

序号	“三违”行为	可能产生的危害
1	不参加班前会	不能及时掌握现场安全情况
2	上班前不休息	精力不充沛，易引发事故
3	入井前喝酒	神志不清、行为失控，容易造成误操作，导致事故
4	携带香烟和点火物品入井	发生矿井火灾、瓦斯煤尘爆炸事故
5	入井不携带自救器	一旦发生事故，逃生的概率降低
6	穿化纤衣服入井	产生静电，容易引起火灾、火工品、瓦斯和煤尘爆炸事故
7	超员乘罐笼	断绳、坠罐伤人事故
8	乘罐笼时把头、手、脚及随身携带的工具伸出罐笼外	易造成伤害事故
9	乘罐时挤上挤下，不听从指挥	易发生人身伤害事故
10	在人行道宽度不够的大巷里行走，当车辆接近时不立即进躲避硐暂避	易造成车辆伤害事故
11	乘坐电机车驾驶室	干扰司机操作，容易误碰制动开关，发生意外事故
12	在两车厢之间搭乘	易发生车辆伤害事故
13	扒、蹬、跳车	易发生人身伤害事故
14	在井下行走，不执行“行车不行人，行人不行车”的规定	易造成车辆伤害事故
15	乘坐非乘人皮带	易发生人身伤害事故
16	在井下轨道中间行走	来车时不知道或躲避不及，容易被机车、车辆碰、轧，造成人身伤亡事故
17	在井下用灯泡、电炉取暖	易引起瓦斯、煤尘爆炸事故
18	放炮警戒人员脱岗	易造成放炮崩人事故
19	擅自进入栅栏内或悬挂警戒牌的区域	易造成有毒有害气体中毒、窒息死亡
20	随意跨越井下带式输送机	易发生皮带伤人事故

续表

序号	“三违”行为	可能产生的危害
21	在井下擅自拆开、敲打、撞击矿灯	产生火花，引起瓦斯、煤尘爆炸事故
22	乘坐刮板输送机或在机槽内行走	易发生刮板输送机伤人事故
23	在井下睡觉	发生事故“束手就擒”
24	过风门时，两道风门同时开启	造成风流短路，导致用风地点风量不足
25	人为造成甲烷传感器失效	不能有效监测瓦斯数据，易造成瓦斯超限事故
26	在井口门 20 m 范围内、井下无措施烧焊及使用明火	引起矿井火灾
27	带电作业	引起触电事故，引起火花造成火灾或瓦斯煤尘爆炸事故
28	井下不按规定进行爆破作业	引起爆破事故
29	擅自停、开局部通风机	造成工作面瓦斯超限，引起瓦斯事故
30	空顶作业	易发生冒顶事故
31	进入工作面不执行“敲帮问顶”	易发生冒顶事故
32	发现危险预兆视而不见、不处理或不报告	引发事故或造成事故扩大
33	井下干打眼，不使用喷雾装置	作业现场粉尘超限，易患尘肺病
34	随意甩掉安全装置	易引发事故
35	擅自挪动消防器材	不利于灭火救援行动
36	上岗前不进行安全培训或特种作业人员无证上岗	安全意识淡薄，不懂岗位安全操作技能，易造成事故
37	工作面支护不到位	易引起冒顶事故
38	在有毒有害气体浓度超过规程规定的允许值的作业场所继续作业	易造成有毒有害气体中毒事故
39	擅自处理当班作业结束剩余的火工品，不执行退库规定	造成火工品丢失，危害公共安全
40	不熟悉作业场所避灾路线	一旦发生事故，不能及时撤离，错失良机，扩大事故
41	井下擅自打点发信号	造成运输事故
42	不熟悉灭火器的使用方法和存放地点	不能及时救火，造成火灾扩大
43	携带矿灯进入爆炸材料库	引起火工品爆炸事故
44	炸药和雷管同车厢运输	引起火工品爆炸事故
45	放炮后立即进入工作面	易引起中毒事故

续表

序号	“三违”行为	可能产生的危害
46	风量不足继续作业	有毒有害气体积聚，造成中毒、窒息死亡事故
47	通过大巷、交叉口、弯道，不执行“一停、二看、三通过”	造成车辆伤害事故
48	在溜煤眼、下料眼内行走，或在溜煤眼下方停留	坠物伤人
49	巷道堆放物品超规定，安全出口不畅通	造成工作面风量不足，引起有毒有害气体及粉尘超限，易引起事故，且影响避灾撤离
50	采煤机运行时不避开牵引链	采煤机伤人事故
51	放飞车	引起运输事故
52	在井下将剩余的汽油、煤油泼洒在井巷或硐室内	引起矿井火灾
53	井下用过的棉纱、布头和纸乱放乱扔	引起矿井火灾
54	井下清洗风动工具时，使用可燃性和毒性洗涤剂	引起火灾或中毒事故
55	用刮板输送机运输爆炸材料	发生碰撞时容易引爆爆炸材料
56	在人员上下井时间运送爆炸材料	容易扩大火工品爆炸伤人事故
57	乘坐装有设备的罐笼	容易造成伤人事故
58	不按规定检查瓦斯	不能及时发现危险，易造成瓦斯超限事故
59	不在工作地点进行交接班	安全工作情况交接不清，盲目作业，易产生事故
60	上班迟到，提前升井	影响工作，特别是早升井，作业现场有隐患容易失控造成事故
61	风筒损坏不及时维修	漏风，造成作业现场风量不足
62	擅自脱岗、聊天	造成安全工作失误，容易产生事故
63	私自顶岗、连岗作业	造成安全工作失误，容易出事故
64	随意挪动井下路标和安全标志	容易导致事故
65	乘坐带式输送机背向行进方向或站立、仰卧、手摸胶带两侧	容易发生胶带运输伤人事故

三、对“三违”的管控

“三违”综合防控工作是一项复杂的系统工程，至少应包括“三违”评判标准的确定、工作人员的日常教育和培训、施工措施的制定与执行、工作行为的检查与纠正、“三违”人员的行为制止与帮教、“三违”标准的内容修改与完善等众多工作内容和环节。只有将这些内容和环节有机地整合在一起，才能使“三违”综合防控工作取得实效。为此，煤矿应该构建“群防群控、群反群帮、奖惩并重、心智培训、完善提高”的“三违”综合防控方式。

第七节　作业岗位危险预知与风险管控

根据《国务院安委会办公室关于实施遏制重特大事故工作指南构建双重预防机制的意见》（安委办〔2016〕11 号）要求，企业要组织专家和全体职工，采取安全绩效奖惩等有效措施，全方位、全过程辨识生产工艺、设备设施、作业环境、人员行为和管理体系等方面存在的安全风险，做到系统、全面、无遗漏，并持续更新完善。

为了有效实施该意见中的规定，保证煤矿安全生产顺利进行，结合井下实际岗位情况，煤矿企业主要作业岗位危险预知与风险管控内容可分为如下 5 个方面。

一、采煤专业部分岗位风险预知与风险管控 

（1）超前支护工及液压支架工岗位风险预知与风险管控（详见表 2-10）。

表 2-10　　超前支护工及液压支架工岗位风险预知与风险管控

序号	危险因素	伤害预知	预防措施
1	周围闲杂人员未立即躲开	挤伤、碰伤自己或他人	周围有人或有人经过时，通知人员离开后再操作支架
2	架间空顶面积大没有支护	掉渣，人员经过时可能易被砸伤	调整支架状态或采取木料背顶

续表

序号	危险因素	伤害预知	预防措施
3	手把不归零位	可能造成爆管、密封损坏及压力水伤人	操作支架后，手把立即归零位；加强现场验收工作
4	手放位置不对	明柱上升易挤伤手指	操作加长节时，严禁将手放在卡环和柱体之间
5	操作站位不当	站位不正确，有可能挤伤脚或被架间滑落岩石砸伤	操作支架时，严禁面向支架，必须在支架内侧，一手操作，一手掌握身体平衡，眼观斜上方
6	喷雾不打开	造成煤尘过大，易导致职业病	立即打开喷雾并正确使用劳动防护用品
7	未及时打开伸缩梁或拉超前架设支护顶板	工作面掉渣甚至冒顶	采煤机过后立即拉架伸缩梁支护顶板；若端面距仍然超出要求，采取单体柱配合木料的方法，做到支护有效
8	错差严重，漏出顶板，未采取封堵方法	架间掉渣伤人	挑顶或卧底使工作面顶板平缓过渡
9	未检验超前支护或检验不到位	不能立即发现存在问题，发生顶板冒落、支护倾倒、巷道片帮伤人	加强检查，跟班队长发现工作面巷道超前支护不符合要求时，应立即组织人员整改；安检员发觉超前支护不合格时，应立即停止工作面作业，组织人员整改

（2）支架安装工岗位风险预知与风险管控（详见表2-11）。

表2-11　支架安装工岗位风险预知与风险管控

序号	危险因素	伤害预知	预防措施
1	活矸危石	作业地点活矸危石掉落伤人	接班后对作业地点严格执行“敲帮问顶”
2	站位不当	人员站在绳道内或支架下方容易造成钢丝绳弹伤人员或支架跑车伤人	切眼支架下放过程中人员躲入安全地点
3	支架下滑	大坡度切眼支架卸车过程中支架下滑伤人或者撞坏支架	支架卸车上方必须设置绞车牵引支架，人员站在支架上方
4	支架歪倒	支架卸车过程中歪倒伤人	支架卸车位置两侧支设防倒柱，人员躲入安全地点
		卸卡具过程中支架歪倒伤人	两边先打好防倒柱，按先下后上、逐一卸卡具的原则进行作业
		调支架过程中支架歪倒伤人	人员躲入安全地点后方可指挥调架
5	顶板	架棚支护的切眼内支架调架过程中撞倒抬棚造成冒顶	采用长梁支设对子抬棚，调架过程中抬棚腿影响调架时必须及时整改
6	断绳	绞车强拉硬拽造成钢丝绳断绳伤人	遇有绞车增阻时应及时停车处理

续表

序号	危险因素	伤害预知	预防措施
7	断链	固定拖移绞车钩头的链条断裂伤人	选择完好的链条并用标准连接环连接
8	滑轮	滑轮固定不牢造成拉飞伤人	滑轮固定位置必须牢固可靠，人员站在钢丝绳受力侧外侧的安全地点
		强拉硬拽造成滑轮损坏伤人	选择合适型号的滑轮，严禁强拉硬拽
9	支架跑车	支架装车固定不牢造成支架与平板车脱离	卡具上牢，用链条加强、固定，并由专人检查

（3）转载机司机岗位风险预知与风险管控（详见表 2-12）。

表 2-12　转载机司机岗位风险预知与风险管控

序号	危险因素	伤害预知	预防措施
1	设备误启动	开机前，检查开关信号是否可靠，如不注意，可造成处理大块煤矸等问题时，误启动引发事故	认真检查开关、信号等装置
		在开机前未检查设备、未发信号，可能造成人员伤害事故	提醒周围人员注意设备，运转开机前发出预警信号
		处理突发事件时没有停电闭锁，有人误操作，启动转载机对检修人员造成人身伤害	处理突发事件时，应在停机后及时停电闭锁
2	设备不能正常停机	转载机按钮出现异常时，无法及时停机，导致伤人事故	检查开关按钮，保证其安全可靠
3	大块矸石	转载机拉太大的矸石，破碎机卡死，导致电机三角带不停摩擦，损坏设备或出现高温	立即停机处理大块矸石
4	锚杆	转载机拉锚杆，可能造成锚杆卡到链条里面或拉到底链里，易把链条卡断而影响生产	发现问题立即停机处理
5	矸石	机头站人要有一定距离，转载机出矸石如果卡在链条里，过链轮时，容易弹出伤人	站在机头人员注意保持安全距离
6	煤	转载机上的煤不均匀，导致皮带撒煤、皮带尾卡死而损坏皮带	控制转载机上煤的分布和量

（4）刮板输送机岗位风险预知与风险管控（详见表 2-13）。

表 2-13　　刮板输送机岗位风险预知与风险管控

序号	危险因素	伤害预知	预防措施
1	设备完好性差	开机之前，没有检验开关和设备情况是否完好，机器或开关可能有故障，使设备不能正常开机，影响生产	仔细检验设备，不完好不开机
2	滚落大石块、煤块	在开机之前，坡度较大，上面滚落的大石块、煤块，可能砸伤人造成事故	时刻注意刮板输送机情况，工作面坡度大时，在司机操作位置上方，加设牢靠防护网（栏）
3	开机前不发信号	开机时未先发出预警信号，点动就开机，刮板输送机里作业人员无法及时撤离，造成人员伤亡事故	开机前预警，若有人作业必须先将人员撤出，确定后再开机
4	杂物	链条中有铁器等杂物卡入，刮板输送机司机未立即发现、停机处理，造成运输机卡死	时刻观察运输机情况，卡入杂物时应立即停机处理，方可继续开机
5	长料	没有安排专人监护运输机运输长料，造成运输机损坏或人员伤亡	设专人监护，保证运输机固定牢靠
6	操作人员注意力不集中	发生问题不能立即停机闭锁，轻者损坏设备，重者危及作业人员生命安全	休息好，上班开机时精力集中
7	杂物及设备故障	未能经常检查链条刮板，没有注意电机声音变化，有断链、飘链、断刮板或锚杆时未能及时发现，导致死机或电机被烧毁	仔细检验机头机尾，发现问题立即停机处理
8	设备	停机检修时未停电闭锁，运输机忽然开启运转造成正在检修的人员伤亡	停机检修时，停电闭锁并挂牌提示

（5）乳化泵司机岗位风险预知与风险管控（详见表 2-14）。

表 2-14　　乳化泵司机岗位风险预知与风险管控

序号	危险因素	伤害预知	预防措施
1	作业工具	检修前，作业工具不完好或不齐全，检修不到位或操作不当伤人	检修前，泵站司机必须检验工具齐全完好情况
2	作业地点	未对作业地点安全情况进行检验，活矸、危石掉落，煤壁片帮伤人	作业前，必须仔细检验作业地点支护情况和设备完好情况
3	高压管路	高压管路连接销不完好，乳化液喷出，管路甩出伤人	开泵前，必须检验管路连接销情况，发现不完好，必须处理后方可开泵

续表

序号	危险因素	伤害预知	预防措施
4	爆管	压力过大，节流堵塞，阀杆密封件、液压管、先导阀阀套密封件、安全阀密封件等质量不合格，造成爆管伤人	开机前认真检查，发现异常及时处理；更换液压管件应先停泵
5	乳化液配比浓度	未达到要求，浓度过高或过低会损坏液压支架、系统和元件	随时检测泵箱内乳化液浓度，低于要求时，必须增加乳化油量，提升乳化液浓度，达到3%~5%的要求
6	检修或更换液压元件、管路	不停电闭锁或没有泄压而造成触电或乳化液伤人事故	检修乳化液泵或更换管路时，必须将泵停电闭锁，释放余压
7	转动部位	检验转动部位时，观察距离过近或用手直接触碰造成人员受伤	泵站司机检验转动部位时，必须确保身体和转动部位之间的距离不得小于1 m，严禁用手触摸转动部位
8	压力温度仪表	乳化液泵压力表不完好，声音不正常，压力温度仪表温度高，冲击设备，从而损坏设备	发现乳化液泵压力表不完好时，必须进行更换

（6）清煤工岗位风险预知与风险管控（详见表2-15）。

表2-15　　清煤工岗位风险预知与风险管控

序号	危险因素	伤害预知	预防措施
1	没有观察周围环境	架间掉矸伤人，煤壁片帮伤人，误入运输机道伤人	作业之前实施“敲帮问顶”，及时处理掉顶帮活煤矸，在运输机附近作业应采取安全措施
2	粉尘超限	割煤、放煤期间煤尘大，未戴防尘口罩，影响健康	割煤期间戴防尘口罩，采取降尘措施
3	未实施“敲帮问顶”	片帮、冒顶伤人	执行“敲帮问顶”后，在监护人的监护下作业
4	采煤机启动未立即躲开	采煤机滚筒带动煤块伤人，运输机夹带杂物伤人	采煤机割煤期间，滚筒周围5 m范围内严禁有人作业，作业人员停止作业后，还应采取躲避防护方法；在运输机附近作业应保持安全距离
5	没有停电闭锁	运输机司机误启动运输机或转载机伤人，煤矸滚落伤人	清理机头机尾前，先将采煤机、运输机应停电闭锁，清理机头时，转载机也停电闭锁设专人负责实施“敲帮问顶”后，在监护人监护下作业
6	没有注意矸石滚落	滚矸伤人	大坡度段，采煤机割煤及操作支架期间，严禁下方有人，并采取防滚落煤矸措施

续表

序号	危险因素	伤害预知	预防措施
7	没有人监护	邻近支架动作，架间掉矸伤人	人员进入架间清理支架之前，坡度大于15°或支架之间落差超出2/3时，明确专人监护，并要求附近至少2架支架严禁操作
8	支架伤人	移架掉矸伤人，支架底座伤人，支架挤伤人，顶梁脱落伤人	拉架期间明确专人监护，防止人员误入
9	没有立即把电缆槽清理干净	损伤采煤机电缆，严重时造成失爆	采煤机过电缆后，立即清理电缆槽内煤矸

（7）胶带输送机司机岗位风险预知与风险管控（详见表2-16）。

表2-16 胶带输送机司机岗位风险预知与风险管控

序号	危险因素	伤害预知	预防措施
1	活矸、危石、底板	砸伤人、使人滑倒	按规定路线行走，注意力要集中
2	皮带	皮带运输伤人	开机信号清晰、明确，并加强巡检工作
		撕裂、跑偏	认真注意皮带状态，严禁脱岗
3	检修输送机	检修输送机没有停电、闭锁、挂牌，出现失误操作，使输送机造成人身伤亡事故	检修输送机时，严格实施对输送机停电、闭锁、挂牌要求
4	清理转动部位淤煤	输送机运行时，身体衣物可能被卷入输送机转动部位，发生人身伤亡事故	在清理输送机转动部位周围淤煤时，需停机、闭锁、挂牌
5	皮带接头连接松动、保护设备不完好	运行中皮带拉伤或碰伤人员	检验输送机设备完好情况，严禁跨越或乘坐皮带
6	托辊	托辊挤伤手指	严禁触摸运转中的部件
7	物料	皮带上运料时，物料掉出伤人	使用皮带运料时，途中严禁站人并设警戒
8	输送机无消防设施，司机不会使用消防设施	出现火灾不能立即灭火，不能对火灾进行初步处理，造成事故扩大	配置齐全消防设施，对工作人员进行消防培训

二、掘进专业部分岗位风险预知与风险管控

（1）综掘机检修工岗位风险预知与风险管控（详见表2-17）。

表 2-17　　综掘机检修工岗位风险预知与风险管控

序号	危险因素	伤害预知	预防措施
1	切割头、铲板	切割头、铲板伤人	综掘机开机前，必须将综掘机前方的人员撤至综掘机后方，之后再开机割煤；停机时必须将切割头、铲板落地，停电闭锁
2	顶板事故	顶板事故	将综掘机停靠在帮顶支护完好的地点
3	电气设备	电气设备伤人	将前级馈电开关手把归零位并闭锁，挂“有人工作、禁止送电”牌，并将电气箱上的换相隔离开关手把归零位并闭锁，严禁约时送电或电话送电，以防送错电
4	液压系统	压力油伤人和油管打人	更换油管前先卸压
5	起吊设备	起吊设备掉落伤人	起吊点选择合理，起吊工具完好，人员不能站在起吊物下方或物件掉落可能触及的范围
		起吊设备挤伤人员	不得使用身体直接推拨吊起的物件，设备对接或分解时要禁止身体接触接合面
6	综掘设备	抬扛物件伤人	现场清理干净，抬扛物件时应做好危险预知和安全确认
		掘进机不完好，出现各类事故	加强维护，及时更换配件

（2）耙装机司机岗位风险预知与风险管控（详见表 2-18）。

表 2-18　　耙装机司机岗位风险预知与风险管控

序号	危险因素	伤害预知	预防措施
1	活矸、危石	掉落伤人	使用专用工具，严格实施“敲帮问顶”制度
2	耙装机安装不牢固	耙装机滑移伤人，卸料槽断裂伤人，耙装机翻倒伤人	上下山移动及固定耙装机时应采取防滑措施；使用专用卡轨器；开机前耙装机司机应检验耙装机固定情况
3	钢丝绳	弹起、弹矸伤人	耙斗运行范围内严禁有人；主副绳牵引速度控制均匀；每次放炮前将耙斗回收至卸料槽中
4	矸石	矸石滚落或掉落伤人	在倾角大于 20° 的巷道耙装时，司机前方应设好挡板；过渡槽上不准存矸；耙装时耙斗不能装太满
5	支架	拉倒、撞倒支架伤人	严禁将耙装机尾轮挂在支架上，必须使用专用固定楔；耙装时必须使用照明设备
6	断绳	甩绳伤人	开耙装机时，严禁将两个手把同时按下；碰到大块矸石或耙斗受阻时严禁强行牵引耙斗；钢丝绳断股或断丝超限严重时必须立即进行处理

续表

序号	危险因素	伤害预知	预防措施
7	误操作	耙斗或钢丝绳伤人	耙装机停止作业时必须停电闭锁并立即卸下操作手把；开耙装机必须由持有特种作业操作证人员操作
8	耙斗	耙斗碰伤人	耙斗运行范围内严禁有人作业或停留；耙装机要固定牢固；迎头作业与耙装平行作业时，耙装机之间的距离要大于8 m，作业地点后方应拉警戒绳；耙装机要安设防护绳并安装合格；耙装机应使用专用护栏且安装合格；主副绳牵引速度要均匀；固定楔固定要牢固；在拐弯巷道耙装时，必须设专人站在安全地点指挥

三、机电专业部分岗位风险预知与风险管控 

（1）主通风机司机岗位风险预知与风险管控（详见表2-19）。

表2-19　主通风机司机岗位风险预知与风险管控

序号	危险因素	伤害预知	预防措施
1	风机对轮	风机对轮缺防护罩，造成人身伤害事故	风机转动部位必须加装防护罩
2	风机旋转部位	风机未停稳就开始检修其旋转部位，造成人员伤亡事故	风机停止运转后，停电挂牌后方可对其旋转部位进行检修
		打扫卫生时戴手套，或用布靠近设备旋转部位，造成人身伤害事故	严禁打扫卫生时戴手套靠近设备旋转部位
3	高温部位	不采取防护方法，直接接触设备高温部位，造成人员烫伤事故	严禁不采取防护直接接触设备高温部位
4	误操作	操作设备时不执行“一人操作、一人监护”制度，出现误操作，造成人身伤害事故	操作时，严格实施监护制度
5	高压电气设备	操作高压电气设备不穿绝缘胶靴、戴绝缘手套或不站在绝缘台上，造成人身触电事故	操作高压电气设备时必须戴绝缘手套、穿绝缘靴或站在绝缘台上
6	带电电气设备	不停电或不戴绝缘手套打扫电气设备卫生，造成人身触电事故	打扫电气设备卫生时，必须停电或戴绝缘手套
7	电气火灾	在通风机房内私拉乱接电线，造成电气火灾事故	严禁在通风机房内私拉乱接电线
		在通风机房内用电炉取暖，造成电气火灾事故	严禁在通风机房内使用电炉

续表

序号	危险因素	伤害预知	预防措施
8	进入风道	私自进入风道，造成人身伤害事故	不制定安全技术方法，严禁私自进入风道
9	反风风门通道	反风时不正确关闭风门，造成风门开启后伤人	正确固定

（2）主排水泵司机岗位风险预知与风险管控（详见表 2-20）。

表 2-20　　主排水泵司机岗位风险预知与风险管控

序号	危险因素	伤害预知	预防措施
1	失足坠落	防护栅栏门没有及时关闭，造成人员落水事故	清理完杂物后立即将门关好，把好关口
2	运转中的水泵	对运转中水泵更换盘根，造成人员手部受伤	停止运转后，方可更换盘根
		水泵未停稳就开始检修其旋转部位，造成人员受伤	停止运转后，方可进行检修
3	水泵对轮	缺防护罩造成人身伤害事故	水泵对轮转动部位必须加装防护罩
4	压力水	检修压力水管时，不卸压就拆卸，造成压力水喷射伤人	拆卸压力水管时，要先关闭闸阀，卸压后再检修
5	水泵旋转部位	打扫卫生时，靠近设备旋转部位，造成人身伤害事故	打扫卫生时，水泵必须停止运转
6	带电检修	带电检修水泵造成人员触电事故	严禁不停电就检修水泵
7	误操作	操作设备时不执行“一人操作、一人监护”制度，出现误操作造成人身伤害事故	操作时，严格执行“一人操作、一人监护”制度
8	高温设备	不采取防护措施，直接接触设备的高温部位，造成人员烫伤事故	严禁直接接触设备高温部位，高温设备应采取安全防护措施

四、运输专业部分岗位风险预知与风险管控

（1）绞车司机岗位风险预知与风险管控（详见表 2-21）。

表 2-21　　绞车司机岗位风险预知与风险管控

序号	危险因素	伤害预知	预防措施
1	绞车运行没有实施“行车不行人”制度	车辆掉道刚伤行人，断绳跑车伤人，钢丝绳忽然弹起伤人	绞车司机每次开车前，必须先亮红灯示警
2	钢丝绳检验不认真	断绳跑车	认真实施钢丝绳检验制度，每班都要认真检验钢丝绳，发现隐患立即处理
3	绞车运行期间甩保护	车辆过卷事故，超速断绳跑车	严禁甩保护运行，要每班都检查各类保护装置的完好情况
4	斜坡停放车辆	车辆自溜伤人	必须停放时，使用好阻车装置
5	斜巷提升不使用保险绳	车辆脱销跑车伤人	每次走钩时，必须挂好保险绳
6	斜巷不带电放飞车	撞坏巷道内电缆、设备，撞伤行人	严禁不带电放飞车
7	超挂车辆	过载断绳跑车	严格根据设计要求挂车，严禁超挂车辆
8	斜坡停车后司机离开工作岗位	车辆自溜造成跑车事故	斜坡停车后绞车司机必须坚守工作岗位
9	使用其他材料替换矿车销	断销造成跑车事故	严禁使用其他材料替换矿车销
10	开车时和其他人员交谈	没有听清停车信号，将车辆拉过卷；误操作造成事故	绞车运行中，司机应精力集中；严禁和其他人员交谈
11	绞车固定不牢固	移位造成伤人事故	按标准要求固定绞车，严禁强行拉拽

（2）蓄电池电机车司机岗位风险预知与风险管控（详见表 2-21）。

表 2-22　　蓄电池电机车司机岗位风险预知与风险管控

序号	危险因素	伤害预知	预防措施
1	机车行驶中司机将身体部位伸出车外	被巷道帮设施、其他车辆装载物刚伤，或被甩出车外，造成伤亡事故	机车行驶过程中，司机严禁将身体部位伸出车外
2	机车过弯道、道岔口、硐室口或发现行人不打警铃、不减速	车辆掉道或撞伤人员事故	司机操作时保持注意力集中，过弯道、道岔口、硐室口或发现行人时，必须减速并打警铃示意

续表

序号	危险因素	伤害预知	预防措施
3	装车质量不合格	运送物品超高、超宽、装载不平衡，碰到巷道帮或其他物件造成掉道、翻车事故	运送物件时应加强检查，严禁运送装车不合格的物品，运送过程中应加强检查，确保安全运输。凡“四超”（超宽、超高、超长、超重）车辆必须按专项安全技术措施执行
4	拉超长物料时使用软连接	惯性作用使物料向前滑动而戳伤司机	运输超长物料时必须使用硬连接
5	电机车出现故障	造成掉道、翻车事故	上车前检查机车的闸、灯、警笛、撒沙装置和连接装置以及其他部位是否完好，杜绝机车失爆，不使用带病车辆
6	运输环境不符合要求	轨道上有杂物未清理或有其他车辆，造成两车挤碰掉道、翻车事故	清理轨道上的杂物，处理影响安全运行的其他车辆；巷道高度、宽度、坡度不符合要求时，不得行驶机车
7	轨道质量差	造成掉道、翻车事故	加强检修，确保轨道质量；在轨道质量差的地段应减速慢行，确认有掉道、翻车的地段未经处理不得行驶
		轨道接头下缺少枕木，道夹板少螺丝或螺丝松动造成掉道、翻车事故	加强轨道接头质量管理，及时处理存在的问题
8	停车不当	他人误操作，后方车辆追尾发生伤人事故	司机离开座位时，取下手把、切断电源、刹紧车闸，不得关闭车灯；必须在指定位置或地点停车

（3）信号把钩工岗位风险预知与风险管控（详见表 2-23）。

表 2-23　　信号把钩工岗位风险预知与风险管控

序号	危险因素	伤害预知	预防措施
1	信号不畅通	造成车辆误运行或掉道伤人	进入作业场所必须检查信号是否正常灵敏，信号不可靠不得发出开车信号
2	信号不清	信号传递不清或者不确认信号造成误操作伤人	传递信号清晰，并严格执行信号确认，严禁以喊口号、敲管子等方式代替信号
3	钩头	钩头绳卡松动造成跑车事故	班前检查钩头完好情况，执行“行人不行车，行车不行人”制度
4	安全设施	安全设施不正常造成跑车事故	接班时必须检查安全设施，隐患不整改不得作业

续表

序号	危险因素	伤害预知	预防措施
5	超挂车辆	钢丝绳断裂，造成跑车事故	必须严格根据要求数量挂车，严禁超挂车辆
6	保险绳	不正规使用保险绳，跑车时车辆不能及时掉道，扩大事故后果	必须正规使用保险绳，保险绳不合格严禁使用
7	车辆	未停稳就连车，被车辆挤伤、撞伤	必须待车辆停稳后才可连车
		身体进入两车之间或站在道心摘挂钩，车辆移动伤人	人员必须站在规定的位置，严禁站在道心摘挂钩，严禁头和身体进入两车之间
		挂钩未挂好或未检查就发信号开车，造成跑车事故	认真检查车辆连接情况，确认无误后方可发出信号
8	车辆连接销	车辆连接销无保险销运行，使连接销窜出，造成飞车事故	必须检查保险销，必须使用专用插销
9	U形环	使用U形环连接车辆时，穿销螺钉没有拧紧造成飞车事故	必须使用合格的U形环，U形环穿销螺钉必须拧紧
10	车辆运行	把钩过程中有人员进入运输巷道而不制止，造成伤人事故	严格执行“行人不行车，行车不行人”制度
11	轨道	有杂物，造成矿车掉道	接班前做好检查工作，把钩作业要做好瞭望，目送目接车辆
12	钢丝绳	断丝断股超规定，翻车伤人	班中应随时检查，发现问题及时处理，不符合规定严禁运行
13	阻车器不闭合	翻车伤人	班前应认真检查，阻车器不可靠严禁作业

五、通风专业部分岗位风险预知与风险管控 

（1）洗尘工岗位风险预知与风险管控（详见表2-24）。

表2-24 洗尘工岗位风险预知与风险管控

序号	危险因素	伤害预知	预防措施
1	湿滑巷道	回风巷湿度大，底板滑；工作时站不稳滑倒摔伤	湿滑巷道行走要时刻保持身体平衡

续表

序号	危险因素	伤害预知	预防措施
2	车辆	在有车辆来往巷道工作时，没有注意车辆通过而造成伤害	在大巷工作时应注意观察来回车辆，确定安全后再工作，必要时提前联系停车
3	绞车钢丝绳	站在钢丝绳上方工作时，绞车突然启动，被钢丝绳打伤、拉伤	严禁站在钢丝绳上方工作，洗尘前和绞车司机联系将绞车停电闭锁
4	输送机	站在刮板机、皮带机上工作，输送机突然启动，造成伤害	严禁站在输送机上工作，必须时，与司机联系，停电闭锁
5	皮带跑偏	工作时离皮带太近，皮带跑偏造成伤害	工作时应注意与皮带保持一定距离
6	活矸、危石	在采掘工作面行走、工作时，没有注意巷道顶板或煤壁情况，在顶板破碎、煤壁片帮处作业，造成顶板冒落、煤壁片帮伤人事故	在采掘工作面作业时，注意顶板煤壁情况
7	支护	洗尘时，支护突然翻倒造成事故	在工作前对支护情况进行安全确认
8	粉尘	在回风巷洗尘或在逆风流洗尘时，粉尘浓度大，患尘肺病	佩戴防尘口罩
9	高压水	冲刷大巷时，水枪对人，水压冲伤人	冲刷大巷时，严禁水枪对人
10	带电设备	洗尘时，不按规定停电，损坏设备或造成触电事故	有设备、电缆的巷道进行洗尘时，应停电或避开带电设备、电缆

（2）测风工岗位风险预知与风险管控（详见表 2-25）。

表 2-25　　测风工岗位风险预知与风险管控

序号	危险因素	伤害预知	预防措施
1	仪器、仪表	仪器、仪表检查不仔细，使用损坏的仪器、仪表测量，不正确使用和保管仪器，造成测得数据不准确，井下风量分配混乱造成瓦斯超限、煤尘超标	入井前仔细检查仪器、仪表，确保完好，正确使用仪器、仪表进行测量；日常管理符合规定
2	测定地点	选择不对，造成测量数据与实际相差很大，错误指导配风方案，造成瓦斯超限、煤尘超标	测定地点按照要求正确选择，测多次取平均值
3	湿滑巷道	回风巷湿度大，底板滑；测风巷道坡度大，站不稳，测风时滑倒摔伤	选择在底板不滑、能站稳的安全地点进行测风
4	车辆	在有车辆来往的巷道内测风时，不注意车辆通过，造成伤害	在大巷测风时，注意观察来往车辆，确定安全后再测风，必要时提前联系停车

续表

序号	危险因素	伤害预知	预防措施
5	绞车钢丝绳	站在钢丝绳上方测风时，绞车突然启动，被钢丝绳打伤、拉伤	严禁站在钢丝绳上方测风，测风前和绞车司机联系，将绞车停电闭锁
6	风门调节风窗	测高处调节风窗通过的风量时，没有使用梯子而摔伤	高处测风时，应使用梯子或其他登高设备
7	运输机	站在刮板机、皮带机上测风，运输机突然启动，造成伤害	严禁站在运输机上测风，必须时，应与司机联系，停电闭锁
8	皮带跑偏	工作时离皮带太近，皮带跑偏造成伤害	测风时注意与皮带保持一定距离
9	风硐	在风硐测量时，未系保险带，风压过大，造成人员被吸入风机而造成伤害	风硐测量严格遵守安全技术措施，正确使用保险带
10	局部通风机	测量局部通风机风量时，手误入风叶而造成伤害	测量局部通风机风量时，袖口应扎紧；局部通风机保护罩应完好
11	工作地点	工作地点测风前未检测有害气体和氧气含量，造成人员中毒或窒息	测风前先检测工作地点有害气体和氧气含量，有害气体超限或氧气含量过低时不得进行作业
12	操作仪器、仪表	未按操作规程操作仪器、仪表，造成测量数据不准确	选择合适的仪器、仪表，按操作规程操作仪器、仪表
13	风表离身体、物体等太近	影响风速测量，数据不准确	测风时风表和物体应保持一定距离
14	风表和风流方向不垂直	测量数据比实际值偏小	风表要和风流方向垂直（在倾斜井巷中更要注意），角度不得大于10°
15	无测风站地点测风	选择断面不规整的巷道，造成测量数据不准确	选择测风地点前后10 m的巷道断面应规整

（3）测尘工岗位风险预知与风险管控（详见表2-26）。

表2-26　测尘工岗位风险预知与风险管控

序号	危险因素	伤害预知	预防措施
1	采样口背向风流	造成测量数据不准	测尘时仪器采样口必须迎向风流
2	操作不规范	造成测量数据不准	采样时首先调整好所需流量并检验确保无漏气，然后取出准备好的滤膜夹固定在采样器上
3	开始时间	测尘开始时间选择不正确，造成测量数据不准	对连续性测尘作业，应在生产达成正常状态5 min后再进行采样；对于间断性测尘作业，应在作业人员正在作业时采样

续表

序号	危险因素	伤害预知	预防措施
4	填写测尘台账	未填写测尘台账，造成数据丢失	要立即将每次测尘数据填入台账
5	仪器、仪表	使用后的仪器、仪表未进行维护，造成仪器、仪表锈蚀	使用后仪表、仪器应擦拭洁净
6	采样高度	采样高度不正确，造成测量数据不准	采样高度与人呼吸带同高度，通常为1.5 m左右
7	采样地点	在采掘进工作面选择采样地点不正确，造成测量数据不准	在机械化采煤工作面采样时，应在采煤机回风侧、距采煤机10~15 m处进行；工作面多工序同时作业时，应在回风巷距工作面回风口10~15 m处采样；在掘进工作面采样时，应在巷道未安设风筒一侧距装煤岩、打眼或喷浆等地点4~5 m处进行

第八节　从业人员的安全生产职业道德及行为规范

搞好煤矿企业的安全生产工作不仅是领导者的责任，更是全体从业人员的责任，要全员参与到安全管理工作中来，实现全员“管生产必须管理安全”“一岗双责”。为了保证从业人员能够参与安全生产工作中，《安全生产法》规定生产经营单位的从业人员有依法获得安全生产保障的权利，并应当依法履行安全生产方面的义务，以此来实现全员参与安全管理的行为。

一、煤矿从业人员的安全生产权利、义务 

1. 煤矿从业人员在安全生产方面的权利

(1) 知情权与建议权

煤矿从业人员有权了解其作业场所和工作岗位存在的危险因素、防范措施及事故应急措施，有权对本单位的安全生产工作提出建议。

(2) 批评、检举、控告权及合法拒绝权

煤矿从业人员有权对本单位安全生产工作中存在的问题提出批评、检举、控告；有权拒绝违章指挥和强令冒险作业。

煤矿不得因从业人员对本单位安全生产工作提出批评、检举、控告或者拒绝违章指挥、强令冒险作业而降低其工资、福利等待遇或者解除与其订立的劳动合同。

（3）紧急避险权

煤矿从业人员发现直接危及人身安全的紧急情况时，有权停止作业或者在采取可能的应急措施后撤离作业场所。

煤矿不得因从业人员在上述紧急情况下停止作业或者采取紧急撤离措施而降低其工资、福利等待遇或者解除与其订立的劳动合同。

（4）工伤保险权

煤矿与从业人员订立的劳动合同，应当载明有关保障从业人员劳动安全、防止职业危害的事项，以及依法为从业人员办理工伤保险的事项。

煤矿不得以任何形式与从业人员订立协议，免除或者减轻其对从业人员因生产安全事故伤亡依法应承担的责任。

（5）依法赔偿权

因生产安全事故受到损害的从业人员，除依法享有工伤保险外，依照有关民事法律尚有获得赔偿的权利的，有权向本单位提出赔偿要求。

2. 煤矿从业人员在安全生产方面的义务

（1）遵章守纪，服从管理，正确佩戴和使用劳动防护用品

煤矿从业人员在作业过程中，应当严格遵守本单位的安全生产规章制度和操作规程，服从管理，正确佩戴和使用劳动防护用品。

（2）接受安全生产教育和培训

煤矿从业人员应当接受安全生产教育和培训，掌握本职工作所需的安全生产知识，提高安全生产技能，增强事故预防和应急处理能力。

（3）立即报告事故隐患、事故的义务

煤矿从业人员发现事故隐患或者其他不安全因素，应当立即向现场安全生产管理人员或者本单位负责人报告，接到报告的人员应当及时予以处理。煤矿发生生产安全事故后，事故现场有关人员应当立即报告本单位负责人。

煤矿使用被派遣劳动者的，被派遣劳动者享有《安全生产法》规定的从业人员的权利，并应当履行《安全生产法》规定的从业人员的义务。

二、《煤矿安全生产标准化管理体系基本要求及评分方法（试行）》中规定的煤矿从业人员的权利

（1）煤矿要赋予每一个从业人员现场抵制和制止不安全行为（含“三违”行为）的权利。

（2）煤矿应赋予班组长及从业人员在安全生产管理、规章制度制定、安全奖罚、民主评议等方面的知情权、参与权、表达权和监督权。

三、职业道德及行为规范

1. 职业道德

所谓职业道德，就是与人们的职业活动紧密联系的符合职业特点要求的道德准则、道德情操与道德品质的总和，它既是对本职业人员在职业活动中行为的要求，同时又是本职业对社会所负的道德责任和义务。

每个从业人员，不论从事哪种职业，在职业活动中都要遵守职业道德。要理解职业道德需要掌握以下四个方面的内容：

（1）在内容方面，职业道德总是要鲜明地表达职业义务、职业责任以及职业行为上的道德准则。它不是一般地反映社会道德和阶级道德的要求，而是要反映职业、行业以至产业特殊利益的要求。它不是在一般意义上的社会实践基础上形成的，而是在特定的职业实践基础上形成的，因而它往往表现为某一职业特有的道德传统和道德习惯，表现为从事某一职业的人们所特有的道德心理和道德品质。

（2）在表现形式方面，职业道德往往比较具体、灵活、多样。它总是从本职业交流活动的实际出发，采用制度、守则、公约、承诺、誓言、条例，以及标语口号之类的形式。这些灵活的形式既易于被从业人员接受和实行，也易于形成一种职业道德习惯。

（3）从调节的范围来看，职业道德一方面用来调节从业人员内部关系，加强职业、行业内部人员的凝聚力，另一方面也用来调节从业人员与其服务对象之间的关系，从而塑造本职业从业人员的形象。

（4）从产生的效果来看，职业道德既能使一定的社会道德原则和规范“职业化”，又能使个人道德品质“成熟化”。职业道德虽然是在特定的职业活动中形成的，但它绝不是离开社会道德而独立存在的道德类型，始终是在社会道德的制约和影响下存在和发展的。社会道德和职业道德之间的关系，就是一般与特殊、共性与个性之间的关系，任何一种形式的职业道德，都在不同程度上体现着社会道德的要求。同样，社会道德在很大程度上都是通过具体的职业道德形式表现出来的。同时，职业道德主要表现在实际从事一定职业的成年人的意识和行为中，是道德意识和道德行为成熟的阶段。职业道德与各种职业要求和职业生活结合，具有较强的稳定性和连续性，形成比较稳定的职业心理和职业习惯。

2. 行为规范

行为规范是用以调节人际交往，实现社会控制，维持社会秩序的工具，它来自主体和客体相互作用的交往经验，是人们说话、做事所依据的标准，也是社会成员都应遵守的规范。

煤矿的每个从业人员，不论从事哪种岗位，在工作过程中都要遵守行为规范。

（1）遵守煤矿安全生产法律法规和有关规定

煤炭生产有它的特殊性，从业人员除了遵守《安全生产法》《煤矿安全监察条例》等安全生产法律法规以外，还要遵守煤炭行业制定的专门规章制度。只有遵法守纪，才能确保安全生产。作为一名合格的煤矿从业人员，应该遵守煤矿的各项规章制度，遵守煤矿劳动纪律，尤其是岗位责任制和操作规程、作业规程，处理好安全与生产的关系。

（2）爱岗敬业

热爱本职工作是一种职业情感，作为一名煤矿从业人员，应该感到责任重大，感到光荣和自豪。煤矿从业人员应该树立热爱矿山、热爱本职工作的思想，认真工作，培养职业兴趣，干一行、爱一行、专一行，既爱岗又敬业，为煤矿安全生产做出贡献。

（3）坚持安全生产

煤矿生产因其工作环境特殊，作业条件艰苦，情况复杂多变，不安全因素和事故隐患多，稍有疏忽或违章，就可能导致事故发生，轻则影响生产，重则造成矿毁人亡。因此，安全是煤矿工作的重中之重，没有安全，生产就无从谈起。安全是广大煤矿从业人员的最大福利，只有确保了安全生产，从业人员的辛勤劳动才能切实、真正地对其自身生活产生较为积极的意义。作为一名煤矿从业人员，一定要按章作业，努力抵制“三违”，做到安全生产。

（4）刻苦钻研职业技能

职业技能也可称为职业能力，是人们进行职业活动、完成职业责任的能力和手段。它包括实际操作能力、业务处理能力、技术能力以及相关的科学理论知识水平等。煤矿要开展技术创新，推广先进实用的技术、装备、工艺，提升机械化、自动化、信息化和智能化水平，这就要求煤矿从业人员在工作和学习中刻苦钻研职业技能，提高技术能力，掌握扎实的科学知识，只有这样才能胜任自己的工作。

（5）加强团结协作

一个企业、一个部门的发展离不开协作。团结协作、互助友爱是处理企业团体内部人与人之间以及协作单位之间关系的道德规范。

（6）文明作业

从业人员应爱护材料、设备、工具、仪表，保持工作环境整洁有序，文明作业，着装应符合井下作业要求。

第九节　工伤保险知识

工伤保险是国家通过立法手段保障实施的，对在工作过程中遭受人身伤害（包括事故伤残、职业病以及因这两种情况导致死亡）的职工或其近亲属提供补偿的一种社会保障制度。

一、工伤保险的基本原则 

1. 强制实施原则

强制实施原则是指由国家通过立法手段强制工伤保险制度的实行，对于不按法律规定参加工伤保险的用人单位，对于不按法定的项目、标准和方式支付待遇，不按规定的标准和时间缴纳保险费的行为，要依法追究法律责任。

2. 无责任赔偿原则

无责任赔偿原则又称无过失补偿原则，是指无论工伤事故的责任是否在于职工一方，只要不是受害者本人故意所致，就应该按照规定对其进行伤害补偿。

3. 劳动者个人不缴费原则

劳动者个人不缴费原则是指缴纳工伤费用由用人单位负担，劳动者个人不缴费。

4. 损失补偿与事故预防及职业康复相结合的原则

现代工伤保险已不仅仅限于只对工伤职工给予经济补偿，而是把工伤经济补偿、工伤事故预防与职业康复训练紧密地联系起来，更好地发挥其在维护社会安定、保护和促进生产力发展方面的积极作用。

5. 待遇优厚原则

职工在劳动生产中为用人单位、社会创造财富的同时，也增加了自己的职业危险。遭受职业伤害的职工成为社会的弱者，需要也应当得到国家、社会的保护。职工的职业伤害是由生产中危险因素造成的身体伤害，如果丧失了劳动能力就影响或中断了收入，因此他们为用人单位和社会创造财富时遭受的损失应当得到合理的赔偿。工伤保险待遇则是实现赔偿的一种方式。因此工伤保险的各项待遇，比疾病、失业、养老待遇都优厚。工伤的前提是因工负伤或患职业病，非因工负伤或患职业病不能享受工伤保险待遇。

二、工伤认定

1. 应当认定为工伤的情形

根据《工伤保险条例》（国务院令第586号）规定，职工有下列情形之一的，应当认定为工伤：

（1）在工作时间和工作场所内，因工作原因受到事故伤害的。

（2）工作时间前后在工作场所内，从事与工作有关的预备性或者收尾性工作受到事故伤害的。

（3）在工作时间和工作场所内，因履行工作职责受到暴力等意外伤害的。

（4）患职业病的。

（5）因工外出期间，由于工作原因受到伤害或者发生事故下落不明的。

（6）在上下班途中，受到非本人主要责任的交通事故或者城市轨道交通、客运轮渡、火车事故伤害的。

（7）法律、行政法规规定应当认定为工伤的其他情形。

2. 视同工伤的情形

根据《工伤保险条例》规定，职工有下列情形之一的，视同工伤：

（1）在工作时间和工作岗位，突发疾病死亡或者在48小时之内经抢救无效死亡的。

（2）在抢险救灾等维护国家利益、公共利益活动中受到伤害的。

（3）职工原在军队服役，因战、因公负伤致残，已取得革命伤残军人证，到用人单位后旧伤复发的。

职工有第一项、第二项情形的，按照《工伤保险条例》的有关规定享受工伤保险待遇；职工有第三项情形的，按照《工伤保险条例》的有关规定享受除一次性伤残补助金以外的工伤保险待遇。

3. 不得认定为工伤的情形

根据《工伤保险条例》，职工符合“认定工伤、视同工伤”情形的规定，但是有下列情形之一的，不得认定为工伤或者视同工伤：

（1）故意犯罪的。

（2）醉酒或者吸毒的。

（3）自残或者自杀的。

三、工伤认定申请

《工伤保险条例》规定，职工发生事故伤害或者按照职业病防治法规定被诊断、鉴定为职业病，所在单位应当自事故伤害发生之日或者被诊断、鉴定为职业病之日起30日内，向统筹地区社会保险行政部门提出工伤认定申请。遇有特殊情况，经报社会保险行政部门同意，申请时限可以适当延长。

用人单位未按上述规定提出工伤认定申请的，工伤职工或者其近亲属、工会组织在事故伤害发生之日或者被诊断、鉴定为职业病之日起1年内，可以直接向用人单位所在地统筹地区社会保险行政部门提出工伤认定申请。

提出工伤认定申请应当提交的材料有工伤认定申请表、与用人单位存在劳动关系（包括事实劳动关系）的证明材料、医疗诊断证明或者职业病诊断证明书（或者职业病诊断鉴定书），工伤认定申请表应当包括事故发生的时间、地点、原因以及职工伤害程度等基本情况。

四、劳动能力鉴定

劳动能力鉴定是指劳动功能障碍程度和生活自理障碍程度的等级鉴定。

职工发生工伤，经治疗伤情相对稳定后存在残疾、影响劳动能力的，应当进行劳动能力鉴定。

劳动功能障碍分为10个伤残等级，最重的为一级，最轻的为十级。

生活自理障碍分为3个等级，即生活完全不能自理、生活大部分不能自理和生活部分不能自理。

五、工伤保险待遇

1. 工伤保险待遇的主要内容

职工因工作遭受事故伤害或者患职业病需要暂停工作接受工伤医疗的，在停工留薪期内，原工资福利待遇不变，由所在单位按月支付。

工伤职工进行劳动能力鉴定后，应享受的待遇主要如下：

（1）职工因工致残被鉴定为一级至四级伤残的，保留劳动关系，退出工作岗位，享受一次性伤残补助金（按伤残等级）、伤残津贴等待遇。工伤职工达到退休年龄并办理退休手续后，停发伤残津贴，按照国家有关规定享受基本养老保险待遇。基本养老保险待遇低于伤残津贴的，由工伤保险基金补足差额。

（2）职工因工致残被鉴定为五级、六级伤残的，享受一次性伤残补助金、保留与用人单位的劳动关系，由用人单位安排适当工作，难以安排工作的，由用人单位按月发给伤残津贴等待遇。经工伤职工本人提出，该职工可以与用人单位解除或者终止劳动关系，享受一次性工伤医疗补助金和一次性伤残就业补助金。

（3）职工因工致残被鉴定为七级至十级伤残的，享受一次性伤残补助金，劳动、聘用合同期满终止，或者职工本人提出解除劳动、聘用合同的，享受一次性工伤医疗补助金和一次性伤残就业补助金。

2. 工伤职工的工伤保险待遇主要内容

职工因工死亡，其近亲属可按规定从工伤保险基金领取丧葬补助金、供养亲属抚恤金和一次性工亡补助金，主要如下：

（1）丧葬补助金为6个月的统筹地区上年度职工月平均工资。

（2）供养亲属抚恤金按照职工本人工资的一定比例发给由因工死亡职工生前提供主要生活来源、无劳动能力的亲属。标准为：配偶每月40%，其他亲属每人每月30%，孤寡老人或者孤儿每人每月在上述标准的基础上增加10%。核定的各供养亲属的抚恤金之和不应高于因工死亡职工生前的工资。供养亲属的具体范围由国务院社会保险行政部门规定。

（3）一次性工亡补助金标准为上一年度全国城镇居民人均可支配收入的20倍。

伤残职工在停工留薪期内因工伤导致死亡的，其近亲属享受上述待遇。

（4）一级至四级伤残职工在停工留薪期满后死亡的，其近亲属可以享受第一项、第二项规定的待遇。

第三章　露天煤矿开采安全

第一节　开采工艺及基本安全要求

一、露天开采工艺概况 

露天开采是指用一定的采掘运输设备在敞露的空间从事矿产开采作业。露天开采的特点是：采出矿产之前须将矿体周围的岩石及覆盖岩层剥掉，通过露天运输通道或地下井巷把矿产或岩石运至地表。这种开采方法广泛用于开采金属矿、冶金辅助原料、建筑材料、化工原料及煤炭等矿床。

基于露天开采是在敞露的空间从事的矿床开采作业，与地下开采比较，它具有如下特点：

（1）开采空间受限小，有利于采用大型机械化设备。机械化、自动化水平较高，可提高矿山开采强度和矿产产量。

（2）劳动生产率高。

（3）开采成本低，使大规模开采低品位矿产成为可能。

（4）矿产损失贫化小，有利于地下矿产资源的回收。

（5）基建时间短，年产吨矿产的基建投资比地下开采低。

（6）对于高温易燃矿体的开采，露天开采较地下开采相对安全。

（7）劳动条件较好，生产较安全。

（8）露天开采过程中可产生较大粉尘，自卸汽车运行中可排放废气，爆破后的岩石因含有害成分对与之接触的大气、水和土壤有一定程度的污染。

（9）把大量剥离的岩、土排弃到排土场，排土场占地面大，占用山地和农田且使局部生态环境恶化。

（10）受冰雪、暴雨等天气影响较大。

二、常用基本术语 

根据矿床埋藏的地形条件及开采空间的不同，露天矿可分为山坡露天矿和深凹（凹陷）露天矿。露天开采境界封闭圈以上的为山坡露天矿，封闭圈以下的为深凹露天矿。

封闭圈是指露天开采境界与地表相交的封闭的上部界限。

露天开采时，通常需要把矿岩划分成具有一定厚度的水平分层，自上而下逐层开采，并保持一定的超前关系，在开采过程中各工作水平在空间上构成了阶梯状，每个阶梯被称为一个台阶或阶段。台阶是进行独立采剥作业的单元体。

台阶组成要素如图 3-1 所示。

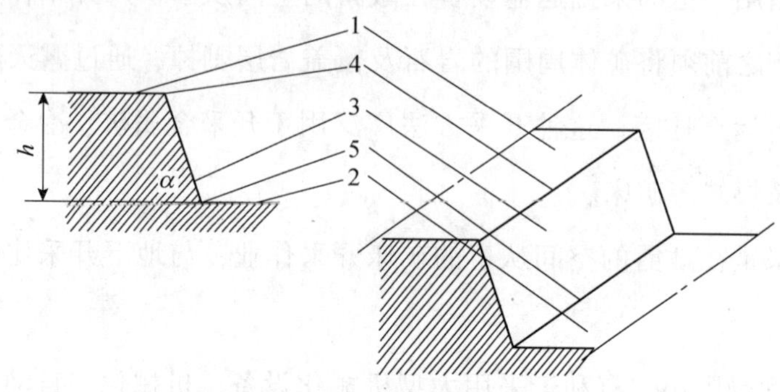

图 3-1　台阶组成要素

1—台阶上部平盘；2—台阶下部平盘；3—台阶坡面；4—台阶坡顶线；5—台阶坡底线

（1）台阶上部平盘，即台阶上部的水平面。

（2）台阶下部平盘，即台阶下部的水平面。

（3）台阶坡面，即台阶倾斜的面。

（4）台阶坡顶线，为台阶上部平盘与台阶坡面的交线。

（5）台阶坡底线，为台阶下部平盘与台阶坡面的交线。

（6）台阶坡面角（α），为台阶坡面与台阶下部平盘水平面之间的夹角。

（7）台阶高度（h），指台阶上部平盘与下部平盘之间的垂直距离。

台阶的命名通常是以该台阶的下部平盘（装运设备站立平盘）的标高来表示。

三、露天煤矿开采工艺

1. 生产工艺环节

露天煤矿开采工艺环节分主要生产环节和辅助生产环节两类。

（1）主要生产环节

1）矿岩准备。采掘设备的切割力是有限的，除软岩可以直接采掘外，对中硬以上的煤岩必须进行预先松碎法、爆破法或水力松碎法，其中爆破法应用最为广泛。

2）采装。利用采掘设备将工作面煤岩铲挖出来，并装入运输设备。

3）运输、排卸。采掘设备将煤岩装入运输设备后，煤被运至卸煤站或选煤厂，土岩运往指定的排土场。

（2）辅助生产环节

1）动力供应、疏干及防排水、设备维修等。

2）线路修筑、移设和维护，滑坡清理及防治等。

2. 开采工艺分类

无论是采煤还是剥离，其开采工艺都与所使用的设备有关，可分为机械开采和水力开采两大类，其中机械开采工艺在露天开采中所占比重大。按主要采运设备的作业特征，机械开采工艺又可分为以下几类：

（1）间断式开采工艺

此种开采工艺中的采装、运输和排卸作业是间断进行的。

（2）连续式开采工艺

该工艺在采装、运输和排卸三大主要生产环节中，物料的输送是连续式的。

（3）半连续式开采工艺

整个生产工艺中，一部分生产环节是间断的，另一部分生产环节是连续式的。

（4）联合开采工艺

此种工艺是指在一个露天矿场内采用两种或两种以上开采工艺。

上述各种开采工艺，在适宜的条件下都会产生较好的经济效益。所以，如何根据矿山条件来选择开采工艺是采矿工作者的一项重要任务。

四、露天煤矿基本安全要求

1. 入坑须知

露天煤矿不得录用未成年人从事工作；新工人入矿前，必须进行职业健康检查，拒绝带病工作；企业必须对职工进行安全培训，否则不得上岗作业。

按时召开班前会，区队领导和工程技术人员要向作业人员讲明工作地点、任务和安全注意事项，让作业人员了解作业状况和应急措施，穿戴齐劳动防护用品，带全劳动工具。

（1）入坑前的注意事项

1）非本矿职工未经允许不准入坑。

2）未经考试合格的新员工不准单人入坑。

3）上下台阶（俗称掌子）要走人行通路或人行梯子。

4）入坑车辆必须遵守坑内交通规则。

（2）在矿山道路行走时的注意事项

一般汽车运输露天煤矿内严禁坑内行人。特殊情况时，沿坑下道路行走时要靠道路边缘行走。两人以上在道路上行走时不准闲谈、说笑、打闹，应有一人负责监护。因工作需要横跨道路时，必须止步瞭望，遵守“一停、二看、三通过”的原则。遇有重车通过时要避让，以防车上落物伤人。在高段道路行走时，要注意台阶片落、滚块伤人。

（3）在机电设备附近及警戒区域内行走时的注意事项

1）非工作人员不准触动坑内电气设备，不准钻入被绳子、木杆、围栏等围起来的区域。

2）非工作人员不准触摸折断的电缆、电线。

3）进行采掘、运输、排土等机械设备作业时，严禁人员上下设备；在危及人身安全的作业区域内，严禁停留或通过。

4）非工作人员不准擅自进入设有警戒标志的生产、作业区域。入坑如遇到爆破作业时，应听从爆破警戒人员指挥，不准强行通过，待警戒信号解除后，方可通行。

5）非爆破人员不得在爆破区及爆破器材存放地附近逗留。

（4）在台阶行走时的注意事项

1）不准在台阶跟部行走，遇有台阶滑落、片帮时，要到安全地点行走。

2）要戴好安全帽，不准在高段下级火区附近逗留。

3）要时刻注意台阶变化，出现滑落、片帮、裂隙、浮块等危险迹象时，要立即撤离，不许通过或停留。

4）要注意瞭望，时刻注意台阶上方的滚块、掉块。

（5）其他注意事项

每一个入坑的工作人员都必须熟悉本矿规定的各种信号，并爱护信号设备，听从信号指挥；熟悉并爱护矿山安全标志，爱护机电设备。当事故发生时，要听从指挥，履行自己应急救援的权利和义务。

2. 安全色及安全标志

（1）安全色

安全色是传递安全信息含义的颜色，其作用是使人们能够迅速发现和分辨安全标志，提醒人们注意安全，以防发生事故。

《安全色》（GB 2893—2008）规定红、蓝、黄、绿四种颜色为安全色，其含义和用途如下：

1）红色。传递禁止、停止、危险或提示消防设备、设施的信息，如用于机器、车辆上的紧急停止手柄或按钮以及禁止人们触动的部位等，同时也表示防火。

2）蓝色。传递必须遵守规定的指令性信息，如用于必须佩戴个人防护用具的标识，道路上指引车辆和行人行进方向的指令等。

3）黄色。传递注意、警告的信息，如用于危险机械、警戒线、行车道中线、安全帽等。

4）绿色。传递安全的提示性信息，如用于车间内的安全通道，行人和车辆通行标志，消防设备和其他安全防护设备的位置等。

（2）对比色

安全色和对比色同时使用时，应按表 3-1 规定的搭配使用。

表 3-1 安全色与对比色的搭配

安全色	对比色	含义
红色	白色	表示禁止或提示消防设备设施位置的信息
蓝色	白色	表示传递必须遵守规定的信息
黄色	黑色	表示危险位置的信息
绿色	白色	表示安全环境的信息

（3）矿山安全标志

矿山安全标志按其使用功能可分为五类，即禁止标志，警告标志，指令标志，路标、铭牌、提示标志，指导标志。

1）禁止标志。这是禁止或制止人们某种行为的标志，如“严禁酒后入坑”“禁止明火作业”等标志。

2）警告标志。这是警告人们可能发生危险的标志，如“注意安全”“当心滑坡”“当心高空作业”等标志。

3）指令标志。这是指示人们必须遵守某种规定的标志，如“必须戴矿工帽”等标志。

4）路标、铭牌、提示标志。这是告诉人们目标、方向、地点的标志，如“安全出口”“电话”“避灾路线”等标志。

5）指导标志。这是提高人们思想意识的标志，包括安全生产指导标志和劳动卫生指导标志两种。

此外，为了突出某种标志所表达的意义，在其上另加文字说明或方向指示，即所谓“补充标志”。补充标志只能与被补充的标志同时使用。

第二节 开采作业安全要求

一、一般规定

1. 联合作业

（1）露天煤矿穿孔、采装、运输、排卸等工艺设备多样化，每一种设备都应有本设备的操作规程和维修保养制度。

（2）露天煤矿多工种、多设备联合作业时，可能互相造成干扰，影响生产作业安全，所以必须制定安全措施，并符合相关技术标准。

2. 矿内行走

在露天煤矿内行走的人员必须遵守下列规定：

（1）必须走人行通路或者梯子。

（2）因工作需要沿铁路线和矿山道路行走的人员，必须时刻注意前后方向来车。避让车时，必须躲到安全地点。

（3）横过铁路线或者矿山道路时，必须止步瞭望。

（4）跨越带式输送机时，必须沿着装有栏杆的栈桥通过。

（5）严禁在有塌落危险的坡顶、坡底行走或者逗留。

二、钻孔作业安全

1. 钻孔设备在采空区作业的注意事项

钻孔设备在采空区作业时，必须制定安全技术措施，并在专业人员指挥下进行。旧巷采空探查眼要比工作面正常钻孔深不小于 4 m。当发现新的空巷或采空区时，要认真详细地做好记录和标记，以便有关工程技术人员分析、研究、弄清新的情况，采取新的措施，确保钻孔作业安全。

2. 钻孔设备作业安全要求

钻孔设备在行走和作业时应保持安全距离。钻孔设备在行走时履带边缘与台阶坡顶线间的距离是指履带外侧边缘，不是履带两端的边缘，也不是内侧边缘，更不是钻孔设备机体的中心线。钻孔设备与坡顶线的距离是垂直距离，不是斜线距离。不同台阶高度钻孔设备履带边缘与坡顶线的安全距离应严格按表3-2中的数据执行。

表3-2　不同台阶高度钻孔设备履带边缘与坡顶线的安全距离　单位：mm

台阶高度	<4	4~<10	10~<15	≥15
安全距离	1~2	2~2.5	2.5~3.5	3.5~6

3. 钻孔设备在作业时机身与坡顶线的安全角度

《煤矿安全规程》规定，钻凿坡顶线第一排孔时，钻孔设备应当垂直于台阶坡顶线或者调角布置（夹角应当不小于45°）。执行这一规定，首先必须保证钻孔设备履带端部边缘与坡顶线的安全距离，并做到垂直或调角；其次要使钻孔设备的钻具对着坡顶线方向，这样安全系数会大一些，往台阶下掉钻机的危险性相对减小。如果钻孔设备与坡顶线之间的夹角太小，就等于整个钻机站在滑落三角体上，加大了三角体的下滑力，时刻有片帮的危险。

三、爆破作业安全

1. 一般安全规定

根据《煤矿安全规程》的相关内容，露天矿爆破作业依据如下规定：

（1）露天煤矿钻孔、爆破作业必须编制钻孔、爆破设计及安全技术措施，并经矿总工程师批准；钻孔、爆破作业必须按设计进行；爆破前应当绘制爆破警戒范围图，并实地标出警戒点的位置。

（2）爆炸物品的购买、运输、储存、使用和销毁，永久性爆炸物品库建筑结构及各种防护措施，库区的内、外部安全距离等必须符合《民用爆炸物品安全管理条例》等有关法规和国家标准的规定。

（3）露天煤矿爆破作业，必须遵守《爆破安全规程》。

（4）爆炸物品的领用、保管和使用必须严格执行账、卡、物一致的管理制度。

（5）严禁发放和使用变质失效以及过期的爆炸物品。

（6）爆破后剩余的爆炸物品，必须当天退回爆炸物品库，严禁私自存放和销毁。

（7）爆炸物品运输车到达爆破地点后，爆破区域负责人应当对爆炸物品进行检查验收，确认无误后双方签字。

（8）在爆破区域内放置和使用爆炸物品的地点，20 m 以内严禁烟火，10 m 以内严禁非工作人员进入。

（9）加工起爆药卷必须距放置炸药的地点 5 m 以外，加工好的起爆药卷放在距炮孔炸药 2 m 以外。

2. 炮孔装药和充填安全规定

（1）装药前在爆破区边界设置明显标志，严禁与工作无关人员和车辆进入爆破区。

（2）装药时，每个炮孔同时操作的人员不得超过 3 人；严禁向炮孔内投掷起爆具和受冲击易爆的炸药，严禁使用塑料、金属或者带金属包头的炮杆。

（3）炮孔卡堵或者雷管脚线、导爆管及导爆索损坏时应当及时处理，无法处理时必须插上标志，按拒爆处理。

（4）机械化装药时由专人现场指挥。

（5）预装药炮孔在当班进行充填，预装药期间严禁连接起爆网络。

（6）药装完成撤出人员后方可连接起爆网络。

3. 爆破安全警戒规定

（1）必须有安全警戒负责人，并向爆破区周围派出警戒人员。

（2）爆破区域负责人与警戒人员之间实行“三联系制”①。

（3）因爆破中断生产时，立即报告调度室，采取措施后方可解除警戒。

4. 安全警戒距离要求

（1）抛掷爆破（孔深小于 45 m）：爆破区正向不得小于 1 000 m，其余方向不得小于 600 m。

---

① “三联系制”是指：一是爆破区负责人向警戒人员发出第一次信号，确认警戒人员到达警戒地点，所有与爆破无关人员撤出警戒区，设备撤至安全地带，然后警戒人员向爆破区负责人发回安全信号，爆破区负责人令起爆人员做起爆准备；二是起爆准备完成后，向警戒人员发出第二次信号，然后再向起爆人员发出起爆命令，进行起爆；三是起爆后，确认无危险时，爆破区负责人和起爆人员进入爆破区进行检查，无问题后，向各警戒人员发出解除警戒信号。

（2）深孔松动爆破（孔深大于 5 m）：距爆破区边缘，软岩不得小于 100 m、硬岩不得小于 200 m。

（3）浅孔爆破（孔深小于 5 m）：无充填预裂爆破，不得小于 300 m。

（4）二次爆破：炮眼爆破不得小于 200 m。

（5）起爆前，必须将所有人员撤至安全地点。接触爆炸物品的人员必须穿戴抗静电保护用品。

各种爆破方式对人的安全警戒距离详见表 3-3，各种爆破方式对机械设备和设施的安全警戒距离详见表 3-4，机械设备和设施距松动爆破区外端的安全距离应当符合表 3-5 的要求。

表 3-3　各种爆破方式对人的安全警戒距离　　单位：m

爆破方式	安全警戒距离	爆破方式	安全警戒距离
深孔松动爆破	100	裸露爆破	300 顺风 400
孔深小于 5 m 的爆破	200	扩孔爆破	100
大块石爆破	岩石 250 钢混材料 300	水压爆破	50

表 3-4　各种爆破方式对机械设备和设施的安全警戒距离　　单位：m

机械名称	爆破方式		机械名称	爆破方式	
	大炮眼爆破	浅眼及小炮眼爆破		大炮眼爆破	浅眼及小炮眼爆破
挖掘机、钻机	30	40	风泵车	40	50
机车	50	150	继电器	30	30
汽车	100	200	信号箱	30	30
火药车	200	250	变压箱	20	20

表 3-5　机械设备和设施距松动爆破区外端的安全距离　　单位：m

设备名称	深孔爆破	浅孔及二次爆破	备注
挖掘机、钻孔机	30	40	司机室背向爆破区
风泵车	40	50	小于此距离应当采取保护措施
信号箱、电气柜、变压箱、移动变电站	30	30	小于此距离应当采取保护措施
高压电缆	40	50	小于此距离应当拆除或者采取保护措施

5. 爆破地震安全距离要求

（1）各类建（构）筑物地面质点的安全振动速度不应超过下列数值：

1）重要工业厂房，0.4 cm/s；土窑洞、土坯房、毛石房，1.0 cm/s。

2）一般砖房、非抗震的大型砌块建筑物，2~3 cm/s。

3）钢筋混凝土框架房屋，5 cm/s。

4）水土隧道，10 cm/s。

5）交通涵洞，15 cm/s。

6）围岩不稳定有良好支护的矿山巷道，10 cm/s；围岩中等稳定有良好支护的矿山巷道，15 cm/s；围岩稳定无支护的矿山巷道，20 cm/s。

（2）爆破地震安全距离应当按下式计算：

$$R = (k/v)^{1/a} \cdot Q^{m}$$

式中：R——爆破地震安全距离，m；

Q——药量（齐发爆破取总量，延期爆破取最大一段药量），kg；

v——安全质点振动速度，cm/s；

m——药量指数，取 $m=1/3$；

k，a——与爆破地点地形、地质条件有关的系数和衰减指数。

（3）在特殊建（构）筑物附近、爆破条件复杂和爆破震动对边坡稳定有影响的地区进行爆破时，必须进行爆破地震效应的监测或者试验；爆破作业必须在白天进行，严禁在雷雨天气进行；严禁裸露爆破。

6. 高温区、自然发火区爆破作业安全规定

（1）应首先测试炮孔内温度。有明火的炮孔或者炮孔内温度在 80 ℃以上的高温炮孔采取灭火、降温措施。

（2）高温炮孔经降温处理合格后方可装药起爆。

（3）高温炮孔应当采用热感度低的炸药，或者将炸药、雷管作隔热包装。

7. 爆破后检查安全要求

（1）爆破后 5 min 内，严禁检查。

（2）发现拒爆，必须向爆破区负责人报告。

（3）发现残余爆炸物品必须收集上交，集中销毁。

8. 拒爆或熄爆安全处理

发生拒爆或熄爆时，应当分析原因，采取措施，并遵守下列规定：

（1）在危险区边界设警戒，严禁非作业人员进入警戒区。

（2）因地面网络连接错误或者地面网络中断而出现拒爆，可以再次连线起爆。

（3）严禁在原钻空位钻孔，必须在距拒爆孔 10 倍孔径处重新钻与原孔相同的炮孔装药爆破。

（4）上述方法不能处理时，应当报告调度室，并指定专业人员研究处理。

四、采装作业安全

采装作业是露天开采生产过程的中心环节。采装的实际作业能力，基本体现了矿山的生产能力。

采装作业通常是用装载设备将矿岩从爆堆中或实体中挖取，装入运输容器的过程。露天矿用挖掘设备主要有挖掘机、索斗铲、液压铲和轮胎式前装机。常见的单斗挖掘机类型如图 3-2 所示。

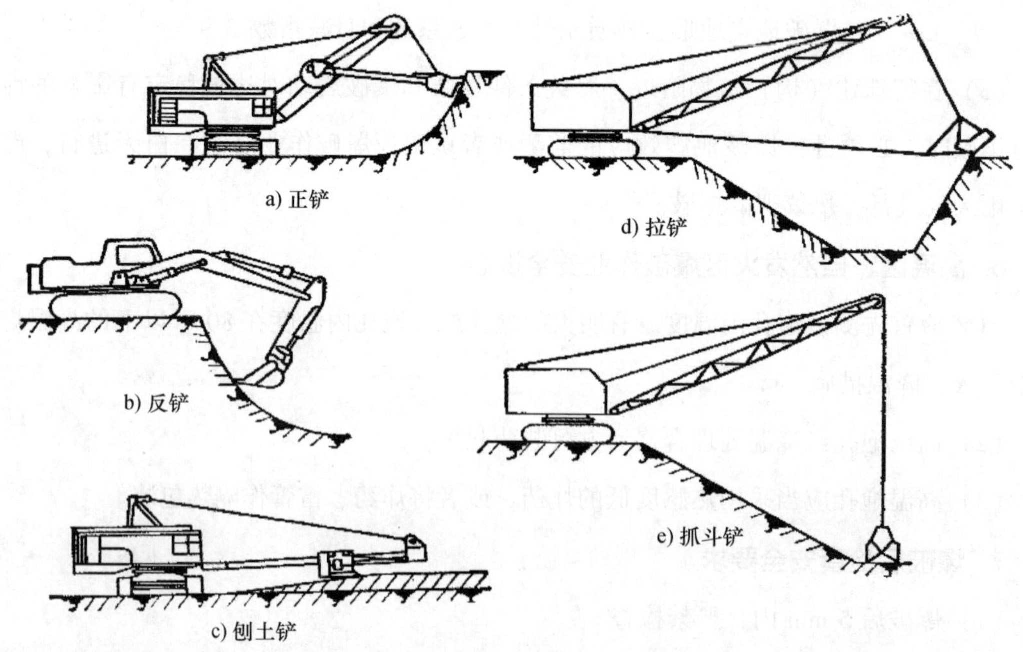

图 3-2　常见的单斗挖掘机类型

1. 一般规定

（1）露天采场最终边坡的台阶坡面角和边坡角，必须符合最终边坡设计要求，最终边坡包括工作帮、非工作帮和端帮。最终边坡的坡面角的选取与采场岩种有关，详细要求见表 3-6。

表 3-6　　露天采场最终边坡的坡面角选取

岩种	坡面角
土砂	≤35°~40°
中硬	≤50°
坚硬	≤60°~65°

露天煤矿边坡设计总原则应是使其既安全又经济地进行生产，应依据可靠的工程地质、水文地质、岩体力学试验资料，经过科学计算给以稳定的安全系数。稳定的安全系数是个经验数据，一般取 1.2~1.5 为宜。

（2）最小工作平盘的宽度，必须保证采掘、运输设备的安全运行和供电通信线路、供排水系统、安全挡墙等的正常布置。

保持一定的工作平盘宽度，是保证上、下台阶各采区正常生产作业的必要条件。

最小工作平盘宽度应根据台阶高度、爆堆宽度、采掘设备尺寸、运输线路配置、高压输电线路设置和安全挡墙宽度等来确定。

最小工作平盘的组成要素有多种，如图 3-3 所示。

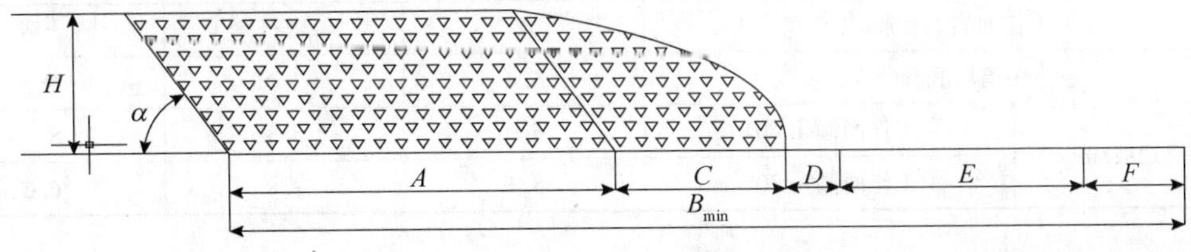

图 3-3　最小工作平盘的组成要素

H—台阶高度；B_{min}—最小工作平盘宽度；A—采掘带宽度；C—爆堆伸出宽度；D—运输道路到台阶坡底线的安全距离；E—道路宽度；F—安全宽度；α—台阶坡面角

最小工作平盘的宽度要依据具体情况而定，总原则是既要全面又要最小，既要安全可靠，又要切实可行。因为它是采矿的基础，影响着矿山的当前与长远，是每一个矿山均衡稳妥生产的基础数据，没有它，矿山产量计划无法完成，正常工作平盘规格也会受到破坏。

2. 单斗挖掘机采装

（1）单斗挖掘机行走和升降段安全要求

1）行走前检查行走机构及制动系统。

2）根据不同的台阶高度、坡面角，使挖掘机的行走路线与坡底线和坡顶线保持一定的安全距离。

3）挖掘机应当在平整、坚实的台阶上行走，当道路松软或者含水有沉陷危险时，必须采取安全措施。

4）挖掘机升降段或者行走距离超过 300 m 时，必须设专人指挥；行走时，主动轴应当在后，悬臂对正行走中心，及时调整方向，严禁原地大角度扭车。

5）挖掘机行走时，靠铁道线路侧的履带边缘距线路中心不得小于 3 m，过高压线和铁道等障碍物时，要有相应的安全措施。

6）挖掘机升降段之前应当预先采取防止下滑的措施。爬坡时，不得超过挖掘机规定的最大允许坡度。

挖掘机升降段站位见表 3–7。

表 3–7　挖掘机升降段站位

规格		工作面高度为 8 m		
工作面岩石性质		煤	岩石	土砂
距离坡底/m		5.4	5.4	5.4
距离边坡/m	工作面倾角 80°	6.6	5.3	8.1
	工作面倾角 70°	5.1	3.8	6.6

（2）挖掘机采装的台阶高度要求

1）不需要爆破的岩土台阶高度应小于最大挖掘高度。

2）需要爆破的煤岩台阶，爆破后爆堆高度应小于最大挖掘高度的 1.1~1.2 倍，台阶顶部不得有悬浮大块煤岩。

3）上装车台阶高度应小于最大卸载高度减去运输容器高度及卸载安全高度之和的数值。

4）单斗挖掘机尾部与台阶坡面、运输设备之间的距离不得小于 1 m，停止作业时，上下设备的梯子应当背离台阶。

（3）单斗挖掘机向列车装载时的安全规定

1）列车驶入工作面 100 m 内，驶出工作面 20 m 内，挖掘机必须停止作业。

2）列车驶入工作面，待车停稳，经助手与司机联系后，方可装车。

3）物料最大块度不得超过 3 m^2。

4）严禁勺斗压、碰自翻车车帮或者跨越机车和尾车顶部；严禁高吊勺斗装车。

5）遇到大块物料掉落影响机车运行时，必须处理后方可继续作业。

（4）单斗挖掘机向矿用卡车装载时的安全规定

1）勺斗容积和物料块度与卡车载重相适应。

2）单面装车作业时，只有在挖掘机司机发出进车信号，卡车开到装车位置停稳并发出装车信号后，方可装车；双面装车作业时，正面装车卡车可提前进入装车位置；反面装车应当由勺斗引导卡车进入装车位置。

3）挖掘机不得跨电缆装车。

4）装载第一勺斗时，不得装大块物料；卸料时尽量放低勺斗，其插销距车厢底板不得超过 0.5 m，严禁高吊勺斗装车。

5）装入卡车里的物料超出车厢外部、影响安全时，必须妥善处理后，才准发出车信号。

6）装车时严禁勺斗从卡车驾驶室上方越过。

7）装入车内的物料要均匀，严禁单侧偏装、超装。

（5）单斗挖掘机向自移式破碎机装载时的安全规定

1）卸载时，勺斗斗底板下缘距受料斗不得超过 0.8 m。严禁高吊勺斗卸载。

2）自移式破碎机突出部位距单斗挖掘机机尾回转范围距离不得小于 1.0 m。

（6）操作单斗挖掘机或者反铲时的安全规定

1）严禁用勺斗载人、砸大块物料和起吊重物。

2）勺斗回转时，必须离开采掘工作面，严禁跨越接触网。

3）在回转或者挖掘过程中，严禁勺斗突然变换方向。

4）遇坚硬岩体时，严禁强行挖掘。

5）反铲上挖作业时，应当采取安全技术措施；下挖作业时，履带不得平行于采掘面。

6）严禁装载铁器等异物和拒爆的火药、雷管等。

（7）两台以上单斗挖掘机在同一台阶或者相邻上、下台阶作业时的安全规定

1）公路运输时，两台挖掘机的间距不得小于最大挖掘半径的2.5倍，并制定安全措施。

2）在同一铁道线路进行装车作业时，必须制定安全措施。

3）在相邻的上、下台阶作业时，两者的相对位置影响上、下台阶的设备设施安全时，必须制定安全措施。

（8）紧急情况处置

挖掘机在挖掘过程中有下列情况之一时，必须停止作业，撤到安全地点，并报告调度室检查处理：

1）发现台阶崩落或者有滑动迹象。

2）工作面有伞檐或者大块物料。

3）暴露出未爆炸药包或者雷管。

4）遇塌陷危险的采空区或者自然发火区。

5）遇有松软岩层，可能造成挖掘机下沉或者掘沟遇水被淹。

6）发现不明地下管线或者其他不明障碍物。

7）单斗挖掘机雨天作业电缆发生故障时，应当及时向调度室报告。故障排除后，确认柱上开关无电时，方可停送电。

3. 破碎作业安全

（1）破碎站设置

1）避开沉降、塌陷、滑坡危险的不良地段。

2）卸车平台应当便于卸载、调车。

3）卸车平台应当设矿用卡车卸料的安全限位车挡及防止物料滚落的安全防护挡墙。

4）卸车平台应当有良好的照明系统，并有卸料指示信号安全装置。

5）移动式破碎站履带外缘与工作平盘坡底线和下台阶坡顶线距离必须符合设计要求。

（2）破碎站作业

1）处理和吊运大块物料时，非作业人员必须撤到安全地点。

2）清理破碎机堵料时，必须采取防止系统突然启动的安全保护措施。

3）自移式破碎机必须设置卸料臂防撞检测、过负荷保护和各旋转部件防护装置。

五、运输作业安全 

露天煤矿常用的运输方式有铁路运输、公路运输、带式输送机运输和联合运输。下面重点介绍使用比较广泛的公路运输，多采用矿用卡车作业方式。

矿用卡车作业时，其制动、转向系统和安全装置必须完好。应当定期检验其可靠性，大型自卸车设示宽灯或者标志。

1. 矿场道路要求

（1）宽度符合通行、会车等安全要求。受采掘条件限制、达不到规定的宽度时，必须视道路距离设置相应数量的会车线。

（2）必须设置安全挡墙，高度为矿用卡车轮胎直径的3/5~2/5。

（3）长距离坡道的运输系统，应当在适当位置设置缓坡道。

2. 矿山道路的宽度、会车道、挡墙和缓坡道设置的规定

（1）矿山各级道路路面的宽度详见表3-8。

表3-8 各级道路路面的宽度 单位：m

车宽分类		一级	二级	三级	四级	五级	六级
典型车型		QD-353	BJ-371	SH-380A	LN-392	SF-3100	WABCD170D
计算车宽		2.5	3.0	3.5	5.0	6.0	7.0
单车道路路面宽	一级、二级	4.5	5.0	6.0	8.5	10.0	12.0
	三级	4.0	4.5	5.5	7.5	9.0	10.0
双车道路路面宽	一级	7.5	9.0	11.0	15.5	18.5	22.0
	二级	7.0	8.5	10.5	14.5	17.5	21.0
	三级	6.5	8.0	9.5	13.5	16.5	20.0

（2）会车道各项尺寸如图3-4所示。

（3）矿山道路必须设置挡墙。为确保行车安全，在急转弯、陡坡、平交道口、桥头引道、护路堤（填土高度在4 m以上）、视距不足和地形险恶的地段，应根据具体情况设

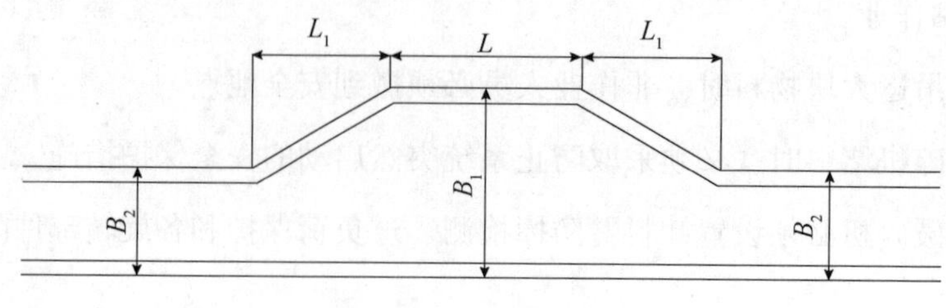

图 3-4　会车道各项尺寸

L—通行车辆中最大车长加 5 m；L_1—渐宽长度，不小于 10 m；B_1—双车道宽度；B_2—单车道宽度

置安全设施。露天矿道路上常用的安全设施有柱式护栏、桩式护栏、路肩防护堆、分车道桩、分车道护堤等；在经常有雾的露天矿中，运输道路上应设置雾灯；夜间行车较多的道路应设置照明灯。

（4）应在矿内长距离坡道运输系统的适当位置设置缓坡道，以便于故障车辆发现问题能及时停车处理。

当缓坡道连续坡度大于 5%时，可按表 3-9 的坡长限制设置纵坡路段，纵坡路段的坡度不得大于 3%，长度不得小于 80 m。

表 3-9　纵坡坡长限制

纵坡/%	>5~6	>6~7	>7~8	>8~9	>9~10	>10~11
坡长限制/m	800	500	350	200	150	140

严禁矿用卡车在矿内各种道路上超速行驶；同类汽车正常行驶不得超车；特殊路况（修路路段、弯道、单行道等）下，任何车辆都不得超车；除正在维护道路的设备和应急救援车辆外，其他各种车辆应为矿用卡车让行。

矿用卡车在运输道路上出现故障且无法行走时，必须开启全部制动和警示灯，并采取防止溜车的安全措施；同时必须在车体前后 30 m 外设置醒目的安全警示标志，并采取防护措施。

雾天或者烟尘影响视线时，必须开启雾灯或者大灯，前、后车距不得小于 30 m；能见度不足 30 m 或者雨、雪天气危及行车安全时，必须停止作业。

矿用卡车不得在矿山道路拖挂其他车辆；必须拖挂时，应当采取安全措施，并设专人指挥监护。

3. 矿用卡车装车安全规定

（1）待进入装车位置的卡车必须停在挖掘机最大回转半径范围之外，正在装车的卡车必须停在挖掘机尾部回转半径之外。

（2）正在装载的卡车必须制动，司机不得将身体任何部位伸出驾驶室外。

（3）卡车必须在挖掘机发出信号后，方可进入或者驶出装车地点。

（4）卡车排队等待装车时，车与车之间必须保持一定的安全距离。

六、排土作业安全

露天开采为了采煤而必须剥离的土岩，经运输设备运至一定地点排弃，这个排弃场所一般可称为排土场，又称废石场。

排土场位置的选择，应当保证在排弃土岩时，不致因大块物料滚落、滑坡、塌方等威胁采场、工业场地、居民区、铁路、公路、农田和水域的安全。

排土场位置选定后，应当进行地质测绘和工程、水文地质勘探，以确定排土参数。

1. 排土场位置的选择要求

（1）不占农田或少占农田，充分利用空间，争取向高处发展。

（2）减少环境污染。

（3）远离住宅区和工业设施，保护铁路、公路和水域的安全。

（4）具有良好的稳定性。

2. 排土场的收容能力

（1）排土方式一般有环形和扇形两种排弃方式。

（2）排土场应当有充足的发展和建设空间。

（3）翻车线的条数应符合实际需要。

（4）设备的选型应根据排土方法和能力需要而确定，主要排土设备有：排土机械铲、排土犁、推土机等。

3. 排土参数的确定

无论采用排土机械铲还是排土犁排土，排土线的合理长度都要根据每个矿的具体情况和技术经济指标来确定，排土方法与参数的关系见表 3-10。

排土段高与岩石的性质和排土方法有关，如果排弃同一种岩土，排土机械铲排土的段高可达 15~30 m，排土犁可达 8~20 m，多斗铲可达 25~60 m。推土机排土的段高取决于排弃岩石的稳定性（排土的下沉系数见表 3-11），只要台阶不下沉，或高或低均可，对推土机作业没有太大影响。

表 3-10　　排土方法与参数的关系

设备类别	排土线长度/m	排土场高度/m	边坡角
机械铲	600~1 500	15~30	30°~40°
排土犁	300~700	8~20	30°~35°
推土机	5~20	—	30°~35°

表 3-11　　排土的下沉系数

岩种	碎胀系数		排土场下沉系数/%
	最初的	残余的	
砂、砾、石、黏土	1.1~1.25	1.01~1.04	9~21
泥灰岩、硬黏土、硬岩	1.14~1.25	1.04~1.15	21~27

4. 露天煤矿排土场主要危险因素

（1）梯段滑坡。

（2）矿车扣斗。

（3）平盘着火。

（4）岩块砸车。

出现滑坡或其他危险因素时，必须停止排土作业，分析滑坡原因，有针对性地采取安全措施，防止排土场出现继续滑坡。

5. 单斗挖掘机排土安全规定

（1）受土坑的坡面角不得大于 70°，严禁超挖。

（2）挖掘机至站立台阶坡顶线的安全距离应符合如下规定：

1）台阶高度 10 m 以下为 6 m。

2）台阶高度 11~15 m 为 8 m。

3）台阶高度 16~20 m 为 11 m。

4）台阶高度超过 20 m 时必须制定安全措施。

6. 矿用卡车排土场及排弃作业安全规定

（1）排土场卸载区必须有连续的安全挡墙：车型载质量小于或等于 240 t 时，安全挡墙高度不得低于轮胎直径的 0.4 倍；车型载质量大于或等于 240 t 时，安全挡墙高度不得低于轮胎直径的 0.35 倍；不同车型在同一地点排土时，必须按最大车型的要求修筑安全挡墙，特殊情况下必须制定安全措施。

（2）排土工作面向坡顶线的方向应当保持 3%~5%的反坡。

（3）应当按规定顺序排弃土岩，在同一地段进行卸车和排土作业时，设备之间必须保持足够的安全距离。

（4）卸载物料时，矿用卡车应当与排土工作线垂直；严禁高速倒车、冲撞安全挡墙。

7. 推土机排土安全规定

（1）司机必须随时观察排土台阶的稳定情况。

（2）严禁平行于坡顶线作业。

（3）推土机与矿用卡车之间应保持足够的安全距离。

（4）严禁以高速冲击的方式铲推物料。

8. 排土犁排土安全规定

（1）排土犁必须在稳定的平盘上作业，外侧履带与台阶坡顶线之间必须保持一定的安全距离。

（2）工作场地和行走道路的坡度必须符合排土犁的技术要求。

另外，排土场卸载区应当有通信设施或者联络信号，夜间应当有照明。汽车卸载区应有电话、照明灯；卸车指挥工白天用红旗、绿旗联系引导翻车排土，夜间应使用手提信号灯，翻车地点应当有倒车停车标。

第三节　边坡安全管理基本要求及事故防范措施

一、边坡安全管理基本要求 

露天煤矿应当进行专门的边坡工程、地质勘探工程和边坡稳定性分析评价。

应当定期巡视采场及排土场边坡，发现有滑坡征兆时，必须设明显标志牌。对设有运输道路、采运机械和重要设施的边坡，必须采取安全措施。发生滑坡后，应当立即对滑坡区采取安全措施，并进行专门的勘查、评价与治理工程设计。

非工作帮形成一定范围的到界台阶后，应当定期进行边坡稳定分析和评价，对影响生产安全的不稳定边坡必须采取安全措施。

1. 影响边坡稳定的主要因素

（1）露头风化带岩石强度降低。

（2）地面水与地下水的影响。

（3）爆破震动促成滑坡。

（4）井工矿开采过的旧巷造成边坡下沉及台阶断裂。

（5）弱岩层被坡面切断。与边坡同倾向岩层中的弱岩层被切断，使边坡上面的岩体失去支撑而下滑，如图 3-5 所示，岩层有凝灰岩、A 层煤、玄武岩。根据岩石性质，凝灰岩是力学强度较低的岩石，A 层煤是弱岩层并被切断，加上段高，这部分岩体会沿着 A 层煤的底板滑落，将下部工作面掩埋。

（6）稳定性差、倾角陡的岩层。工作面虽未被切断层掩埋，但由于爆破震动或水的影响也很难保持稳定。

2. 改善边坡稳定的方法

基于上述情况，非工作帮到界台阶的管理更为复杂，要随时检查边坡状态，按时做出每个时期稳定系数指导和监督生产，改善边坡稳定条件。如发现异常，要及时采取补

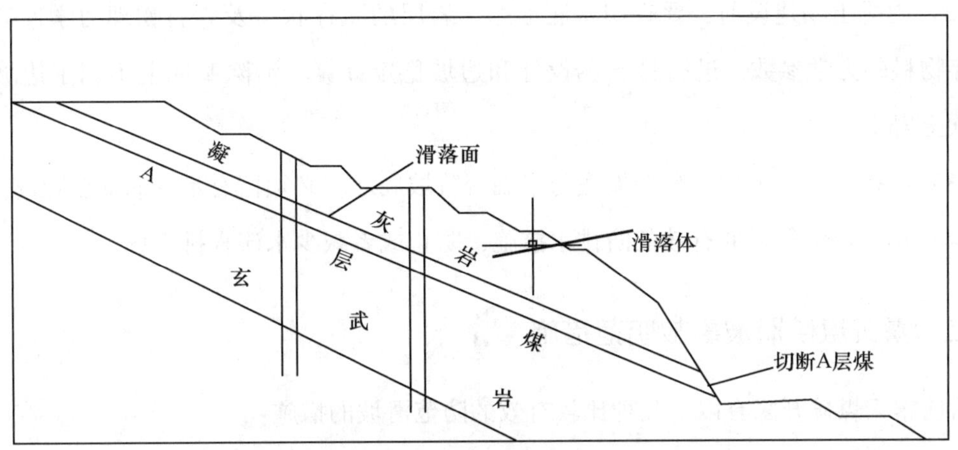

图 3-5　边坡岩体下滑示意图

救措施。其方法主要有以下几方面：

（1）避免切断多台阶的弱岩层。

（2）适当保留安全煤壁。

（3）坡角回填支撑。

（4）坡面砌石防水。

（5）钢轨桩加固台阶。

（6）岩层疏干。

（7）建立完整的排水系统，控制水的流向，确保帮坡稳定，以达到安全生产的目的。

（8）工作帮边坡在邻近最终设计的边坡之前，必须对其进行稳定性分析和评价。当原设计的最终边坡达不到稳定的安全系数时，应当修改设计或者采取治理措施。

（9）露天煤矿进行长远和年度采矿工程设计时，必须进行边坡稳定性验算。达不到边坡稳定要求时，应当修改采矿设计或者制定安全措施。

3. 采场最终边坡管理规定

（1）采掘作业必须按设计进行，坡底线严禁超挖。

（2）邻近到界台阶时，应当采用控制爆破。

（3）最终煤台阶必须采取防止煤风化、自然发火及沿煤层底板滑坡的措施。

4. 排土场边坡管理规定

（1）定期对排土场边坡进行稳定性分析，必要时采取防治措施。

（2）内排土场建设前，要查明基底形态、岩层的赋存状态及岩石物理力学性质，测定排弃物料的力学参数，进行排土场设计和边坡稳定计算，清除基底上不利于边坡稳定的松软土岩。

（3）内排土场最下部台阶的坡底与采掘台阶坡底之间必须留有足够的安全距离。

（4）排土场必须采取有效的防排水措施，防止或者减少水流入排土场。

二、露天煤矿滑坡事故防范措施 

目前露天煤矿开采有以下几种比较有效的防范滑坡的措施：

（1）对已建立起来的排水系统加强管理，因水对帮坡的稳定性影响很大，要防滑坡首先要防水。对地表来水要进行有效的拦截疏导，对地下水的疏干、降水位方法要进一步完善，并加强管理和维护。

（2）坡面砌石防水。在弱岩层上砌上一层夹石，防止水的冲刷和渗入，可以确保帮坡稳定。

（3）锚杆加固，如图 3-6 所示。

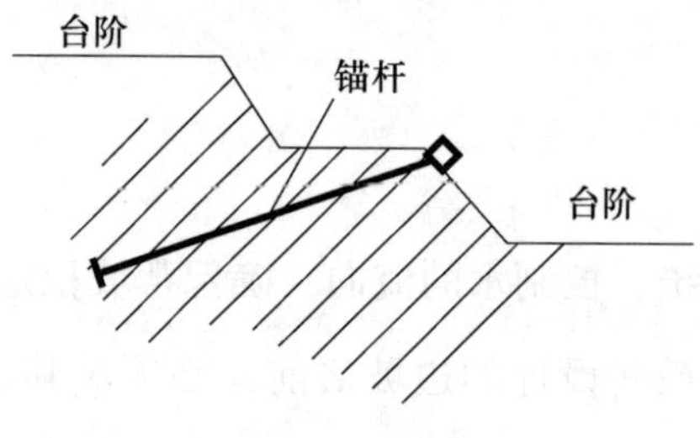

图 3-6　锚杆加固

（4）钢轨桩加固台阶，如图 3-7 所示。

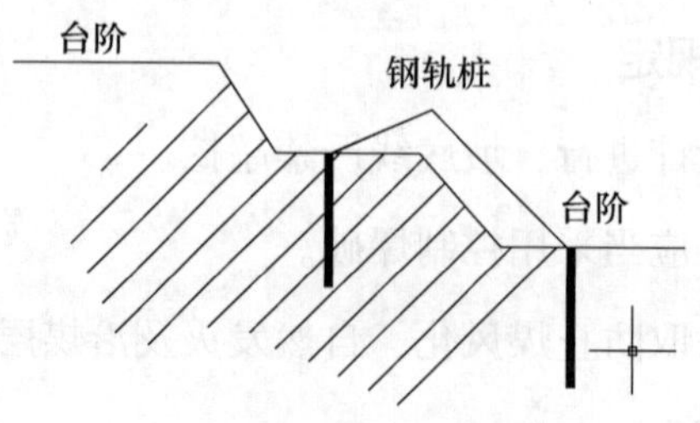

图 3-7　钢轨桩加固台阶

(5) 坡角回填块石，如图 3-8 所示。

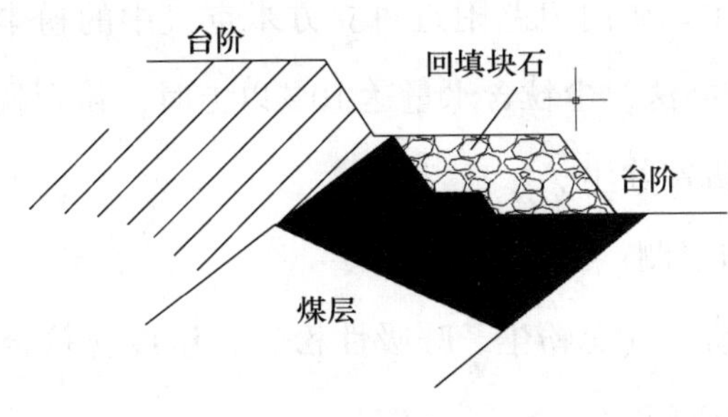

图 3-8　坡角回填块石

第四节　防尘、防毒、防排水与防灭火的安全管理基本要求

一、防尘、防毒安全管理基本要求 

1. 露天煤矿防尘基本要求

(1) 粉尘危害与防治重点

这里的粉尘是指生产性粉尘，即在生产过程中形成的、能较长时间悬浮于空气中的固体微粒。

露天煤矿采场中的粉尘表面易吸附有毒气体，可使粉尘的危害性增加。研究表明，钻孔爆破和挖掘机作业过程中产生的粉尘含有一氧化碳、二氧化氮及丙烯醛，矿内运输道公路飞扬的粉尘也含有丙烯醛。人长期吸入粉尘会危害健康，导致尘肺病。因此，应注意从以下几个方面着手加强粉尘防治。

1) 钻机除尘。钻机除尘措施可归纳为干式捕尘、湿式除尘和干湿结合除尘三种方式。

2) 爆破、采装及爆堆除尘。包括露天矿爆破时的除尘、采装作业除尘。

3）矿堆和废石堆的除尘。

4）矿内运输道路防尘。矿内道路附近每立方米空气中的粉尘含量可高达数百毫克。路面洒水是最简易的降尘办法，尘粒含水量达 10%以上时，粉尘就不会扬起。

5）大型移动设备司机室除尘。

（2）粉尘容许浓度与监测

1）作业场所空气中粉尘（总粉尘、呼吸性粉尘）浓度应符合表 3-12 的要求，不符合要求的，应当采取有效措施。

表 3-12　　作业场所空气中粉尘浓度要求

粉尘种类	游离二氧化硅质量分数/%	时间加权平均容许浓度/（$mg\cdot m^{-3}$）	
		总粉尘	呼吸性粉尘
煤尘	<10	4	2.5
硅尘	10~50	1	0.7
	50~80	0.7	0.3
	≥80	0.5	0.2
水泥尘	<10	4	1.5

2）相关名词解释：

①作业场所。工人在生产过程中经常或定时停留的地点。

②粉尘。悬浮于作业场所空气中的微小固体微粒。

③粉尘浓度。单位体积内矿井空气中浮尘的颗粒数或浮尘的质量。

④硅尘。粉尘中游离二氧化硅质量分数在 10%以上的粉尘。煤矿中的岩尘一般都为硅尘。

⑤时间加权平均容许浓度。以时间加权数规定的 8 h 工作日、40 h 工作周的平均容许接触浓度。

⑥总尘。经采样器捕获的全部粉尘颗粒。

⑦呼吸性粉尘。作业场所空气中符合 BMRC 曲线透过率的粉尘颗粒，其空气动力学直径小于 7.07 μm，且空气动力学直径为 5 μm 的粉尘颗粒的采集效率为 50%。

3）粉尘监测应当采用定点监测和个体监测两种方法：

①定点监测浓度。由测尘人员在选定的采样点架设粉尘采样仪器所测得的粉尘浓度。

②个体监测浓度。由选定的接尘工人佩戴个体粉尘采样器，在作业的同时进行采样

所测得的粉尘浓度。

（3）生产性粉尘监测规定

1）总粉尘浓度每月测定1次。粉尘分散度每6个月测定1次。

2）呼吸性粉尘浓度每月测定1次。

3）粉尘中游离二氧化硅含量每6个月测定一次，在变更工作面时也必须测定1次。

4）开采深度大约200 m的露天煤矿，在气压较低的季节应当适当增加测定次数。露天煤矿粉尘监测采样点布置应当符合表3-13要求。

表3-13 露天煤矿粉尘监测采样点布置

生产工艺	测尘点布置
钻孔机作业、挖掘机作业	下风侧3~5 m
司机操作钻孔机、司机操作挖掘机、汽车运输	操作室内

（4）露天煤矿的防尘工作要求

1）设置加水站（池）。

2）钻孔作业采取捕尘或者除尘器除尘等措施。

3）运输道路采取洒水等降尘措施。

4）破碎站、转载点等采用喷雾降尘或者除尘器除尘。

2. 露天煤矿防毒基本要求

监测有害气体时应当选择有代表性的作业地点，其中包括空气中有害物质浓度最高、作业人员接触时间最长的地点。应当在正常生产状态下采样。

氮氧化物、一氧化碳、氨、二氧化硫至少每3个月监测1次，硫化氢至少每月监测1次。

煤矿作业场所存在硫化氢、二氧化硫等有害气体时，应当加强通风降低有害气体的浓度。在采用通风措施无法达到作业环境标准时，应当采用集中抽取净化、化学吸收等措施降低硫化氢、二氧化硫等有害气体的浓度。

预防气体中毒，包括预防一氧化碳中毒和预防硫化氢中毒。

减少或消除露天煤矿炸药爆炸时炮烟危害的措施：

（1）正确选择炸药的配料。

（2）正确使用炸药。

（3）采用零氧平衡的炸药，使其爆炸后不产生有毒气体；加强炸药的保管和检验工作，禁用过期变质的炸药。

（4）保证填塞质量和填塞长度，以免炸药发生不完全爆炸。

（5）爆破后必须加强通风，露天矿爆破后需等 5 min 以上、炮烟浓度符合安全要求才允许人员进入工作面。

（6）露天爆破的起爆站及观察站不允许设在下风向，在爆区附近有井巷、涵洞和采空区时，爆破后，烟有可能窜入其中并积聚不散，因此未经检查合格不准放人进入。

（7）加强洒水和通风。

二、防排水安全管理基本要求 

1. 露天煤矿防治水相关规定

露天煤矿应当制定防治水中长期规划，对地下水、地表水和降水对排土场、工业广场、采场等区域可能造成的危害进行风险评估；应当在每年年初制订防排水计划和措施，雨季前必须对防排水设施作全面检查，并制定当年的防排水措施；检修防排水设施、新建的重要防排水工程必须在雨季前完工。

露天煤矿各种设施要充分考虑当地历史最高洪水位的影响，对低于当地历史最高洪水位的设施，必须按规定采取修筑堤坝、沟渠，疏通水沟等防洪措施，矿坑内必须形成可靠排水系统。

地表及边坡上的防排水设施应当避开有滑坡危险的地段。排水沟应当经常检查、清淤，不应渗漏、倒灌或者漫流。当采场内有滑坡区时，应当在滑坡区周围采取截水措施；当水沟经过有变形、裂缝的边坡地段时，应当采取防渗措施。

排土场应当保持平整，不得有积水，周围应当修筑可靠的截泥、防洪和排水设施。

用露天采场深部做储水池排水时，必须采取安全措施。备用水泵的能力不得小于工作水泵能力的 50%。

地层含水影响采矿工程正常进行时，应当进行疏干，疏干工程建设应当超前于采矿工程。

地下水影响较大和已建成疏干排水工程的边坡，应当设水文观测孔，以进行地下水位、水压及涌水量的观测，分析地下水对边坡稳定的影响程度及疏干的效果，并制定地下水治理措施。

排土场进行排弃时，底部应当排弃易透水的大块岩石，确保排土场正常渗流。对含有泉眼、冲沟等水文地质条件复杂的排土场，应当采用引水隧道、暗涵、盲沟等工程措施，确保排土场排水通畅。因地下水水位升高，可能造成排土场或者采场滑坡时，必须进行地下水疏干。

露天煤矿采排场周围存在地表河流、水库或者地下水体，且水体难以疏干时，应当进行专门的水文地质勘探，确定含水区域准确边界，进行专门设计防隔水煤（岩）柱尺寸。定期对水位水情进行观测，分析防隔水煤（岩）柱的稳定情况。

2. 露天煤矿防排水设施规定

露天煤矿修建的防排水设施综合起来有排水泵站、地面拦水沟、采场内截流水沟、疏干巷道、疏干井、水平放水孔和排水铁渡槽等。

修建防排水设施应避开的区域有断层区、沉陷区、发火区、本年度设计的采掘区、铁路运输车站和干线等。

防排水设施建成后，应加强管理，严格检查，发现问题要及时维修和保护。

3. 露天煤矿疏干规定

露天煤矿采掘场内岩层含水是普遍现象，疏干工程易破坏矿体及周围岩体的内部结构并引发压力重新分布，从而诱发矿山灾害。岩层中的水基本上来源于三个方面：

（1）采掘场上部岩层若为第四系松散层，含水一般比较丰富。

（2）采掘场周围若存在古河床或河流，且采掘场标高低于河床的标高，采掘场会接受渗透补给水。

（3）大气降水是诱发采场滑坡的主要原因。

露天煤矿开采易受岩层含水影响的区域有非工作帮上部岩层、特殊地质构造区域。

上述具有滑坡危险的区域严重影响采矿工程的正常进行，必须进行疏干排水治理。疏干排水工程建设应超前于采矿工程，一般除正常排水建筑和设施外，当年计划的疏干排水工程年初就应开始建设，这样可保证汛期到来之前完全投入使用。

4. 露天采场地下水观测和疏干排水治理边坡规定

要做好露天采场地下水观测工作，应调查露天采场区域地下水的分布、补给水源和排水条件等，观测地下水位、渗透压力和涌水量等，分析地下水变化对边坡稳定的影响和控制。

应根据水文地质条件分析露天采场边坡稳定性监测数据，从疏干排水措施入手，解决露天采场边坡稳定性的治理问题。疏干排水工程主要包括：

（1）建立排水泵站。

（2）建立疏干巷道。

（3）打疏干井。

（4）打水平放水孔。

（5）修建地面拦截水沟。

三、防灭火安全管理基本要求 

露天煤矿必须制定地面和采场内的防灭火措施，所有建筑物、煤堆、排土场、仓库、油库、爆炸物品库、物料厂等处的防火措施和制度必须符合有关法律法规和国家标准的规定。

露天煤矿内的采掘、运输、排土等主要设备和作业场所，必须配备灭火器材，并定期检查和更换。

开采有自然发火倾向的煤层或者开采范围内存在火区时，必须制定防灭火措施。

第五节　常见事故征兆及防范措施

一、电气事故防范措施

1. 电气设备保护和接地相关规定

露天煤矿的各种电气设备、设施和通信系统的设计、安装、验收、运行、检修、实验等工作，必须符合国家有关规定。

高压配电线路应当装设过负荷、短路、漏电保护；低压配电线路应当装设短路和单相接地（漏电）保护；高压电动机应当装设短路、过负荷、漏电和欠压释放保护；低压电动机应当装设过流、短路保护；中性点接地的变压器必须装设接地保护；低压电力系统的变压器中性点直接接地时，必须装设接地保护。

变（配）电设施、油库、爆炸物品库、高大或者易受雷击的建筑等，必须装设防雷电装置，每年雨季前应检验一次。

2. 触电事故的预防措施

根据电气事故的特点、原因和电气安全技术，应从技术和管理上采取综合预防触电的措施，主要有以下几个方面：

（1）电气安全保护

1）绝缘、屏护和安全距离是最为常见的安全措施。

2）中性点接地。

3）接地和接零。

4）装设漏电保护装置。

5）过电流保护。

6）防雷电。

7）采用安全电压。

8）规范使用安全标志。

（2）电气作业安全措施

在电气设备、线路检修及停送电等工作中，为了确保作业人员的安全，应采取必要的安全管理措施和安全技术措施。

1）管理措施：作业票制度、工作监护制度、恢复送电制度。

2）技术措施：在电气设备和线路上工作，尤其是在高压场所工作，必须完成停电、验电、放电、装设临时接地线、悬挂警示牌、装设遮栏等保证安全的技术措施。

(3) 用电安全要求

不得随便乱动和私自修理电气设备。经常接触和使用的配电箱、配电板、闸刀开关、按钮、插座、插销以及导线等，应保持完好，不得有破损，不得将带电部分裸露出来。

3. 电气火灾事故的预防措施

（1）应选用合格的矿用不易燃橡胶套电缆。

（2）避免外力打击电缆，开关跳闸后，不查明原因不得强行送电。

（3）电缆不准成堆堆放、压埋，电缆接线盒附近不得存放易燃物。

（4）要正确掌握电缆的连接方法，不能用捆接法和压接法。

（5）矿用变压器使用的绝缘油应定期化验，不合格的应及时更换。

（6）安装自动灭火系统。

二、机械设备事故防范措施 

1. 规范操作

要避免机械设备安全事故，首先要求作业人员的操作规范，不得违规作业。为此，要加强管理，建立健全安全操作规程并严格执行；对操作者要进行岗位培训，使其掌握机械设备的基本性能、基本结构和基本原理，能熟练地操作机械设备；会对机械设备进行日常的维修保养，能处理一般常见的故障；机械设备开动时有危险的区域，严禁人员进入；要按规定穿戴好劳动防护用品。

2. 保证机械设备的安全性能良好

机械设备必须符合国家标准的要求，操纵、制动装置要灵敏可靠，便于操作。机械设备的传动皮带、齿轮及联轴器等旋转部位都要装设防护壳罩；对于机械设备的某些容易伤人或一般不让人接近的部位要装设栏杆或栅栏门等隔离装置，并涂上安全色以示警告；对于容易造成失足的沟、堑，应有盖板。要装设各种安全保护装置，以避免或减轻人身和机械设备事故。

要装设各种必要的安全联锁装置，当机械设备接近危险状况时，能自动停机，使操作人员能及时做出决断、进行处理。

3. 保证良好的作业环境

要为机械设备的使用、安装、检修创造必要的条件，按规定预留安全距离；保持现场整洁，工具摆放整齐，有良好的照明，以便于机械设备的安装、维修、使用工作顺利进行，减少操作失误而造成事故的可能性；保证作业场所适宜的温度、湿度，创造一个安全、舒适的工作环境。

4. 加强机械设备的维修工作

要保证机械设备的安全性能，除了要求设计、制造的安全性能要优良外，机械设备的安装、维护和检修工作十分重要，尤其对于移动频繁的采剥和运输类机械设备，更要注意安装和维修工作的质量。

三、坠落、坍塌及物体打击事故防范措施 

1. 高处坠落

高处坠落的主要原因是：作业人员缺乏高处作业的安全技术知识；防高处坠落的安全设施、设备不健全。

防止发生高处坠落事故，应做好三个方面的工作：

（1）加强科学管理，明确岗位责任，熟悉作业方法，掌握技术知识，执行操作规程，正确使用劳动防护用品，并加强日常检查。

（2）采取周密的防护措施。除在危险部位设置护栏、立网，满铺架板，盖好洞口外，还应在操作人员下方设平网并检查作业人员是否正确使用劳动防护用品。

（3）用好安全“三宝”，即安全帽、安全带和安全网。

2. 坍塌事故

坍塌事故主要有土方坍塌、岩体坍塌、模板坍塌、脚手架坍塌、拆除工程的坍塌、建筑物及构筑物的坍塌等类型，前四种类型一般发生在施工作业中，而第五种一般发生在建筑物及构筑物使用过程中。

矿山常见的坍塌事故是岩体坍塌，岩体坍塌事故应急处理技术及方法：

（1）发现边坡附近岩体有裂纹、掉土及塌方险情时，应停止作业。下方人员应立即撤离危险地段，查明原因后，再决定可否继续作业。

（2）出现塌方造成人身事故后，应同时采取两个方面的措施：一方面立即扒岩土，抢救伤员并密切注意伤员情况，防止二次受伤；另一方面对伤员上部岩体应采取临时支撑措施，防止因二次塌方伤及救援者或加重事故后果。排险和抢救应由有经验的人统一指挥进行。

（3）对危害大的复杂塌方（如危及建筑物、构筑物基础及设备设施等），应由安全技术部门及相关部门共同商定处理措施。

3. 常见物体打击事故

（1）在高空作业中，由于工具零件、砖瓦、木块等物从高处掉落伤人。

（2）人为乱扔废物、杂物伤人。

（3）起重吊装、拆装、拆模时，物料掉落伤人。

（4）设备带“病”运行，设备中物体飞出伤人。

（5）设备运转中，违规操作，用铁棍捅卡料导致铁棍飞出伤人。

（6）压力容器爆炸的飞出物伤人。

（7）爆破作业中飞石伤人等。

4. 防范物体打击事故的主要措施

（1）必须认真贯彻有关安全规程，克服麻痹思想，牢固树立不伤害他人和自我保护的安全意识。

（2）高空作业时，禁止投掷物料，清理物料应设溜槽或使用专用桶，手持工具和零星物料应随手放在工具袋内。安装、更换玻璃要有防止玻璃坠落的措施，严禁扔下碎玻璃。

（3）吊运大件要使用有防止脱钩装置的吊钩或卡环，吊运小件要使用吊笼或吊斗，吊运长件要绑牢。

（4）高空作业中，对斜道、过桥、跳板要明确有人负责维修、清理，不得存放杂物。

（5）操作使用的机器设备必须符合质量要求，带“病”设备未修复达标前严禁使用。

四、防暑与防寒

1. 高温作业及其危害

高温作业是指在生产车间及露天作业工地等作业场所，因高气温、存在生产性热源及高湿蒸洗源，造成工作地点的气温等于或高于本地区夏季室外通风设计计算温度 2 ℃以上的作业。

高温作业很容易使人体内热量积聚，出现中暑；由于出汗而大量丧失水分和无机盐等，如不及时补充水分，就会造成体内严重脱水和水盐平衡失调，引起肌肉神经兴奋性下降，导致工作效率降低、事故率升高；可能引起消化不良等胃肠疾病，有时还会引发肾功能不全等。

2. 中暑救护

中暑是指在高温作业中发生的以体温调节障碍为主的急性疾病，是由于通风散热不良，使人体的热量得不到适当的散发或因人体损失大量的钠盐和水分而引起的。中暑一般分为先兆中暑、轻症中暑和重症中暑三种。发现中暑要及时急救。

3. 防寒

极度的寒冷会引起冻伤，表现为人在极度寒冷的条件下皮肤和皮下组织的损伤。冻伤是机体暴露在冰点以下的严寒中较长时间引起的，一般在南方较为少见，而北方严寒季节里，长时间在室外、野外以及无取暖设施的室内作业时，由于极度低温和潮湿作用，会引起局部冻伤。

预防寒冷的措施有：加强耐寒锻炼，提高对寒冷和低温的适应性；做好御寒准备，穿防寒服装、鞋，戴帽、面罩和手套等；在室内作业场所要设置取暖设施；食用高热能食物，增加体内代谢放热能力。

五、爆破事故防范措施

爆破是矿山生产的主要工序之一，如矿石回采、岩石剥离以及土石方工程等均要用炸药爆破的方法来完成。国内外统计资料表明，爆破事故在矿山伤亡事故中一般占第二位到第四位。

1. 爆破事故的危害

露天采矿的爆破事故主要有早爆事故、拒爆事故、飞石事故、地震事故、空气冲击波事故、烟气中毒事故及因爆破引发的次生事故（如塌方事故、滑坡事故）等。

露天爆破的危害因素有爆破地震效应、爆破飞石、爆破有毒气体、爆炸空气冲击波和噪声等。爆破地震效应严重危害露天矿边坡和周边建筑物稳定；爆破飞石严重危害爆破作业人员及周边设备安全；爆破有毒气体对爆破人员及设备操作人员造成重大危害；爆破空气冲击波和噪声对露天煤矿设备及人员也会产生较大危害。

2. 爆破事故的防治措施

（1）从事爆破作业的人员必须接受过爆破技术专门训练，熟悉爆破器材的性能、操作方法和安全规定，并严格遵守爆破作业安全规程和措施。

（2）布孔、炮孔充填物和充填质量都必须符合要求。

（3）爆破时必须有安全警戒负责人，警戒哨与爆破工之间应实行“三联系制”，警戒哨及警戒距离必须符合规程规定。

（4）遇有火孔、高温孔、水孔时必须单独处理。

（5）有拒爆、哑炮等情况时，应上报并及时采取措施进行处理，二次爆破必须符合相关规定。

（6）在浓雾、闪电、雷雨及6级以上大风天气和黑夜时，不得进行露天爆破作业。

（7）严禁向炮孔内投掷起爆器具和受冲击易爆的炸药，严禁使用塑料、金属或带金属包头的炮杆。

（8）露天煤矿爆破是采矿工艺的一个重要环节，作业过程必须严格执行《爆破安全规程》和《煤矿安全规程》相关要求。

六、运输事故防范措施 

重型自卸汽车运输是现代化大型露天煤矿运输重要方式之一，在生产中已越来越显示出它的优越性。但由于存在抗恶劣气候能力较低，行驶中盲区较大、视野较窄，操作及维修技术要求较高等不利于安全的因素，汽车运输的事故率和危害性都高于露天煤矿其他类型的事故。

1. 矿用汽车运输事故的分类

汽车运输中有两类不同性质的事故，即行车事故和设备事故。其中包括由于机械和电气故障引发的火灾。

（1）行车事故包括汽车起步、倒车、运行、停车装载、卸载时所发生的相撞（正面相撞、侧面剐蹭、尾撞头、尾撞尾、追尾撞等），车撞铲、车撞推土机、车撞设施（路灯灯杆、电线杆、电缆桥等）和人，以及翻车、滚坡等事故。行车事故中也包括由于设备本身的突发性故障（转向系、制动系突然失控）而引起的事故。

(2) 设备事故是指汽车行驶中，其零部件突然损坏而引起的事故。实践证明，汽车运输事故中，行车事故的危害和损失大于设备事故。

2. 矿用汽车运输事故的预防措施

(1) 驾驶员必须经过严格的安全技术教育与培训。

(2) 严格遵守矿用汽车运输安全行车规定。

(3) 矿用汽车的安全防护装置必须符合要求。

(4) 应加强矿山道路交通安全环境治理。

(5) 加强设备的维修保养，做好日检工作，发现问题应及时处理。

第六节　露天煤矿典型事故案例分析及防范措施

案例一　自卸卡车着火事故

一、事故经过

某日，某露天煤矿采矿作业部司机陈某于16：40左右接班检查2018号（TR100型）卡车一切正常，无异响、无漏水、无漏油。17：10开始作业，大约18：56到1055排煤场卸完料向前提车等待落大箱时，从驾驶室底部突然窜出爆燃性火焰，浓烟很快充满整个驾驶室（见图3-9）。紧急情况下，因扶梯上也有火焰，无法下车，陈某打开左侧车门跳车自救，下车后报告了当班安全员，同时向调度中心报告，调度中心报告消防队与公司领导，同时组织灭火。消防队与公司洒水车配合，在20：10控制住火势，到23：00余火消除，降温工作完成。

二、事故原因

1. 直接原因

经调查认定，本起事故原因为卡车高压液压油管损坏，液压油喷到如涡轮增压器等

图 3-9　自卸卡车着火

高温物体上起火。2018 号卡车在举升作业时，液压系统压力极大，受极低温油管脆化影响，液压系统个别油管爆裂或管接头处发生泄漏，高压的液压油喷溅到发动机的高温部位瞬间爆燃，因泄漏的油不断喷射到发动机后端，火势迅速扩大，最终造成本起火灾事故。

2. 间接原因

（1）TR100 型卡车的发动机连接部件涡轮增压器、烟气换向室等排气系统配件在正常作业时温度达 368 ℃，远超过液压油的燃点（液压油燃点在 212 ℃左右），其附近是高压液压油管密集区，如有油管损坏或飞溅，极易起火。这是设备自身存在的隐患，也是本起事故的间接原因之一。

（2）高压液压油管已经按照更换周期进行了更换，但仍可能存在未达到更换周期但已损坏的现象。这是本起事故的另一间接原因。

（3）设备装车质量较难控制，个别车辆装载物料体积如超过大厢上沿过多，即存在超载情况，举升系统压力将超出正常工作压力，可能引发油管损坏。这是本起事故的又一间接原因。

（4）设备在举升过程中，在举升末端如发动机转速过高，系统压力将超过 19.0 MPa，使油管损坏，油液飞溅到高温处，导致起火。因此，操作人员在举升末端操作不符合规范，也是本起事故的间接原因之一。

三、防范措施

（1）设备管理部立即开展 TR100 型卡车发动机高温部位的防护和改造的研究工作，特别是烟气换向室的防护，以保证在油管损坏而飞溅液压油时不落在换向器上。

（2）维修部对所有高压液压油管的固定进行改造，对原有油管的卡子及固定应确保恢复完好，个别无卡子的油管设计固定架固定，避免油管之间或与车体之间的摩擦损坏，且在油管两头出现爆裂时，油液喷溅方向为安全方向。

（3）设备管理部经研究购置了高压液压油管检验台，对使用的高压胶管必须经耐压、冲击、保压试验，保证符合要求后方可上车使用。

（4）设备管理部认真调研高压液压油管的使用寿命，确定合理更换周期，并严格监督落实；维修部同时清查所有液压油管是否已到更换期限，到期的油管要立即更换。

（5）设备管理部对卡车装载情况认真调研，找出简便可行的装载标准检查方法，并加强日常监督抽查。

（6）采矿作业部加强司机培训，严格规范操作，并加强日常监管。

（7）维修部对卡车的各类高压液压油管进行逐一排查，漏油的立即紧固或更换，并规范安装。采矿作业部卡车司机加强日常及交接班漏油检查，发现漏油及时上报处理。公司每月组织一次专项检查，对漏油项目视情况进行考核。

（8）维修部加强对所有运行车辆的防火布情况进行日常检查，接口要封闭包扎，有破损的要立即更换并保证完好。

（9）采矿作业部要加强设备灭火器自检，发现失效、损坏的要马上报告更换。交接班时要对防火布情况进行重点检查，发现损坏要立即上报调度组织维修，严禁带病作业。

案例二　露天剥离工程爆破事故

一、事故经过

某矿原为井工矿，设计年生产能力 90 万吨，后经设计、审查，改井工开采为露天复采，某爆破股份有限公司中标承担该采区上部水平硐室大爆破工程设计及施工业务。某日，在该矿基建露天剥离工程现场 2135 水平采用台阶式深孔二次爆破时，发生波及方圆

850 m 范围的重大爆破伤亡事故，造成 16 人死亡、53 人受伤（其中 12 人重伤）。

二、事故原因

1. 直接原因

（1）违规操作。爆破作业中，违反《煤矿安全规程》相关规定，深孔松动爆破岩石时，安全警戒距离小于 200 m，直接造成 200 m 范围内的 4 人当场死亡。

（2）作业技术问题。采取的硐室加强松动爆破（大爆破）作业技术上存在问题。

2. 间接原因

（1）火工品管理混乱。该矿有炸药库，承包方某爆破股份有限公司也有炸药库，矿方对承包方发放炸药，承包方领取炸药自由，且无退库记录。事发前，承包方曾经一次性领取雷管 4 500 发，但只使用了几百发，有大量雷管炸药未退回矿方炸药库。

（2）甲乙双方工程承包机制不健全。甲方对乙方的施工安全监督管理不到位。

三、防范措施

（1）加强对露天矿岩石剥离施工作业安全监管。要严格遵守《煤矿安全规程》《爆破安全规程》一系列的相关规定，加强安全技术措施，确保安全施爆。爆破作业人员必须有专业资质证，严禁无证人员从事爆破作业。爆破过程中，必须有安全警戒负责人，并向爆破区周围派出警戒人员。警戒哨与爆破工之间应实行“三联系制”。在特殊建（构）筑物附近、爆破条件复杂和爆破震动对边坡稳定有影响的区域进行爆破时，必须进行爆破地震效应的监测或试验，以确定被保护物的安全性。

（2）加强爆破工程作业设计管理。强化对爆破行业的操作流程监管，推行爆破施工全过程监管制度。爆破前应对爆破区周围人员、地面和地下建（构）筑物及各种设备、设施分布情况等进行详细的调查研究，然后进行爆破方案设计。各种爆破作业均应采用成熟技术编制爆破设计书和爆破说明书，对爆破人员进行严格的培训，严格执行安全技术措施。

（3）加强对炸药、雷管等火工品的管理。严格火工品的发放、登记、运输、使用、退库等相关环节的监督管理，严格爆破器材审批程序，进一步加强爆破物品储存、运输的管理，进一步加强爆破工、安全员、押运员的管理，确保火工品使用安全。

（4）严格执行《安全生产法》的相关规定，建立健全工程承包安全约束机制。任何工程承包委托方都不得自我减免在安全监管方面的责任，要切实对承包方相关生产活动实施全方位的有效监督。对涉及安全生产的技术方案，委托方必须严格审查、严格要求，坚决遏制此类事故的发生。

案例三　露天煤矿选煤厂滑坡事故

一、事故经过

某日 17：30，某选煤厂当班皮带清扫工工长赵某带领郭某、张某分别来到 7117、7129、7130、7150 号皮带清扫的固定岗位作业。23：00，赵某因装车需要，将 3 台由马某、吴某、王某驾驶的前装机调至末煤排矸场地混煤 1 号煤堆，从 1 号煤堆给 7106 号送料口送料。约 23：40，7106 号送料口出现堵塞，3 台装载机已开往别处作业。次日 0：15 左右，赵某开动反铲挖掘机准备疏通，这时听到有人尖叫一声，随即回头看，发现混煤 1 号煤堆大面积滑坡，反铲被埋一半。赵某意识到有人被埋压，立即用步话机向当班值班经理肖某汇报，肖某通知赵某赶快躲到安全地点，并立即把系统停下来，组织郭某、沈某、赵某及系统 40 余名工人和 3 台装载机进行抢救。因当时不清楚发出尖叫声的人是否被埋，也不清楚被埋人是谁，于是肖某立即组织各工长清点人员，发现只少张某 1 人，但也不能确定张某是否被埋，于是在安排人员去到别处寻找张某的同时继续挖掘滑坡的煤堆。0：40 左右，当挖掘至反铲右侧履带板时发现有人，众人立即用铁锹和手将其救出，确认被埋人员是选煤厂皮带清扫工张某。肖某用步话机向选煤调度室报告，请急救站准备救护车。同时现场人员用车将张某送往矿急救站进行了紧急抢救。但因伤势严重，张某经抢救无效于事发当日 7：00 死亡。

二、事故原因

1. 直接原因

事故发生前两台前装机从混煤 1 号煤堆给 7106 号口倒料，由于煤堆下部物料被挖走，改变了煤堆的边坡角，煤堆稳定状态遭到了破坏，导致煤堆滑坡。

2. 间接原因

1）死者张某在工作期间违反劳动纪律，擅自进入非本人作业的区域，被滑落的煤泥掩埋导致死亡。

2）该选煤厂对煤泥堆潜在的危险因素认识不足，监控不到位，没有制定有效的安全防范措施。

3）该选煤厂与劳务公司对这些临时工的管理混乱，对临时雇用人员安全教育培训不到位，日常安全监督管理不力。

三、防范措施 

（1）认真吸取事故教训，提高认识，加大工作力度，加强安全管理，强化安全监察，尤其是加大对临时工、协议工、聘用工、外承包人员、反承包人员的管理力度。

（2）要举一反三，查找安全管理漏洞和现场事故隐患并及时整改。

（3）各单位要加强对职工的安全教育，使作业人员严格遵守规章制度，严守劳动纪律，严防“三违”。尤其是对临时雇用人员一定要纳入本单位安全教育工作之中，使他们做到不该干的不干，不该做的不做，不该去的地方不去。

（4）加大三级教育培训力度，严格岗前培训和持证上岗制度，凡未经培训或培训不合格的人员，严禁上岗作业。

（5）要加强现场管理，加强所有作业场所的监督检查，特别是对现场生产过程中存在的危险因素，要加强日常监控，制定切实可行的防范措施和必要的应急救援预案。

（6）所有选煤厂应加强煤堆的管理，制定和完善安全防范措施和作业规程。

（7）要完善用工制度，理顺用工体制，落实责任，明确职责。

案例四　自卸车压皮卡车事故

一、事故经过

某日 7：55，某矿运输一部电 41 号车司机郑某在 1402 铲准备交接班，发现接班司机兰某没到。经询问工长得知应去 1412 铲交接（兰某已在 1412 铲）时，郑某便开车去 1412 铲，当到达 1412 铲后发现兰某不在，便将车停在 1412 铲出口左侧（车头略向西南、路宽约 15 m)，打手机寻找兰某，当知道兰某已乘车去 1402 铲时，便向右方打方向盘调整车位向前提车，以便兰某能发现自己。正在这时由机修总厂化验室司机姚某驾驶的江陵皮卡车，承载 3 名机油取样人员到 1412 铲准备给电 39 号和电 41 号车抽油取样。就在此时郑某已经开始起步，皮卡车司机姚某发现不好，紧急挂倒挡企图将车倒出，但为时已晚，行进中的电 41 号车在毫不知情的情况下右前轮从皮卡车前部压过，幸亏被检修工及时喊住才没有造成人员伤亡，皮卡车前部已被压得面目全非（见图 3-10），司机姚某吓得心脏病复发住院治疗。

图 3-10　自卸车压皮卡车前部

二、事故原因

（1）皮卡车司机姚某违反机动车入坑作业规程，将车停在大车视线盲区以内（规程规定大车右前方 25 m 之内为盲区）。

（2）电 41 号车司机郑某违反安全规程，停车起步时思想不集中，未仔细瞭望且未鸣笛。

三、防范措施

（1）加强从业人员安全教育，组织从业人员进一步学习安全规程以及相关规定，杜绝类似事故再次发生。

（2）加强对机动车司机的教育，认真遵守机动车入坑作业规定，机动车必须停放在坑下的安全地点，不能停放在大型设备盲区之内。

（3）大型设备操作人员在启动或移动设备时，要确认设备周围和下面没有其他设备和人员，严格执行关于“设备启动及起步鸣笛”的相关规定。

案例五　自卸车相撞事故

一、事故经过 

某日16：40，某矿运输二部司机薛某，驾驶4501号车从661号小型挖掘机驶往西二排土场，行至西一排土场路中段时，由于距前车（电23号车）较近，前车带起的尘土影响正常视线，为躲避尘土便向左打方向并探出车头。此时运输二部司机吴某，驾驶4509号空车返回，同样因电23号车带起的尘土影响，未发现前方有车，导致两车迎面相撞，两车驾驶室、前脸严重变形，转向机构及连接部位损坏，4509号车燃油箱被撞掉（见图3-11）。司机薛某鼻骨骨折，吴某左胫骨骨折。

图3-11　自卸车相撞

二、事故原因

（1）4501号自卸车司机薛某跟随前车距离过近，视线不清占道行驶。

（2）现场作业环境差，灰尘较大。

三、防范措施 

（1）加强岗位人员安全教育，提高岗位人员的安全意识，严格遵守安全规程，作业中拉大车距，控制好车速，在司机视线 30 m 范围内严禁作业。

（2）充分发挥各种工程设备的最大能力，洒水降尘，改善作业环境。

（3）在条件允许的情况下，尽可能避免大小车辆混合作业。

第四章　井工煤矿开采安全

第一节　矿井生产概况

一、矿井建设与发展状况

煤炭是我国的基本能源之一，在国民经济中占有重要地位，并且在未来相当长的时期内，仍将是我国国民经济的主要组成部分。

煤炭是中国工业生产的动力基础，是主要化工原料之一，是人民生活的重要物资，是我国出口创汇的主要支撑。

煤炭、石油、天然气、水电、核电是现代五大能源，长期以来，在我国能源一次性消耗中，煤炭占60%左右，在今后相当长的时期内，以煤炭为主的能源结构状况是不会改变的。

目前，煤炭经过提炼加工，可以生产出用于国防、工业、农业、医药等行业的产品500余种，这些产品都是国家经济建设和人民生活所必需的。所以，煤炭的需求不但不能降低，反而会逐年增高。因此，加快煤炭生产，对于我国实现全面小康社会，增强国家经济实力，不断满足人民物质文化生活的需要都具有非常重要的意义。

煤炭形成于亿万年以前，当时的地球上气候温暖而潮湿，生长着大量的茂密的植物，随着时间的推移、地壳的变动，这些植物被掩埋在地下，逐渐演变成今天开采的矿产资源。

根据煤层的赋存特征和开采技术条件，煤炭开采分为露天开采和地下开采两种，我国的煤矿多为地下开采。在成煤的过程中，形成相对连续的含煤区域，称为煤田，如平顶山煤田、大同煤田、开滦煤田、兖州煤田等。由于煤田的范围很大，开采时需要把煤田划分为若干个较小的区域，成为独立的生产单位进行开采，这一较小的区域称为井田，在一个井田内进行开采的区域，叫煤矿。

为了有计划地将井田内的煤炭从地下开采出来，需要在井田的中央向下开凿主井和副井，作为进出矿井的出口。然后沿煤层的倾斜方向，按一定的标高划分为若干个长条，每个长条用水平面表示上面和下面，因此称为水平。开采时，先采上水平，再采下水平。在一个水平内，沿煤层走向再划分为若干个具有独立生产系统的片段，每一个片段称为一个采区。开采时，按先远后近的顺序开采。最后，在采区内沿煤层倾斜方向将煤层再划分为若干个长条部分，每一部分称为一个区段，开采时，沿煤层倾斜方向先采上段，后采下段。在区段内，沿煤层走向开掘两条平巷，安装采煤设备后，由外向里或由里向外进行开采。

煤矿生产的主要任务是把地下的煤采出来。要采煤，就必须从地表开始向地下开掘出一系列通道，与煤体连通，安装必需的设备，形成各种生产系统，这项工作叫作掘进。因此，采煤和掘进是煤矿生产的主要环节。为了保证煤矿生产的正常接替，必须遵守“采掘并举、掘进先行”的技术政策，制订合理的采掘计划，并认真落实。

二、矿井生产系统常识

煤矿和其他企业一样，也有很多种生产系统，而且每个生产系统在运行的可靠性方面比其他企业要严格。只有各个生产系统正常运行，才能保证煤矿井下安全生产。

为了使采掘生产可靠有序进行，还必须有其他工作配合矿井主要生产系统，例如通风、排水、供电、提升、压风等工作系统。

矿井通风系统是利用通风机不断地把新鲜的空气按照一定的路线送到井下各用风地点，将井下各种有害气体稀释到允许的浓度，保证井下工作人员的人身安全和设备的正常运转。《煤矿安全规程》规定：按井下同时工作的最多人数计算，每人每分钟供给风量不得少于4 m^3。

矿井运输和提升系统是把井下所需的材料、设备运到各个工作地点，把煤、矸石从采掘工作面运到地面。

供水系统一般是在地面建造蓄水池，并通过供水管道送至井下各个使用地点。井下生产过程中用水的地方很多，例如，消防用水，煤层注水，采空区注水、注浆，采煤机、掘进机喷雾降尘，液压支架用水，运输系统喷雾洒水，冲刷巷道等。

排水系统将矿井建设生产过程中井下各种涌出的水，通过水沟引至井底车场附近的水仓内，经过水泵排至地面，以保证矿井建设生产的正常进行。

供电系统电力是矿井生产的主要能源。矿井使用的电源一般是由供电网送来的 35 kV 的高压电，经过高压输电线路送到地面的变电所，电压被降至 6 kV，然后用高压电缆经副井送至井下中央变电所。送至井下中央变电所的电一方面经变压后供给附近的用电设备使用，另一方面经变压后送到工作面各个配电点。

煤矿井下岩石、井巷的开拓、掘进都普遍采用风镐、风钻等风动工具，驱动它们的动力是压缩空气。煤与瓦斯突出矿井的压风（制动系统）也需要压缩空气，因此矿井必须设置压风系统。矿井压风系统主要由空气压缩机、风包、供气管道组成。压风机一般安装在井口附近的机房内，风包设置在室外，空气经过空气压缩机增压和风包稳压后，通过管道送到井下各个用风地点。

煤矿常见事故种类有火灾、水害、瓦斯灾害、粉尘灾害、顶板灾害等，这就是我们常说的煤矿“五大灾害”。另外，在工作过程中，还可能发生触电事故、运输事故等。这些事故的发生都有一定的预兆和规律，只要我们严格执行《煤矿安全规程》《煤矿工人安全技术操作规程》《煤矿作业规程》三大规程和煤矿各种规章制度，就完全可以避免事故的发生，保障人身和财产安全。

三、矿井开拓

根据煤层的赋存特征和开采技术条件，煤矿的开采方法有露天开采和地下开采两种。露天开采的叫露天煤矿，地下开采的叫井工开采，我国煤矿大部分是地下井工开采。

1. 矿井巷道分类

煤矿生产需要从地面向井下开掘一系列巷道，统称井巷。

根据巷道的用途、服务范围，将其分为开拓巷道、准备巷道、回采巷道。

根据巷道的形态不同，将其分为垂直巷道、水平巷道、倾斜巷道。

2. 矿井开拓方式

矿井开拓方式主要是指开拓巷道在井田内的布置形式。

（1）斜井开拓

斜井开拓分为片盘斜井开拓方式，斜井、开拓井分区式开拓方式。

（2）立井开拓

立井开拓是利用垂直巷道立井开拓（进井筒）由地面进入，并通过一系列巷道到达煤层的一种开拓方式，分为立井单水平开拓方式和立井多水平开拓方式。

（3）平硐开拓

平硐开拓又分为走向平硐开拓方式、垂直平硐开拓方式、阶梯平硐开拓方式和综合开拓方式。其中，综合开拓是指借助两种或两种以上井筒形式综合开拓井田。

3. 采煤方法

（1）爆破采煤

爆破采煤又称“炮采”，是指在长壁工作面用爆破方法破煤和人工装煤，并用输送机运煤和单体支柱支护的采煤工艺。其流程一般为：爆破采煤→装煤和运煤→回柱放顶。

（2）普通机械化采煤

普通机械化采煤简称“普采”。普采就是用机械方法破煤和装煤，然后再用运输机运煤和单体支柱支护顶板的采煤工艺。

（3）综合机械化采煤

综合机械化采煤简称“综采”，是指在长壁工作面用机械方法破煤和装煤，输送机运输和液压支架支护顶板的采煤工艺。综采在工作面采煤过程中的破煤、装煤、运煤、支护、采空区处理五大工序全部实现了机械化作业，包括落煤、装煤、运煤、支护、放顶。

第二节　井巷工程施工安全要求

本节主要介绍有关掘进工作面的安全常识，帮助广大从业人员特别是新入矿的从业人员，尽快了解和熟悉掘进工作，掌握过硬的安全生产技术，了解更多的安全生产知识，保证掘进工作面的安全进行，避免安全事故的发生。

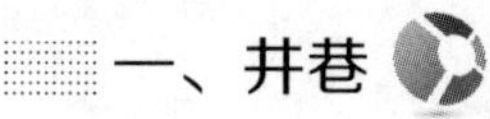

一、井巷

井巷包括井筒和巷道。

1. 井筒

井筒是地面通往地下的唯一通道。它的主要作用是提升运输，把人和生产中所需的物料运送到井下，并把开采出的煤炭和矸石运到地面。同时，井筒还是矿井的安全出口，一旦井下发生灾害事故，矿井提升系统遭到破坏时，井下作业人员就可以沿安装在井筒内的梯子间升到地面。井筒一般分为主井、副井和风井。主井主要用作提升煤炭；副井用来运送人和物料，同时把生产中冒落的矸石运到地面；风井主要负责矿井通风。有的煤矿没有风井，用主井或副井兼作风井，但一个煤矿至少有两个井筒，严禁独眼井开采。井筒根据空间形状不同，一般分为主井、斜井和平硐。

2. 巷道

当井筒开掘到一定深度后，我们就要根据生产以及煤层埋藏等情况，开掘一系列通往煤层、为煤炭开采运输服务的巷道。这些巷道，根据它的作用和服务范围不同分为矿井主要运输巷和回风巷、采区运输回风巷和上下山，区段运输和回风平巷等；根据巷道煤岩成分的不同分为岩巷、半煤岩巷、煤巷；根据巷道在空间的形状不同分为直立巷道、倾斜巷道和水平巷道。巷道的形状、形式多样，但就目前而言，在我国煤矿中倾斜巷道和水平巷道中采用最多的是梯形巷道和拱形巷道。直立巷道如溜煤眼等一般为圆形。这些井巷就构成了煤矿巷道系统，为我们开采煤炭创造了条件。

二、巷道掘进施工安全要求

在我国煤矿中，巷道掘进方法主要有两种，即爆破掘进和掘进机掘进。就目前而言，许多煤矿仍是以爆破掘进为主。

1. 钻眼爆破安全要求

钻眼就是在煤层或岩层中钻凿一些炮眼，以便放置炸药进行爆破。在岩层中钻眼时，一般采用以压缩空气为动力的凿岩机（风镐）；在煤层中钻眼时，普遍采用手提式气动风钻。钻眼对掘进工作影响很大，它不仅影响工程质量、掘进速度、劳动生产率，对安全生产也至关重要。例如炮眼布置、炮眼角度和炮眼深度等，如果不按规定处理，很容易发生伤亡事故。因此，钻眼时一定要按照《煤矿安全规程》的规定编制爆破说明书。爆破时，按要求认真操作，不要为图省事而偷工减料，更不准违规作业。掘进工作面的炮眼布置一般分为掏槽眼、辅助眼、周边眼。

2. 装岩安全要求

装岩就是将爆破崩落的煤、岩装入运输工具内。无论是人工装岩还是机械装岩，都要注意前后左右的安全，要做到快而稳、忙而不乱。装岩是掘进中劳动强度较大的一项工作，特别是人工装岩，不仅费力，而且占用的工作时间长，因此，采用机械装岩是实现安全快速掘进的最好途径。

3. 运输安全要求

运输就是利用人力或机械将材料、设备运到工作地点，或者将煤、矸石运出工作面。人力推车时，要注意1人只准推1辆车，两车之间注意保持一定的安全距离。当巷道坡度比较大时，严禁人力推车。合理安排工序和工时对能否实现快速掘进影响很大。因此，实现机械化运输是提高煤矿生产的关键之一。

4. 工作面支护安全要求

当巷道开掘后，为了保持巷道的稳定性，防止巷道变形和围岩垮落，必须采取一种保护措施。我们把这种为维护围岩稳定，保障工作安全而采用的保护措施称为工作面支护。支护按照材料和支护形式的不同主要分为木支架支护、金属支架支护、钢筋混凝土支架支护、砌碹支护、锚杆支护和锚网支护等。工作面支护对安全生产关系很大，因此，它是掘进工程中一项重要的工作。我们必须严格按照《煤矿安全规程》和操作规程的要求去做好每一项工作，千万不可以麻痹大意，严禁违规作业。

以上这些工序组成了一个工作循环，每完成这样一个工作循环，巷道就向前推进一定距离。与这些主要工序同时进行的，还有一些辅助工序，包括敷设轨道、修筑水沟、管道敷设、工作面通风除尘等。

5. 掘进施工安全要求

为了保证掘进工作的顺利进行，防止和减少生产安全事故的发生，要注意做好以下4

个方面的工作：

（1）每班开工前要做好各项准备工作，检查生产中所用的工具，例如钻眼工具、斧子、镐、锹、锤、锯、钻杆、钻头、掏勺、炮棍、扳手等是否携带齐全，所用设备是否完好无损，检查无误后，才能开始工作。

（2）工作人员到达工作面后，先不要急于生产，要仔细检查工作范围内的支护、顶帮是否安全可靠，检查是否有顶空或支架损坏等现象。若发现问题，必须要先行处理，等安全后再工作，千万不要冒险作业。

（3）掘进工作面要注意做好防尘工作，因为无论是机掘还是炮破掘进都会产生大量的矿尘，会对人体造成损害，甚至发生煤尘爆炸。因此，当掘进井巷和硐室时，必须采取湿式钻眼，以及冲洗井巷壁、使用水炮泥、使用爆破喷雾、装岩洒水和净化风流、戴防尘口罩等综合防尘措施。应当注意：在炮掘打眼过程中，如果出现顶钻、掐钻、流水突然增大或其他异常现象，这可能就是事故发生的预兆。遇到这种情况应该立即停止工作，及时向有关部门或调度室汇报，千万不要盲目施工或冒险作业。

（4）掘进工作面爆破前，现场人员要到安全地点躲避。煤巷掘进安全距离在直线段为 100 m，在有直角弯时不小于 80 m。并且在通往爆破地点的各个路口，班组长都要派专人警戒，防止他人因为误入而造成崩人事故。炸药爆炸后会产生大量炮烟，炮烟中含有大量的有毒有害气体，人吸入后，有时会造成中毒，引起肺水肿，甚至导致死亡。因此，爆破后必须要等炮烟完全排净后，作业人员才能再进入工作面，不要为了省时间、抢速度而忽视安全。在通风良好的情况下，躲炮时间一般不少于 20 min。

掘进巷道是煤矿生产的一个重要组成部分，掘进工作的好坏，不仅关系煤矿生产能否顺利进行，同时它也关系广大矿工的身体健康和生命安全。由于巷道掘进是在地下进行，具有许多不安全因素，如水、火、瓦斯、煤尘、顶板隐患等，若我们在工作中稍有麻痹大意或违章操作都有可能酿成安全事故。这就要求井下从业人员要不断提高安全生产意识，增强安全生产观念，牢固树立“安全第一、预防为主、综合治理”的思想，勤学苦练，掌握过硬的本领，按标准作业，不做违章的事，提高警惕，严防事故的发生。

第三节　采煤作业安全要求

煤矿生产的主要场所是采煤工作面，煤炭这种重要的能源和化工原料就是从这里被开采的。而如此重要的场所，却是一个空间狭小、人员和设备集中、环境复杂、作业条件艰苦的特殊地方。而煤矿 80%左右的事故都发生在采掘工作面。本节通过介绍采煤工作面各项工作环节的安全操作知识，帮助矿工了解和掌握采煤工作面安全知识，防止事故的发生，保护从业人员的人身安全。

我国采煤工作面长度一般为 80~250 m，有的甚至更长，所以称为长壁工作面。根据生产和安全的需要，工作面至少要有两个安全出口，一个是进风巷道，工作面生产出的煤炭一般是通过这条巷道被运出；另一个是回风巷道，这条巷道一般是用来运输工作面所需的材料。上述两条巷道由于是沿煤层布置的，通常也被称为工作面的运输顺槽和回风顺槽。

一般来说，普采和综采都是机械化采煤，由于采煤工作面空间狭小，容易积聚有害气体，人员和设备集中，环境复杂，所以在进行生产之前，需要做以下工作：

（1）检查工作面瓦斯浓度。

（2）检查顶板及工作面支护情况。

（3）检查各种机电设备是否完好。

（4）检查安全保护装置是否齐全。

（5）对存在的问题和隐患都要认真进行处理，及时消除后，才能开始生产。

普采和综采经常使用的采煤机为单滚筒采煤机和双滚筒采煤机，它们是工作面的主要设备之一。除此之外，普采和综采中还应用了其他设备，如可弯曲刮板输送机（俗称溜子），是各种采煤工作面内用来运输煤炭的设备，同时，它也被用来作为采煤机的运行轨道。采煤机跨行在刮板输送机上，沿工作面往复运行，完成落煤工序；可伸缩胶带输送机，它是运输煤炭的主要设备；桥式转载机，它安设在运输顺槽内靠近工作面的地方，用来把工作面刮板输送机运出的煤炭装载到可伸缩胶输送机上。

一、炮采作业安全要求

炮采即爆破采煤，包括落煤、装煤运煤、人工支护和回柱放顶等主要工序。

1. 落煤

在炮采工作面是爆破落煤。爆破落煤由打眼、装药、填炮泥、连线及放炮等工序组成。装药后炮眼内必须填充炮泥，否则爆破火焰从炮口喷出，容易诱发瓦斯、煤尘爆炸或引起火灾事故。在采煤工作面爆破时，爆破工、班组长、瓦斯检查工都应该在现场，实行“三人连锁放炮制”，严格执行“一炮三检”制度。

为保证人身安全，连线完成后，由专人负责放好警戒线，所有人员都要撤离到安全地点，爆破安全距离必须符合《煤矿安全规程》规定。工作面爆破结束后，要等候超过规定时间后，再进入到工作面。再次装药前，要先检查爆破后的顶板及支架，进行敲帮问顶，处理浮石，控制顶板。

2. 装煤运煤

采煤工作面主要的运煤设备是可弯曲刮板输送机。使用可弯曲刮板输送机需要注意的事项有：采煤工作面刮板输送机要安装能发出停止和启动信号装置，在停止和启动前要发出信号；刮板输送机是不允许乘人的，任何人员不能在其上面行走，也不能乘坐，防止因为突然开机而发生摔伤事故。在工作过程中，工作人员要注意避开牵引链、溜子头和溜子尾，当看到和听到开机信号时，要远离上述地点，以免发生跳链或断链的伤人事故。

3. 人工支护

炮采工作面一般用单体液压支架配合金属铰接顶梁或型钢组合成单体支架支护顶板，在工作面支护的时候，要预防发生冒顶事故。冒顶一般发生在输送机机道上方、普采或炮采面的放顶线以及工作面的上下出口处。因此，在架设支架、回柱放顶以及工作面上下出口处要特别注意观察顶板，防止冒顶事故的发生。

在工作面支护方面，预防冒顶的措施主要有以下几种：

（1）严格执行敲帮问顶制度

具体操作时，应站在安全地点，用手镐由轻到重敲打顶板和煤帮，如果声音清脆又没有振动感，说明顶板没有离层是安全的；如果有空声，表示顶板离层，有可能立即掉下来，要立即在这里架设支架。

（2）增加支柱的稳定性

当煤层倾角大、工作面倾斜布置时，顶板有倾斜向下缓落的趋势。因此，在架设支架时，应在支柱与顶底板垂线间向倾斜上方呈一定的角度进行支护，这一角度的大小，取决于工作面的倾角及顶底板的岩性。一般是工作面每倾斜 6~8 度，支护应增加 10 度的迎山角，当工作面倾角较大时，支柱之间还要采取架设撑木等措施，以增加支柱的稳定性。

（3）超前架设支护

工作面所有安全出口与巷道连接处 20 m 范围内，要加强支护，即超前支护。具体做法是在采煤工作面上下出口两巷内 20 m 的范围内超前架设支护。

（4）加强端头支护

在采煤工作面刮板输送机机头、机尾处，顶板与上下巷交叉点因为悬顶面积大、压力大，要特别加强支护。炮采工作面一般采用四梁八柱方式架设。

（5）架设临时支护

在生产中，不允许空顶作业，也就是不能在没有支护的顶板下进行作业，因为这是严重的违规作业行为。因此，在永久支护没有架设之前，要架设临时支护，以保证作业人员的安全。

4. 回柱放顶

随着工作面的推进，支架空顶的范围在逐渐增大，受到的顶压也越来越大。按照《回采工作面作业规程》的要求，要及时回柱放顶。放顶后，顶板冒落的矸石可以充填采空区，对采空区上部顶板起到支撑作用，以保证空顶区域的安全。

回柱放顶一定要及时，当空顶距离超过作业规程规定时，工作面要停止采煤。在回柱前，要做好准备工作，认真检查周围顶板、支柱和信号。回柱时，必须指定有经验的人员观察顶板，放顶工必须站在支架完整的安全地点，并事先清理好退路、打好替柱。回柱绞车司机要严格按信号操作，避免刮倒支柱，造成冒顶。回柱放顶时，除回柱工外，其他人员要站在支架完整或远离放顶线的地点，以免蹦绳、蹦柱、甩勾、断绳等事故的发生。

为了加强对放顶处顶板的支撑作用，回柱之前，一般要在放顶处另外架设一些支架，我们通常称之为特种支架。其形式主要有丛柱、斜撑支架、密集支柱、切顶支柱以及木垛。当工作面使用金属摩擦支柱或单体液压支柱时，通常用人工回柱，回柱的次序一般是由采空区向煤壁、由下向上进行。回柱后，如果顶板不能自行冒落，超过规定悬顶距离时，要采取人工放顶或其他有效措施进行强制放顶，以免悬空面积过大，造成大面积冒顶。

二、普采和综采作业安全要求

普采、综采的工作程序和炮采一样，包括落煤、装煤运煤、人工支护和回柱放顶等主要工序。普采和综采使用采掘机落煤，用单体液压支柱或液压支架支护顶板，这是普采、综采和炮采最大的不同。在操作和使用采煤机时，一定要注意安全。使用有链牵引采煤机割煤时，在开机和改变牵引方向前，要发出信号，在收到返回信号后，才能开机和改变牵引方向，防止牵引链跳动或者是断链伤人。采煤机上必须装有能停止工作面刮板输送机运行的闭锁装置。采煤机因故暂停时，要打开隔离开关和离合器。每班工作结束后和司机离开机器时，要切断电源，打开离合器。

采煤机要求安装喷雾装置，割煤时，要进行喷雾降尘，以减少煤尘对工作人员的危害。如果工作面突然停电，应该将设备开关把手扳到停止的位置上，等来电后再重新启动。采煤工作面各种移动式机械的橡套电缆要严加保护，避免水淋、撞击、挤压和炮崩。

每班要进行检查，发现损伤要及时处理。普采、综采工作面装煤、运煤、回柱放顶的操作方法和需要注意的安全事项与炮采工作面一样。在顶板支护的工作中，综采工作面一般用整体液压支架来支护顶板，液压支架具有支护密度高、安全性好的优点。

需要格外注意的是：采煤机采煤后要及时支护，以缩短顶板的空顶时间。对于综采工作面，顶板破碎时，要在采煤机割煤后及时移架。普采和炮采一样，一般采用单体液压支柱，配合金属铰接顶梁或型钢组合成单体支架支护顶板。在端头支护时，综采工作面采用端头支架支护，普采和炮采一般采用四梁八柱方式架设。

在实际工作中要求作人员一定要树立安全生产的意识，在工作岗位上及时查找和消除生产中各种隐患，按《煤矿安全规程》和操作规程的要求操作和施工。

第四节　“一通三防”安全基本知识

“一通三防”是指矿井通风、瓦斯防治、火灾防治、粉尘防治。

一、矿井通风

矿井通风是指地面空气在主要通风机及其他通风动力的作用下，沿着进风井流入井下，经各个采、掘工作面和其他用风地点，然后沿回风巷道及回风井再排出地面的整个过程。

矿井通风的作用：一是满足井下作业人员呼吸所必需的新鲜风流；二是有效地稀释和排除矿井生产过程中产生的瓦斯和各种有毒有害气体；三是为井下作业人员创造一个良好的工作环境。

矿井空气是指地面空气进入井下后，在成分和性质上发生了变化的气体，即充满井巷的各种气体、矿尘与水蒸气的混合气体。

地面空气是矿井空气的主要来源，地面空气进入井下后在成分上发生了变化，主要是含氧量减少，混入了各种有害气体和矿尘，温度、湿度和压力也发生了变化。

新鲜风流：与地面空气相比，成分变化不大的矿井空气。

污浊风流：与地面空气相比，成分变化较大的矿井空气。

1. 矿井空气中的有害气体

(1) 爆炸性气体：具备一定条件时可发生爆炸的气体，如瓦斯、一氧化碳、硫化氢、氢气等。

(2) 窒息性气体：本身无毒，但在空气中含量增加时，能使空气中氧含量相对降低，从而造成人员窒息，如氮气、二氧化碳、瓦斯等。

(3) 有毒性气体：主要有一氧化碳、二氧化氮、二氧化硫、硫化氢、氨气等。

这些气体中除一氧化碳会使人体血液缺氧造成中毒死亡外，其余各种气体均为刺激性气体，对人体的眼、鼻、呼吸道黏膜，乃至中枢神经系统有较强的刺激作用，当刺激作用过强时，会引起全身反应，直至死亡。

2. 预防有害气体的安全措施

（1）加强通风，保证供给井下各用风地点足够的风量，将各种有害气体稀释至《煤矿安全规程》规定的允许浓度。

（2）加强对有害气体的检测，保证及时发现问题并采取有效措施处理。

（3）加强瓦斯抽放。

（4）使用爆破喷雾或水炮泥。

（5）加强管理以及密闭设置规范。

（6）携带自救器，安设压风自救装置、避难硐室。

（7）急救。

二、矿井通风管理

矿井在正常生产中，为保证风流按设计的路线流动，并且在灾变时期仍能维持正常通风或便于风流调整，在通风系统中会设置有一系列构筑物，这些构筑物统称为通风设施。

1. 通风设施管理

通风设施有风门、风桥、密闭、挡风墙、调节风窗等。井下通风状态的好坏，对安全生产有直接关系，要注意以下几点：

（1）井下任何一个地点的通风设施都不能随意破坏。

（2）不经矿井通风部门的批准，任何人不得损坏和拆除通风设施，否则将造成矿井风流紊乱。

（3）每次通过后，一定要随手关好风门，切不可把邻近的两道风门同时打开，否则影响井下正常通风。

（4）调节风窗上的调节板不可随意拨动，否则影响井下风量的正确分配。

（5）井下栅栏、瓦斯检查牌、测风站等通风辅助设施，不得拆毁、摘除、涂改或变更位置。

（6）若发现通风设施有损坏时，应及时向有关部门或领导报告，以便及时修复。

2. 局部通风管理

局部通风是指对未构成通风回路的巷道进行通风，多使用局部通风机和风筒通风。

循环风是指一台局部通风机的回风经循环后，部分或全部再次进入同一台局部通风机的进风流中。

无计划停风是指因检修或其他原因需要停止局部通风机时，没有按规定进行申请审批而擅自停止局部通风机。

（1）局部通风安全措施

局部通风方法有压入式、抽出式、混合式。

1）压入式局部通风机和启动装置，必须安装在进风巷道中，距掘进巷道回风口不得小于 10 m，离地面高度大于 0.3 m，局部通风机安装地点到回风口间的巷道中的最低风速大于 0.15 m/s。

2）高瓦斯矿井、煤（岩）与瓦斯（二氧化碳）突出矿井、瓦斯矿井中高瓦斯区的煤巷、半煤岩巷和有瓦斯涌出的岩巷掘进工作面中正常工作的局部通风机必须配备安装同等能力的备用局部通风机，并能自动切换。正常工作的局部通风机必须采用三专（专用变压器、专用开关、专用线路）供电，备用局部通风机电源必须取自同时带电的另一电源，当正常工作的局部通风机发生故障时，备用局部通风机能自动启动，以保持掘进工作面正常通风。

3）井下所有的局部通风机必须实现双风机、双电源自动切换。正常工作和备用局部通风机均因失电停止运转后，电源恢复时，正常工作的局部通风机和备用局部通风机均不得自行启动，必须人工开启。

4）使用局部通风机供风的地点必须实行风电闭锁，保证当正常工作的局部通风机停止运转或停风后，能切断停风区内全部非本质安全型电气设备的电源。使用两台局部通风机同时供风的，两台局部通风机都必须同时实现风电闭锁。

5）每 10 天至少进行一次甲烷风电闭锁试验，每天应进行一次正常工作的局部通风机与备用局部通风机自动切换试验，试验期间不得影响局部通风，试验记录要存档备查。严禁使用 3 台以上（含 3 台）局部通风机同时向 1 个掘进工作面供风。不得使用 1 台局部通风机同时向 2 个正在作业的掘进工作面供风。

6）为避免产生循环风，局部通风机的吸入风量必须小于全风压供给该处的风量，局部通风机指定专人进行管理，并挂牌板管理。每班应检查风机运转情况并必须在牌板上记录地点、型号、掘进长度、风筒长度、检查时间、管理人员等。

7）吸风口有风罩和整流器，高压部位（包括电缆接线盒）有衬垫（不漏风），通风机必须吊挂或垫高，离地面高度大于 0.3 m、功率 5.5 kW 以上的局部通风机应装有消音器（低噪声局部通风机和除尘风机除外）。

8）井下爆破材料库必须有单独的进风风流，回风风流被直接引入矿井总回风巷道或主要回风巷道中时，必须保证每小时引入爆破材料库总容积 4 倍的风量。

9）井下机电硐室必须设在进风流中，如其深度不超过 6 m、入口宽度大于 1.5 m 时，可采用扩散通风。

（2）风筒管理安全措施

风筒按强度可分为柔性风筒和刚性风筒。

1）应防止电机车、矿车和材料车的摩擦和碰撞。

2）在吊挂风筒时尽量避开巷道中已布置安装的其他管线路和设备。

3）风筒接头严密（手距接头 0.1 m 处感到不漏风），无破口（末端 20 m 除外）、无反接头。软质风筒接头要反压边，硬质风筒接头要加垫、上紧螺丝钉。

4）风筒应吊挂平直，逢环必挂，硬质风筒每节至少吊挂两点。

5）风筒拐弯处要设弯头或缓慢拐弯，不准拐死弯，折深应不超过 100 mm。异径风筒接头要用过渡节，先大后小，不准花接。

6）在砌碹、锚喷无支架的巷道中，必须预先打好锚杆或吊挂眼。

7）对于梯形棚支护的巷道，当风筒的吊环不能贴近支架时，应在两支架间加一横木，再设吊钩悬挂风筒，或重设风筒吊环在支架上。

8）风筒的悬挂位置，应位于巷道一侧并使用风筒轴线保持与巷道平行，以避免由风筒吹出的风流在工作面形成涡流或直接吹向矸石堆，而增加空气中的矿尘量。

9）风筒漏风的主要原因有接头漏风、针眼漏风、风筒破口漏风。井下黏补风筒时，由于光线暗、湿度大、灰尘多等原因往往影响黏补质量，所以在井下黏补时注意以下几点：①检查出破口并画出标记。②将要黏补处的灰尘清除干净，然后用棉纱擦干净待补的风筒表面。③有时因井下湿度大，涂胶后不易黏结，这种情况下，可使用掺香蕉水的黏胶，黏胶和香蕉水的配比，按质量计为 30∶1。

(3) 风筒接续管理办法

1) 使用单位负责接续、维修风筒，瓦斯检查员监督风筒接续及维护情况；使用单位应及时领取风筒，保证至少 3 节的备用量；风筒接续不到位，必须立即停止开掘作业。

2) 通风队通风工对使用单位风筒管理负责人进行培训，确保使用单位风筒管理负责人能够熟练操作风筒接续及修补，并熟知风筒吊挂标准。

3) 吊挂风筒要平、直、紧、稳，避免车剐、炮崩，必须逢环必挂，铁风筒每节至少吊挂两点；直径 800 mm 以上的风筒应使用 120 mm 宽皮带拖条及 8 号铁丝进行加固，并用钢丝绳拉线进行吊挂。

4) 风筒分岔处要设三通，风筒接头要用铁丝进行加固。

5) 使用单位应管理维护好风筒，经常检查风筒破口及漏风，发现破口及时进行黏补。

6) 拆除风筒时，应由里往外依次拆除。拆除独头巷道风筒时，不准停局部通风机，如需停止局部通风机运转，要征得通风区同意，否则按事故追查。

7) 风筒编号牌由通风区统一制作，由使用单位领取并粘贴。

三、瓦斯防治

1. 瓦斯概述

矿井瓦斯是在煤的生成变质过程中伴生的产物。在矿井开采过程中，涌到井下空间而污染矿井空气的各种有害气体，统称为矿井瓦斯。矿井瓦斯的主要成分是沼气，约占瓦斯总量的 80%~90%，除沼气外还含有一氧化碳、二氧化碳、二氧化硫、硫化氢等。

沼气的化学名称叫甲烷（CH_4），比空气轻。所以，瓦斯常积聚在巷道的上部及高顶处，不能供人呼吸，也不助燃，但与空气混合达到一定浓度后遇到高温火焰时能燃烧或爆炸。

瓦斯本身无毒，但井下空气中瓦斯浓度增高会相对降低空气中的氧含量，使人窒息。在压力不变的情况下，当空气中瓦斯浓度达到 43%时，氧气含量即降至 12%，人会感到呼吸非常困难；当瓦斯浓度达到 57%时，相应的氧浓度被冲淡到 10%以下，人即刻处于昏迷状态，短时间内就会因缺氧窒息而死亡。瓦斯浓度在 5%~16%时具有爆炸性，浓度小于5%或大于16%时具有燃烧性，瓦斯的燃烧、爆炸是矿井主要灾害之一。此外，瓦斯的危害还有突发性，如煤与瓦斯突出、瓦斯喷出。

矿井瓦斯的涌出形式分为普通涌出和特殊涌出。

普通涌出是指瓦斯从采落煤炭及煤层、岩层的暴露面上，通过细小的孔隙、裂隙缓慢而长时间地均匀释放。在时间和空间上分布比较均匀、持续时间长、涌出范围广、数量相对稳定，是矿井瓦斯涌出的主要形式。

特殊涌出是指在时间上突然、空间上集中，瓦斯很不均匀地间断涌出。瓦斯特殊涌出是一种动力现象，包括瓦斯喷出、煤与瓦斯突出。

瓦斯涌出量是指在矿井建设和生产过程中从煤与岩石内以普通形式涌出的瓦斯量，对应于整个矿井的称为矿井瓦斯涌出量，对应于一翼、采区或工作面的，叫一翼、采区或工作面的瓦斯涌出量。瓦斯涌出量可分为绝对瓦斯涌出量和相对瓦斯涌出量两种形式。绝对瓦斯涌出量是指单位时间内涌入采掘工作空间中的瓦斯量，用 m^3/min、m^3/d 等表示。相对瓦斯涌出量是指在正常生产条件下，平均生产一吨煤所涌出的瓦斯量，用 m^3/t 表示。

矿井瓦斯等级是矿井瓦斯涌出量大小和安全程度的基本标志。瓦斯等级划分对象是矿井，划分依据为瓦斯相对涌出量和绝对涌出量。二氧化碳相对涌出量和绝对涌出量只作为对矿井二氧化碳涌出情况的了解，不进行矿井二氧化碳等级划分。

矿井瓦斯按等级可分为煤（岩）与瓦斯（二氧化碳）突出矿井、高瓦斯矿井和瓦斯矿井。

其中，高瓦斯矿井判断依据是：①矿井相对瓦斯涌出量大于10 m^3/t；②矿井绝对瓦斯涌出量大于40 m^3/min；③任一掘进工作面绝对瓦斯涌出量大于3 m^3/min；④任一采煤工作面绝对瓦斯涌出量大于5 m^3/min。

瓦斯矿井判断依据是：①矿井相对瓦斯涌出量小于或等于10 m^3/t；②矿井绝对瓦斯涌出量小于或等于40 m^3/min；③各掘进工作面绝对瓦斯涌出量均小于或等于3 m^3/min；④各采煤工作面绝对瓦斯涌出量均小于或等于5 m^3/min。

瓦斯爆炸是煤矿最严重的灾害事故。瓦斯爆炸就其本质来说是一定浓度的瓦斯与空气中的氧气在高温下发生的氧化放热反应，它是一个复杂的热—链化学反应过程。瓦斯爆炸时产生高温、高压，爆炸时的瞬间温度在自由空间可达1 850 ℃，在封闭空间可达

2 650 ℃，井下巷道介于自由和封闭之间，因此瓦斯爆炸温度，一般为 1 850～2 650 ℃。瓦斯爆炸时能产生强大的冲击波，可能扬起煤尘，造成煤尘爆炸或引起瓦斯连续爆炸，从而加大矿井的灾害程度。瓦斯爆炸后会产生大量的有毒有害气体，造成井下人员缺氧窒息及中毒。瓦斯爆炸时产生的高温可能引起矿井火灾，使灾情扩大。

2. 瓦斯的爆炸条件

（1）瓦斯爆炸具有一定的浓度范围，这个范围称为瓦斯爆炸界限，其最低爆炸浓度叫爆炸下限，最高爆炸浓度叫爆炸上限。在新鲜空气中，瓦斯爆炸的界限一般认为是 5%～16%。理论上当空气中的瓦斯浓度为 9.5%时，爆炸威力最大；当瓦斯浓度低于 5%时，不能爆炸，只能燃烧；当瓦斯浓度高于 16%时，也不能发生爆炸。

（2）可燃性气体（硫化氢、乙烷、丙烷等）以及爆炸性煤尘的混入，可使瓦斯爆炸下限下降。稀有气体的混入，可使氧气浓度降低，可以缩小瓦斯的爆炸界限，降低瓦斯爆炸的危险性。

（3）引火温度是指点燃瓦斯所需的最低温度，瓦斯的引火温度一般被认为是 650～750 ℃。井下明火、电气火花、炽热的金属表面、燃烧的香烟头，甚至撞击或摩擦产生的火花都足以引燃瓦斯。

（4）瓦斯爆炸界限随混合气体中的氧气浓度的降低而缩小，当氧气浓度降低到 12%时，瓦斯即失去爆炸性，只有氧浓度达到 12%以上时，才能发生爆炸。

3. 瓦斯积聚的主要原因

瓦斯积聚是指采掘工作面及其他地点瓦斯浓度达到或超过 2%，其体积大于 0.5 m^3 的空间。

（1）设备检修，无计划停电、停风，机电故障，掘进工作面因停工而停风，局部通风机管理混乱、任意开停等导致局部通风机停止运转。

（2）风筒断开或严重漏风，造成掘进工作面风量不足而导致瓦斯积聚。

（3）通风巷道冒顶堵塞，单台局部通风机给多个工作面供风，风筒出口距工作面迎头太远等，都可能造成采掘工作面因风量小、风速低而导致瓦斯积聚。

（4）由于局部通风机安装的位置不符合规定或全风压供给风量小于该处局部通风机的吸入风量等原因，可使局部通风机出现循环风，致使掘进工作面涌出的瓦斯反复回到工作面，越积越多达到爆炸浓度。

（5）长时间打开风门而不关闭、巷道贯通后不及时调整通风系统，都可能造成风流短路而引起瓦斯积聚。

（6）通风系统不合理、不完善，自然通风、不符合规定的串联通风、扩散通风等，都是不合理通风，都可能引起瓦斯积聚而导致爆炸事故。

（7）断层、褶曲或地质破碎带是瓦斯的富集区域，在接近或通过这些地带时，瓦斯涌出可能会突然增大或减小，而且容易冒顶造成瓦斯积聚。

（8）抽放系统不完善，抽放方法不科学，没有针对性。

容易积存瓦斯的地点有高冒区、巷道支架背后空间、高顶区、采煤工作面上隅角、独头掘进工作面的巷道隅角、顶板冒落的空洞内、低风速巷道的顶板附近、停风的盲巷中、综放工作面放煤口、采空区边界处以及采掘机械切割部分周围等。防止瓦斯爆炸就要消除瓦斯爆炸的必要条件，因此，防止瓦斯的聚积和引燃是预防瓦斯爆炸事故的根本措施。

4. 防止瓦斯聚积的措施

（1）加强通风。加强通风是防止瓦斯聚积的有效措施，矿井通风应做到有效、稳定和连续不断，要有足够的风速和风量把瓦斯吹散、冲淡、稀释到不能爆炸和无害的浓度。

（2）加强矿井瓦斯的检查与监测。建立瓦斯检查、监测制度，严格按照《煤矿安全规程》要求，安装并使用好矿井安全监测、监控系统。对矿井日常生产中的瓦斯情况要认真分析，对瓦斯聚积超限要做到及时发现，及时采取措施处理。

（3）及时处理局部聚积的瓦斯。巷道的空顶、高冒区，回采工作面的上隅角等处容易局部聚积瓦斯，对巷道的空顶、高冒区聚积的瓦斯可采取隔离法、分支通风法、引风法、压风法处理，对回采工作面上隅角聚积的瓦斯可采取风幛导风法、土袋墙封堵法、回风尾巷排放法、抽出式局部通风机抽排法、上隅角插管埋管抽放等方法处理。

（4）进行瓦斯抽放，严格执行局部通风机开停制度。

5. 防止瓦斯引燃的措施

（1）防止明火。严禁携带引火物下井，井下禁止吸烟、使用电炉和任意打开矿灯；井口房和风机房附近 20 m 内禁止使用烟火和用火炉取暖；严格控制井下电焊等。

（2）防止电气火花。完善井下电气设备“三大保护”（即过流保护、漏电保护、接地保护），不准带电检修电气设备；消灭失爆现象等。

（3）防止爆破引燃瓦斯。使用合格的电雷管和煤矿安全炸药；认真执行“一炮三检”制度等。

（4）防止煤层自燃发火。

6. 传感器的安装要求

（1）甲烷传感器应垂直悬挂，距顶板（顶梁、屋顶）不得大于300 mm，距巷道侧壁（墙壁）不得小于200 mm，且悬挂的位置应便于安装维护且不影响行人和行车。

（2）一氧化碳传感器应垂直悬挂，距顶板（顶梁）不得大于300 mm，距巷壁不得小于200 mm，且悬挂的位置应便于安装维护，并不影响行人和行车。开采容易自燃煤层的采煤工作面必须至少设置一个一氧化碳传感器，地点可设置在上隅角、工作面或工作面回风巷，报警浓度应大于等于0.002 4%。

（3）温度传感器应垂直悬挂，距顶板（顶梁）不得大于300 mm，距巷壁不得小于200 mm，且悬挂的位置应便于安装维护且不影响行人和行车。开采容易自燃、自燃煤层及地温高的矿井采煤工作面应设温度传感器，报警值为30 ℃。

四、火灾防治

凡是发生在煤矿井下或地面，威胁到安全生产，造成损失的非控制燃烧均称为矿井火灾，如地面井口房、通风机房失火，井下输送带着火或煤炭自燃等。

火灾发生的基本要素，一是要具有可燃物，二是要有一定温度和足够热量的热源，三是要有一定氧浓度的空气。

矿井火灾按其发生的原因可分为外因火灾和内因火灾两大类。外因火灾是指某种外在高温热源引起可燃物起火而引起的火灾，如电气焊、放炮、瓦斯煤尘爆炸等原因引起的火灾；内因火灾是煤炭或其他可燃物自身受到某些作用发生化学和物理变化而引起的火灾。

1. 矿井火灾的危害

（1）矿井火灾直接威胁井下人员的生命安全，主要是由火灾发展期间产生大量的有毒有害气体所致。

（2）火灾发生后，造成火风压，出现风流逆转现象，使灾情扩大，破坏矿井的正常通风系统。

（3）发火后封闭火区将冻结大量可采煤量，严重地影响到矿井服务年限。

（4）火灾会造成大量的损失，如发火有时会烧毁价格高昂设备或因来不及撤除就将其封闭在火区内；从灭火救灾到启闭火区恢复生产，需要动用大量的人力、物力和财力；停产期间带来巨大的损失。

（5）火灾产生的高温火源可引起瓦斯煤尘爆炸。

自然发火是指有自燃倾向性的煤层被开采破碎后在常温下与空气接触，发生氧化产生热量使其温度升高，出现发火和冒烟的现象。

2. 煤炭自燃的条件

（1）有自燃倾向性的煤被开采后呈破碎状态，堆积厚度一般要大于 0.4 m。

（2）有较好的蓄热条件。

（3）有适量的通风供氧。通风是维持较高氧浓度的必要条件，是保证氧化反应自动加速的前提。

（4）上述三个条件共存的时间大于煤的自然发火期。

上述四个条件缺一不可，前三个条件是煤炭自燃的必要条件，最后一个条件是充分条件。

3. 影响煤炭自燃的因素

（1）煤的自身特性

1）煤的自燃倾向性。煤在一定条件下，发生自燃的可能程度，分级为容易自燃、自燃、不易自燃三类。

2）煤的岩石学成分。煤的岩石学成分有丝煤、暗煤、亮煤和镜煤。丝煤在常温下吸氧能力特别强，煤中含丝煤越多，自燃倾向越大。

3）煤的含硫量。煤中含硫矿物越多，越易自燃。

4）煤的孔隙率。煤的孔隙率大，使煤与氧气接触面增加，故易自燃。

（2）地质、开采因素

1）煤层厚度和倾角。煤层厚度和倾角越大，自燃危险性越大。

2）煤层埋藏深度。煤层埋藏深度增加，煤体的原始温度增加，这将使煤的自燃危险性增加。

3）地质构造。煤层中有地质构造破坏的地带，煤质松碎，有大量裂隙，从而增加了煤的氧化活性和供氧通道与氧化表面积。

4）围岩性质。顶板坚硬不易冒落，就会造成煤层和煤柱被破坏，煤炭就易于自燃。

5）开拓开采条件。巷道布置简单、煤炭回收率高、采空区的漏风少，可以降低煤炭的自燃性；煤炭回收率低，采区煤柱易遭破坏，采空区不易封闭严密、漏风较大，提高了煤的自燃性。

（3）容易发火地点

1）地质构造带。包括断层、褶曲、破碎带等。该类地区由于煤层受张拉、挤压影响，裂隙大量发育，煤体松碎，吸氧条件好，氧化性能高，易于发生自然发火。

2）煤层砌碹巷道冒高处。因砌碹后充填不严，或施工质量差造成向拱顶呈“封闭和半封闭型”漏风，供氧条件较好，但散热性能差，热量积聚后容易发生自燃。

3）采煤工作面的进、回风巷和切眼、停采线附近，以及开采层采空区内。由于这些地方供氧连续、充分、持久，加之破碎煤体最多，所以发生自燃火灾的次数最多。

4）掘进巷道的顶部，尤其是近距离煤层的顶层煤和采空区下掘进巷道顶部与采空区相连通的高冒区，自然发火现象比较频繁；有时在阶段煤柱或上下山煤柱底部巷道，也会出现自然发火灾害。

5）通风设施附近巷顶及周边煤体。由于通风设施（主要是风门和闭墙）的两端存在着风压差，当其巷顶及周边煤体封闭不严，存在裂隙产生漏风时，容易造成自然发火。

6）独头巷道、旧巷冒顶处和溜煤眼及联络巷等。

7）小煤柱、抽放钻孔附近破碎煤体。

4. 预防火灾的措施

（1）选择合理的通风系统。煤层自然发火，在很大程度上是漏风造成的，所以应采用总风压小、漏风量少的通风系统。

（2）正确选择通风构筑物的位置。应尽量把通风构筑物的位置选在岩石巷道中，或选在压力小、支架完整、煤壁坚实的地点。

（3）及时封闭采空区和废弃的巷道。

（4）预防性灌浆。

（5）阻化剂防灭火。

（6）胶体材料防灭火。

（7）稀有气体防灭火。

（8）均压防灭火。利用风窗、风机等调压设施，降低漏风压差，从而达到防灭火的目的。

5. 灭火方法

灭火的实质是破坏燃烧同时存在的三个条件，就其方法而言，可以分为直接灭火法、隔绝灭火法、综合灭火法。

（1）直接灭火法

采用灭火剂或挖出火源等方法把火直接扑灭。

1）用水灭火。

2）用砂子或岩粉灭火。

3）用泡沫灭火器灭火。

4）用干粉灭火器灭火。

5）挖出火源灭火。

（2）隔绝灭火法

当井下火灾不能用直接灭火法扑灭时，必须迅速封闭火区，切断氧气供给。经过一定时间以后，由于火区氧气消耗殆尽，火灾最终自行熄灭。

（3）综合灭火法

在封闭火区后再辅以其他灭火措施，如灌浆、灌稀有气体或调节风压法等。火区范围大，火源位置不太确切时，应对整个火区灌注大量泥浆。火区范围小且火源位置已准确掌握时，可在火源附近打钻注浆。

6. 矿井火灾处理方法

矿井发生火灾的情况变化是多方面的，由于发生火灾的地点、原因、性质不同，所以采用的处理方法也就不同。井下火灾既有规律性也有特殊性，所以处理时既要有原则性，又要有灵活性。

（1）任何人发现井下火灾时，应视火灾性质、灾区通风和瓦斯情况，立即采取一切可能的方法进行直接灭火，并迅速报告调度室。电气设备着火时，应首先切断电源。在切断电源前，只准使用不导电的灭火器材进行灭火。

（2）调度室在接到井下火灾报告后，应立即按照矿井火灾预防和处理计划的规定通知有关人员。值班领导在矿长或总工程师未到达前，应立即会同通风区长、机电科长、生产科长等人员，根据具体情况，组织抢救灾区人员和灭火工作。

（3）现场的区、队、班组长要根据调度室的命令，依照矿井火灾防治预案计划的规定，将所有可能受火灾威胁的人员撤离危险区域，并组织人员利用现场的一切工具和器材进行灭火。

（4）抢救遇难人员时，应采取措施防止烟雾向人员集中的地方蔓延。在处理倾斜巷道中发生的火灾时要特别考虑火风压的影响。

（5）在抢救人员、灭火作业以及封闭工作面时，必须指定专人检查气体及风流的变化，还必须采取防治瓦斯、煤尘爆炸和人员中毒的安全措施。

（6）对井下火灾不能直接灭火时，必须及时封闭火区。封闭火区时应在确保安全的前提下，尽量缩小火区的封闭范围。

（7）当井下发生火灾时，为了保证迅速而可靠地灭火，有关人员必须严守纪律、服从命令，决不能惊慌失措、擅自行动。

（8）对任何形式的火灾，都要十分重视，及时组织力量，采取正确、迅速、果断的措施进行处理。

（9）当井下发生火灾时，位于火区上风头的人员，应立即迎着风流撤退。位于火源下风头的人员能通过火源时，应佩戴自救器越过火源进入上风头，否则应佩戴自救器沿着最短路线进入新鲜风流中。若实在无法撤出时，应尽快在附近找一个硐室躲避，并把硐室入口的门关住，隔断风流，防止有害气体进入，并设置信号等待救援。离火区较远的人员在发现火灾预兆后，应迅速进入新鲜风流中。

五、粉尘防治

矿尘又称粉尘，是指矿井在采掘过程中产生的矿物微粒和岩石微粒的总称。

对煤矿来说，矿尘是指煤尘和岩尘。煤尘和岩尘是在矿井的生产和运输过程中，由于机械的破碎、爆破，以及相互撞击而产生的。

1. 影响井下矿尘产生量的因素

地质构造复杂、煤层厚度大、倾角大、煤质脆性强及水分含量少的煤层，矿尘发生量大；采掘强度大、机械化程度高，矿尘的发生量大；采煤方法、采掘机械结构和通风条件等对产尘量有一定的影响。

2. 矿尘的性质

（1）矿尘的吸附性。矿尘的颗粒越小，表面积越大，其吸附能力、溶解性能和化学活性也随之增强，容易使人体的肺泡产生纤维性病变。

（2）矿尘的悬浮性。直径小、重量轻的微细矿尘不易降落，可以较长时间悬浮于空气中。悬浮于空气中的矿尘浓度越大，其危害性也越大。

（3）矿尘的凝聚性。矿尘的凝聚作用，可以使矿尘的直径和重量增加，有利于其加速沉降。

（4）矿尘的吸湿性。空气湿润或有水雾时，矿尘粒子易被湿润而相互凝聚，使矿尘的沉降速度加快。

（5）矿尘的燃烧和爆炸性。矿尘在空气中达到一定的浓度时，在外界明火的引燃下，能发生燃烧和爆炸。

3. 矿尘的危害

（1）污染工作场所，危害人体健康。长期吸入矿尘后，轻者会患呼吸道炎症、皮肤病，重者会患尘肺病。

（2）引起燃烧和爆炸。矿尘中的煤尘具有可燃性。细小的尘粒在外界火源的点燃下，很容易燃烧引起火灾。有些矿尘在一定的条件下还会爆炸。

（3）加速机械磨损，缩短精密仪器的使用寿命。随着矿山机械化、电气化、自动化程度的提高，矿尘对设备性能及其使用寿命的影响将会越来越突出。

（4）影响作业环境，威胁安全生产。在某些工作地点，矿尘浓度高，工作地点能见度降低，往往会导致误操作，造成意外事故。

4. 矿尘爆炸的原因

（1）矿尘表面能吸附氧。

（2）矿块破碎成微细的颗粒后，它与氧的接触面积大大增加。

（3）矿尘受热后能放出大量的可燃气体。这些可燃气体遇到高温时，很容易燃烧或爆炸。矿尘爆炸是空气中氧与矿尘急剧氧化的反应过程，此过程连续不断地进行，随着氧化反应越来越快，温度也越来越高，当达到一定程度时，便能发展成为爆炸。

5. 矿尘爆炸的条件

（1）矿尘本身具有爆炸性。

（2）矿尘必须悬浮在空气中，并达到一定的浓度。

矿尘的爆炸浓度：矿尘爆炸下限浓度一般为 45 g/m^3；矿尘爆炸的上限浓度一般为 1 500～2 000 g/m^3；矿尘爆炸威力最强的浓度为 300～400 g/m^3。

（3）要有足以点燃矿尘的热源。矿尘爆炸的引燃温度为 610～1 050 ℃，其中绝大部分为 700～800 ℃。

6. 矿尘爆炸的影响因素

（1）矿尘的可燃挥发成分越高，越易爆炸，且爆炸性越强。

（2）粒度越小，爆炸性越强。

（3）矿尘的浓度越大，爆炸性越强。

（4）瓦斯浓度越高，矿尘的爆炸下限越低。空气中的氧含量高时，矿尘的燃点下降，反之则升高。当氧含量低于 17%时，矿尘则不再爆炸。

（5）矿尘的水分。水分对尘粒起黏结作用，使尘粒的颗粒变大而降低飞扬能力，同时又起着吸热降温和阻燃的作用。在爆炸开始时，对起爆有抑制作用。

（6）煤的灰分。

（7）引爆热源。

7. 预防矿尘爆炸的措施

预防矿尘爆炸的措施主要包括减尘、降尘措施，防止矿尘引燃措施及隔绝矿尘爆炸措施三个方面。

（1）减尘、降尘措施

减尘、降尘措施是指在煤矿井下生产过程中，通过减少矿尘产生量或降低空气中悬浮矿尘量以达到从根本上杜绝矿尘爆炸的可能性。减尘、降尘措施主要有：通风除尘、煤层注水；采空区灌水；湿式作业；净化风流、定期冲刷矿尘等。

（2）防止矿尘引燃措施

防止矿尘引燃措施与防止瓦斯引燃措施大致相同。特别需要注意的是，瓦斯爆炸往往会引起矿尘爆炸。此外，矿尘在特别干燥的条件下可产生静电，放电时产生的火花也能将其自身引爆。

（3）隔绝矿尘爆炸措施

防止矿尘危害，除采取防尘措施外，还应采取降低爆炸威力、隔绝爆炸范围的措施。

其中，隔绝矿尘爆炸措施主要有：

1）清除落尘。定期清除落尘，防止沉积矿尘参与爆炸可有效降低爆炸威力，使爆炸由于得不到矿尘补充而逐渐熄灭。

2）撒布岩粉。

3）设置隔爆设施。隔爆设施包括岩粉棚隔爆和水棚隔爆两种，目前大多使用的是水棚隔爆。由于水的吸热效果好，在巷道中设置水棚，可借助爆炸波的作用，使水槽翻转或破坏形成水雾。这样既可吸收爆炸火焰的热量，又可使小颗粒矿尘黏结为大颗粒，使其失去悬浮能力，从而能有效地防止爆炸的蔓延和再次爆炸。

8. 矿井综合防尘措施

矿井综合防尘是指采用各种技术手段减少矿尘的产生量，降低空气中的矿尘浓度，以防止矿尘对人体和矿井产生危害的措施。综合防尘措施主要有通风除尘、巷道冲洗、净化水幕、喷雾、煤层注水、湿式作业、水泡泥、隔爆设施和个体防护。

（1）通风除尘

通风除尘是指通过风流的流动将井下作业地点的悬浮矿尘带出，降低作业场所的矿尘浓度，有效地稀释和及时地排出矿尘。实现通风除尘必须要保证采掘工作面有足够的排尘风量。巷道中的风速不得低于 0.25 m/s。

（2）巷道冲洗

工作面上、下巷必须安装供水管路，每 50 m 安设一个三通阀门，距离工作面 30 m 范围内的巷道，施工单位每班至少冲洗一次，30 m 以外的巷道每旬至少冲洗一次，并清除堆积浮煤。其他地点按规定进行冲洗清扫。

（3）净化水幕

工作面上、下巷距正前50 m和距回风口50 m处应各安设一道净化水幕，并随工作面前进及时前移。各主要巷道、扩修点下风侧必须安设净化水幕，水幕应雾化好，能覆盖全断面。

（4）喷雾

工作面下巷的转载点、破碎机处、工作面液压支架架间、工作面的放煤口、其他各转载点必须安装喷雾装置，降柱、移架或放煤时同步喷雾。坚持使用采煤机内、外喷雾，开机先开水，无水或喷雾装置损坏时必须立即停机进行处理。

（5）煤层注水

通过钻孔将压力水注入尚未开采的煤层，使煤体湿润，以减少开采时浮尘的生成量。它的实质在于将矿尘消除在产生之前，是一种积极主动的防尘方法。

（6）湿式作业

利用水或其他液体，使之与尘粒相接触而捕集矿尘的方法，它是矿井综合防尘的主要技术措施之一。湿式作业的方法有很多，如湿式打眼，采、掘工作面放炮，装煤岩前后洒水，转载点安装喷雾，采掘机械内、外喷雾，支架架间喷雾等。

（7）水泡泥

在进行爆破作业时，严格按放炮前后防尘洒水的要求执行，放炮必须使用水泡泥。

（8）隔爆设施

采煤工作面进风、回风巷道，采区内煤和半煤掘进巷道，采用独立通风并有矿尘爆炸危险的其他巷道应安设辅助隔爆设施。隔爆设施与工作面的距离必须为60~200 m，水槽排间距为1.2~3.0 m。隔爆设施应始终保持水量充足、吊挂规范，并设专人管理。

（9）个体防护

通过佩戴劳动防护用品以减少人体吸入粉尘。

六、自救器使用 

1. 佩戴与使用

（1）自救器系在腰带上，随身携带。

（2）使用时，扯下橡胶保护带。

（3）用拇指扳起红色扳手，拉断封印条。

（4）揭开上外壳。

（5）抓住头带，取出呼吸保护器，丢掉下外壳。

（6）拔掉口具塞，整理气囊。

（7）将口具放入唇齿间，咬住牙垫。

（8）启动氧气瓶生氧装置。

（9）加上鼻夹，闭上嘴，向自救器呼气进行呼吸。

（10）取下矿帽，戴好头带。

（11）戴上矿帽，撤离灾区。

2. 注意事项

（1）佩戴时，拔掉口具塞，整理气囊，戴好自救器然后加上鼻夹，做快速、短促的呼吸。

（2）佩戴自救器撤离灾区时，要冷静、沉着，步行速度根据情况可快可慢，选择最佳逃生路线，短时间快跑是允许的，跑得越快呼吸阻力越大，这是正常现象。

（3）在整个逃生过程中，注意把口具、鼻夹戴好，保持不漏气，绝不可从嘴里拔下口具说话。

（4）吸气时，吸入的气体会感觉到比外界正常大气干热一点，表明自救器在正常工作，这对人无害，千万不可因此而拔下自救器。

（5）使用中不要用手压气囊，防止氧气流失使供氧不足，注意防止利器刺破或刷破气囊。

（6）携带自救器应避免碰撞，不许当坐垫使用，不得随意打开外壳。

（7）在佩戴时万一启动装置失灵，佩戴者可向气囊呼气至气囊鼓起，然后夹上鼻夹撤离。

（8）只能使用一次，使用后应予以报废，不能重复使用。

（9）报废的化学氧自救器应将药罐体和启动装置放入水里，使药与水反应直至无气泡，防止残余超氧化钾与可燃物接触而引起火灾。

第五节 机电运输安全基本知识

一、机电设备的使用要求 

（1）矿井电钳工和各类司机都必须经培训考核合格持证上岗，非持证人员不得操作维护、修理、挪移机械和电气设备。

（2）井下机械设备必须保持完好，电缆必须吊挂合格，电气设备必须防爆性能良好，要时刻防止电气失爆。

（3）井下低压供电“三大保护”（漏电保护、接地保护、过流保护）必须合格，灵活可靠，过流保护整定值必须正确。

（4）井下供电应做到“三无、四有、两齐、三全、三坚持”。其中，“三无”指无“鸡爪子”、无“羊尾巴”、无明接头；“四有”是指有过流和漏电保护装置，有螺母和弹簧垫，有密封圈和挡板，有接地装置；“三全”是指防护装置全、绝缘用具全、图纸资料全；“三坚持”是指坚持使用检漏继电器，坚持使用煤电钻、照明和信号综合保护，坚持使用风电、甲烷电闭锁装置。

（5）要严格执行“十不准”规定：不准带电检修和挪移电气设备（包括电缆和电线）；不准甩掉无压释放装置和过流保护装置；不准甩掉检漏继电器、煤电钻综合保护和局部通风机风电、甲烷闭锁装置；不准明火操作、明火放炮；不准用铜、铝、铁丝等代替熔断器的熔件；停电、停风的采掘工作面未经瓦斯检查不准送电；失爆设备和失爆电器不准使用；不准在井下拆卸矿灯；有故障的供电线路不准强行送电；电气设备的保护装置失灵后不准送电。

（6）电气设备检修、搬迁时，必须严格遵守停电、验电、放电，挂指示牌和装设遮栏的规定和要求。必须严格执行谁停电谁送电制度，必须把有关线路的电源全部断开，与停电设备有关的变压器必须高低压侧断开，防止反送电。停电开关的操作机构必须锁住，并在操作手把上悬挂“有人作业、禁止合闸”的标示牌。

二、电气安全用电措施

安全作业制度是保证安全用电、职工人身安全，减少或杜绝电气事故，促进安全生产，提高经济效益的重要保证。

（1）用电安全施行“两票、三监制”。“两票”是指工作票和操作票。工作票的内容包括：工作地点，工作内容，工作起、止时间，工作负责人（监护人），工作许可人和工作人员的姓名以及注意事项和安全措施，在进行倒闸操作时，应由操作人填写操作票，其内容中应写明操作线路编号及操作顺序。“三监制”是指工作许可制度、工作监护制度、工作间转移和终结制度。

（2）操作井下电气设备应遵守非专职人员或非值班人员不得擅自操作电气设备的规定。操作高压电气设备主回路时，操作人员必须戴绝缘手套，并穿电工绝缘靴或站在绝缘台上。手持式电气设备的操作手柄和工作中必须接触的部分必须有良好的绝缘。

（3）防爆设备入井前应检查产品合格证、防爆合格证、煤矿矿用产品安全标志及安全性能，检查合格并签发合格证后，方准入井。

三、电钳工

根据《煤矿安全规程规定》，矿井应有两回路电源线路，当任一回路发生故障停止供电时，另一回路能担负矿井全部负荷。年产 6 000 t 以下的矿井采用单回路供电时，必须有备用电源，备用电源的容量必须满足通风、排水、提升等的要求。防爆设备的总标志为“Ex”，煤炭安全标志为“MA”。

1. 电器的失爆现象

（1）用螺栓固定的隔爆接合面缺螺栓、弹簧垫圈或螺母；螺栓或螺孔滑扣；螺栓折断在螺孔中未上满扣。

（2）弹簧垫圈未压平或螺体松动，弹簧垫圈断裂或无弹性。

2. 电缆引出、引入装置的失爆现象

（1）密封圈老化、失去弹性、变质、变形，有效尺寸配合间隙达不到要求。

（2）密封圈外径与进线装置内径差值超过规定值。

（3）密封圈内径与电缆外径差大于 1 mm 以上。

（4）密封圈的单孔内穿进多根电缆。

（5）把密封圈割开套在电缆上。

（6）密封圈刀削后凹凸不整齐，锯齿直径差大于 2 mm 以上。

（7）密封圈没有完全套在电缆护套上。

（8）进线嘴压紧后没有余量或进线嘴内缘压不紧密封圈，或密封圈端面与四壁接触不严，或密封圈能活动。

（9）在引入引出电缆压线板未压紧电缆，用单手移动喇叭嘴上下左右晃动时有明显晃动。

（10）在引入装置处能轻易抽动电缆。高压铠装电缆终端接线盒没有灌绝缘胶；绝缘胶没有灌到电缆三叉以上；绝缘胶有裂纹而能相对活动。

3. 隔爆型插接装置的失爆现象

（1）煤电钻插销的电源侧应接插座，负荷侧应接插销，如接反即为失爆现象。

（2）电源电压低于 1 140 V 的插销装置，缺少防止突然拔脱的联动装置。

（3）电压在 1 140 V 以上的插销装置没有电气联锁装置。

4. 隔爆电气设备内外壳的失爆现象

（1）使用未经国家法定检验单位发证生产的防爆部件。

（2）隔爆外壳有裂纹、开焊、严重变形长度超过 50 mm，同时凹坑深度超过 5 mm 者。

（3）隔爆壳内外有锈皮脱落。

（4）闭锁装置不符合规定，闭锁装置不全，变形损坏起不到机械闭锁作用。

（5）隔爆室（腔）的观察窗（孔）的透明板松动、破裂，使用普通玻璃或机械强度不符合规定。

（6）喇叭嘴外缺损影响防爆性能。

（7）未接线的喇叭嘴没有分别用密封圈、挡板、金属圈依次装入、压紧，有一项以上未装上或未压紧。

（8）挡板直径与进线装置内径之差大于 2 mm，挡板厚度小于公称尺寸 2 mm、挡板材质低于钢垫板强度，挡板有缺陷或机械性伤痕超过规定。

（9）金属圈外径小，与进线装置内径之差大于 2 mm，金属圈厚度小于 1 mm，金属圈有开口等。

四、机电运输事故

矿井平巷运输时，常发生掉道、追尾、撞车或是由于司机、把钩工操作不当引起的人身伤亡事故，也常发生车辆与行人碰撞挤轧或人员违章爬乘、蹬跳引起的人身伤亡事故。矿井斜巷运输时，常发生跑车撞人事故、斜巷蹬车及乘坐矿车时的人身伤亡事故。

第六节　爆破安全、水害防治、冲击地压防治基本知识

一、爆破安全

1. 相关概念和一般要求

自由面是某种介质与空气接触的界面。爆破时，位于药包附近被爆破的岩（煤）体与空气接触的界面叫爆破自由面。具有自由面，是进行爆破工作的必要条件。一般自由面越多，爆破效果越好，炸药爆炸能量的利用率越高，炸药的消耗量越少。

最小抵抗线为从装药中心到自由面的最短距离。

《煤矿安全规程》对最小抵抗线的规定：工作面有 2 个及以上自由面时，在煤层中最小抵抗线不得小于 0.5 m，在岩层中最小抵抗线不得小于 0.3 m。浅孔装药爆破大块岩石时，最小抵抗线和封泥长度都不得小于 0.3 m。如果违反《煤矿安全规程》的规定，使最小抵抗线小于规定值，爆炸生成高温、高压的气流和冲击波，容易引燃或引爆瓦斯和矿尘；同时，由于抵抗线太小，或炸药达不到完全爆炸，爆炸生成的炽热固体颗粒也容易引燃或引爆瓦斯和矿尘。

爆破的内部作用和外部作用的表现形式与埋置药量和深度有关。爆破作用是指炸药爆炸产生的抛掷、压缩和粉碎等现象。爆破的内部作用是指爆破作用只发生在岩体内，爆破外部作用是指爆破作用显露在自由面。爆破内部作用的形式为形成：压缩区、裂隙区、震动区。爆破外部作用的形式，除表现在装药周围处形成压缩区、裂隙区和震动区外，还表现为可以将破碎岩石向自由面方向抛出，形成一个漏斗形的爆破坑，这个爆破坑称为爆破漏斗。根据爆破作用指数的大小，爆破漏斗可分为松动爆破和抛掷爆破。

爆破炮眼的种类按其用途和位置不同，可分为掏槽眼、辅助眼和周边眼三种。

（1）掏槽眼。一般在掘进工作面的中下部，最先起爆。它的作用是给辅助眼增加自由面，为辅助眼的爆破创造有利条件。

（2）辅助眼。位于掏槽眼与周边眼之间。在掏槽眼之后起爆，它的作用是使自由面扩大，保证周边眼的爆破效果。

（3）周边眼。位于巷道四周的周边眼按其位置不同可分为定眼、帮眼和底眼。周边眼最后起爆，它的作用是爆破形成巷道轮廓，保证巷道断面形状、尺寸、方向和坡度等符合设计要求。

2. 领取爆炸材料时，必须遵守下列规定

（1）不论在井上还是在井下，接触爆炸材料时，必须穿棉布或抗静电衣服。

（2）领取的爆炸材料必须符合国家规定质量标准和使用条件；井下爆破作业，必须使用煤矿许用炸药和煤矿许用电雷管。不得领用过期或严重变质的爆炸材料。不能使用的爆炸材料必须交回爆炸材料库。

（3）根据生产计划、爆破工作量和消耗定额，确定当班领用爆炸材料的品种、规格和数量，填写爆破工作指示单，经班组长审批后签章。

（4）爆破工携带“爆破资格证”和班组长签章的爆破工作指示单到爆炸材料库领取爆炸材料。

（5）领取爆炸材料时，必须当面检查品种、规格和数量，并从外观上检查其质量。电雷管必须实行专人专号，不得借用、遗失或挪作他用。

（6）必须在爆炸材料库的发放硐室领取爆炸材料。

3. 爆炸材料的清退，必须遵守下列规定

（1）每次爆破作业完成后，爆破工应将爆破的炮眼数，使用爆炸材料的品种、数量，

爆破情况、爆破事故及处理情况等，认真填写在爆破作业记录中。

（2）爆破工在爆破工作结束后，必须把剩余的及不能使用的爆炸材料捡起，对每一块炸药、每一发雷管的来龙去脉都要清楚，保证“实领、实用、缴回”三个环节中爆炸材料的品种、规格和数量相一致。

（3）领取的爆炸材料，不得遗失，不得转交他人，更不得私自销毁、扔弃和挪作他用，发现遗失应及时报告班组长，严禁私藏爆破器材。

4. 由爆炸材料库直接向工作地点用人力运送爆炸材料时，应遵守下列规定

（1）电雷管必须由爆破工亲自运送，炸药应由爆破工或在爆破工监护下由其他人员运送。

（2）爆炸物品必须装在耐压和抗撞冲、防震、防静电的非金属容器内，不得将电雷管和炸药混装。严禁将爆炸物品装在衣袋内。领到爆炸物品后，应直接送到工作地点，严禁中途逗留。

（3）携带爆炸物品上、下井时，在每层罐笼内搭乘的携带爆炸物品的人员不得超过4人，其他人员不得同罐上下。

（4）在交接班、人员上下井的时间内，严禁携带爆炸物品人员沿井筒上下。

5. 用人力运送爆炸材料时，除必须遵守上述规定外，还必须遵守《爆破安全规程》下列有关规定

（1）不得提前班次领取爆炸材料，不得携带爆炸材料在人群聚集的地方停留。

（2）一人一次运送的爆炸材料数量不得超过：雷管500发；同时搬运炸药和起爆材料10 kg；拆箱（袋）搬运炸药20 kg；背运原包装炸药一箱（24 kg）；挑运原包装炸药两箱（48 kg）。

6. 安全装药条件要求

装药前和爆破前有下列情况之一的，不应装药、爆破：

（1）采掘工作面的控顶距离不符合作业规程的规定、支架有损坏，采掘工作面支护状态不好。

（2）爆破地点附近20 m内风流中瓦斯浓度达到1%。

（3）在装药地点20 m以内，有矿车，未清除的煤、矸或其他物体堵塞巷道断面1/3

以上。

（4）炮眼内发现异状、有显著瓦斯涌出、煤岩松散、温度骤高骤低、透空等情况。

（5）采掘工作面风量不足、风向不稳，或风筒末端距掘进工作面的距离超过作业规程规定，循环风未处理好以前。

（6）炮眼内煤、岩粉没有清除干净，爆破地点未洒水降尘。

（7）炮眼深度与最小抵抗线小于《煤矿安全规程》规定。

（8）有冒顶、透水、瓦斯突出预兆，以及过断层、冒顶区无安全措施，发现拒爆未处理。

（9）装药安全警戒范围内，正在打眼、装岩。

（10）没有合乎质量和数量要求的黏土炮泥和水炮泥。

7. 安全起爆程序

（1）爆破前，爆破工必须把爆炸材料箱放到警戒线以外，做好爆破准备。

（2）爆破工在检查连线工作无误后，通知班组长布置警戒。

（3）在有矿尘爆炸危险的煤层中，在掘进工作面爆破前，爆破地点附近 20 m 的巷道内，都必须洒水降尘。

（4）爆破前，必须加强对机器、液压支架和电缆等的保护或将其移出工作面。

（5）班组长在认真检查顶板、支架、上下出口、风量、阻塞物、工具设备、洒水等爆破准备工作无误、达到爆破要求条件时，应负责布置警戒，并组织人员撤离到规定的安全地点躲避。

（6）班组长必须清点人数，确认无误后，瓦斯检查员对爆破地点附近 20 m 内风流中瓦斯进行检查，瓦斯浓度在 1%以下、矿尘符合规定后，方可下达起爆命令。

（7）爆破工接到爆破命令后，才可以将爆破母线与连接线（或脚线）进行连接。

（8）检查线路和爆破通电工作只能由爆破工一人操作。

（9）若网路正常，爆破工接到起爆命令后，必须先发出爆破警号，鸣笛数声，至少再等 5 s，方可起爆。

（10）爆破时，先将爆破母线扭结解开，牢固地接在发爆器的接线柱上。

（11）爆破后，爆破工必须立即取下发爆器把手或钥匙，并把爆破母线从发爆器电源上摘下，扭结成短路。

（12）装药的炮眼应当班爆破完毕。特殊情况下，当班留有尚未爆破的装药的炮眼时，当班爆破工必须在现场向下一班爆破工交接清楚。

8. 浅眼爆破的要求

（1）每孔装药量不得超过 150 g。

（2）炮眼必须封满水炮泥。

（3）爆破前必须在爆破地点附近洒水降尘并检查瓦斯浓度，瓦斯浓度达到 1%时，不准爆破。

（4）检查并在爆破地点附近支架。

（5）采取有效措施，保护好风、水管路、电气设备及其他设施，以防崩坏。

（6）爆破时，必须布置好警戒并有值班长在现场指挥。

9.《煤矿安全规程》规定

（1）“三人连锁爆破”制度是爆破工、班组长、瓦检工三人必须同时自始至终参加爆破工作过程，同时要执行换牌制。

（2）“一炮三检”制度是指装药前、起爆前和爆破后，必须由瓦检工检查爆破地点附近 20 m 以内的瓦斯浓度。

（3）炮眼封泥必须使用水炮泥，水炮泥外剩余的炮眼部分应当用黏土炮泥或者用不燃性、可塑性松散材料制成的炮泥封实，严禁用煤粉、块状材料或者其他可燃性材料作炮眼封泥。无封泥、封泥不足或者不实的炮眼，严禁爆破。严禁裸露爆破。

二、水害防治

1. 矿井水害概述

矿井水是指在矿井开拓、采掘过程中，渗入、滴入、淋入、流入、涌入和溃入井巷或工作面的任何水源水。

矿井突水是指凡是因井巷、工作面与含水层、被淹巷道、地表水体或含水的裂隙带、溶洞、洞穴、陷落柱、顶板冒落带、构造破碎带等接近或沟通而突然产生的出水事故。

矿井水害是指凡影响生产、威胁采掘工作面或矿井安全的，增加吨煤成本和使矿井局部或全部被淹没的矿井水造成的事故。

2. 矿井水事故的危害

（1）透水事故是煤矿五大灾害事故之一。煤矿一旦发生透水，可能造成大量井下人员伤亡。

（2）矿井水增加煤炭开采成本。由于矿井水的存在，在生产中必须进行排水工作，水量越大，排水费用越高，原煤成本越高。例如，焦作矿区吨煤排水占原煤成本20%。

（3）矿井水造成生产作业环境恶劣，如顶板淋水、底板突水、两帮渗水等，对作业人员的劳动条件和生产效率有很大影响。

（4）矿井水缩短机电设备、管材等使用年限，酸性矿井水的腐蚀作用使井下机电设备、器材的使用年限大大缩短。

（5）矿井水影响煤炭资源开采利用。

（6）矿井大量排水使地下水位大幅度下降。

3. 水害事故多发的原因分析

（1）没有树立“安全第一、预防为主、综合治理”的思想

有的矿井在突水事故前，已有明显的预兆，但企业为了早出煤、多挣钱，仍不采取措施，还强令工人继续掘进；有的井底水仓长期不清理，致使其容量减少或水泵排水能力不足，在矿井发生突水时涌水量大于排水能力，致使矿井被淹；有的巷道、硐室工程质量不好，导致地表水溃入井下。

（2）水文地质情况不清

有些煤矿在对井田范围内水文地质情况不清、资料不全的情况下，就盲目开井或采掘；对积水巷道位置测量错误或资料遗漏、不准确；对水源赋存状况及补给关系不清楚，特别是在构造复杂、断层较多、老窑分布较广的地区，对水源位置不清却盲目掘进，结果酿成突水事故。

（3）没有坚持“预测预报、有疑必探、先探后掘、先治后采”的原则

有些领导和作业人员思想麻痹，存有侥幸心理，图省事，怕麻烦。井巷已接近空区、充水断层、陷落柱、强含水断层，还不探水放水，结果造成突水事故。

（4）防排水工程质量低劣

有的矿井防水闸门长期不检修，已经失效；有的矿井挡水墙打在浮煤上，两边不掏

槽，水压一大就被冲垮；有的煤矿工业用水管线泄漏却长期不处理，在低洼处或塌陷处大量积水，成为事故隐患。

（5）无序开采，先天不足

有的煤矿特别是乡镇煤矿井口位置选择不当，紧靠河流、湖泊，个别井口标高过低，遇有地面洪水必然倒灌井下；有的井口位置设计不合理，接近强含水层等水源，施工后在矿压和水压的共同作用下，围岩发生突水；有不少小煤窑就开在大矿的采区上方，甚至有的就在大矿的保安煤柱、防水煤柱上滥采滥掘，甚至已与大矿贯通，一到雨季时洪水从小煤窑灌入大矿井下，造成事故。

（6）职工安全意识淡薄，技术素质不高

有的矿井发生突水事故前已有明显征兆，但职工因缺乏安全意识或经验不足，没有足够重视和采取相应措施；有的矿井上巷道冒落，里面有大量的水、煤、矸等杂物，职工在处理时若从下往上扒，就会导致突水而被淹；有的职工见溜煤眼被堵后用水冲，致使眼内大量积水，有些透水事故就是捅溜煤眼时发生的。

4. 突水征兆

采掘工作面或者其他地点发现有煤层变湿、挂红、挂汗、空气变冷、出现雾气、水叫、顶板来压、片帮、淋水加大、底板鼓起或者裂隙渗水、钻孔喷水、煤壁溃水、水色浑浊、有臭味等透水征兆时，应当立即停止作业，撤出所有受水患威胁地点的人员，报告调度室，并发出警报。在原因未查清、隐患未排除之前，不得进行任何采掘活动。

三、冲击地压

冲击地压又称岩爆，是指井巷或工作面周围岩体，由于弹性变形能的瞬时释放而产生突然剧烈破坏的动力现象，常伴有煤岩体抛出、巨响及气浪等现象。冲击地压具有很大的破坏性，是煤矿重大灾害之一。

2008 年 6 月 5 日 15 时 57 分，河南省渑池县果园乡附近发生 3.5 级地震，3 min 后，义煤集团公司千秋煤矿突发冲击地压，造成 750~850 m 处巷道瞬间被毁，正在该段修理巷道的 20 名矿工被困井下。冲击地压发生后，义煤集团公司迅速成立了抢险救灾领导小组，紧急启动应急救援预案，实施抢险救援。本起事故最终造成 20 名被困矿工中 9 人死亡、11 人获救。

1. 冲击地压成因的机理

（1）强度理论

该理论认为，冲击地压发生的条件是矿山压力大于煤体——围岩力学系统的综合强度。其机理为：较坚硬的顶底板可将煤体夹紧，由于平行于层面的摩擦阻力和侧向阻力阻碍了煤体沿层面的移动，使煤体更加压实，承受更大的压力，积蓄较多的弹性能。从极限平衡和弹性能释放的意义上来看，夹持起到了闭锁作用。在煤体夹持带内压力高，并储存有相当高的弹性能，高压带和弹性能积聚区可位于煤壁附近。一旦高压力突然加大或系统阻力突然减小时，煤体可产生突然破坏运动，将煤岩体抛向已采空间，形成冲击地压。

（2）能量理论

该理论认为，当矿体与围岩系统的力学平衡状态遭到破坏后所释放的能量大于其破坏所消耗能量时，就会发生冲击地压。刚性理论也是一种能量理论，它认为发生冲击地压的条件是：矿山结构（矿体）的刚度大于矿山负荷系（围岩）的刚度，即系统内所储存的能量大于破坏运动消耗的能量时，将发生冲击地压。但这种理论并未得到充分证实，即在围岩刚度大于煤体刚度的条件下也发生了冲击地压。

（3）冲击倾向理论

该理论认为，发生冲击地压的条件是煤体的冲击倾向度大于实验所确定的极限值。可利用一些试验或实测指标对发生冲击的可能程度进行估计或预测，这种指标的量度称为冲击倾向度，其条件是介质实际的冲击倾向度大于规定的极限值。

上述三种理论提出了发生冲击地压的三个准则，即强度准则、能量准则和冲击倾向度准则。其中强度准则是煤体破坏准则，能量准则和冲击倾向度准则是突然破坏准则。三个准则同时成立，才是产生冲击地压的充分必要条件。

（4）失稳理论

近年我国一些学者认为，根据岩石全应力——应变曲线，在上凸硬化阶段，煤、岩抗变形（包括裂纹和裂缝）的能力增大，介质稳定；在下凹软化阶段，由于外载超过其峰值强度，裂纹迅速传播和扩展，发生微裂纹密集而连通的现象，使其抗变形能力降低，介质是非稳定的。在非稳定的平衡状态中，一旦遇有外界微小扰动，则有可能失稳，从而在瞬间释放大量能量，发生急剧、猛烈的破坏，即冲击地压。因此，介质的强度和稳定性是发生冲击地压的重要条件之一。虽然有时外载未达到峰值强度，但由于煤岩的蠕变性质，在长期作用下其变形会随时间而增大，进入软化阶段。这种静疲劳现象，可以使介质处于不稳定状态。在失稳过程中，系统所释放的能量可使煤岩从静态变为动态，即发生急剧、猛烈的破坏。

2. 冲击地压的特征

冲击地压一般表现为煤爆（煤壁爆裂、小块抛射）、浅部冲击（发生在煤壁 2~6 m 范围内，破坏性大）和深部冲击（发生在煤体深处，声如闷雷，破坏程度不同），最常见的是煤层冲击，也有顶板冲击和底板冲击，少数矿井会发生岩爆。在煤层冲击中，多数表现为煤块抛出，也有少数表现为数十平方米煤体整体移动，并伴有巨大声响、岩体震动和冲击波。冲击地压的主要特征有三个方面。

（1）突发性

发生前一般无明显征兆，冲击过程短暂，持续时间为几秒到几十秒。

（2）破坏性

往往造成煤壁片帮、顶板下沉、底鼓、支架折损、巷道堵塞、人员伤亡。

（3）复杂性

在自然地质条件下，除褐煤以外的各煤种，采深从 200~1 000 m，地质构造从简单到复杂，煤层厚度从薄层到特厚层，倾角从水平到急斜，顶板包括砂岩、灰岩、油母页岩等，都发生过冲击地压；在采煤方法和采煤工艺等技术条件方面，不论水采、炮采、普采或是综采，采空区处理采用全部垮落法或是水力充填法，无论是长壁、短壁、房柱式开采或是柱式开采，都发生过冲击地压，只是无煤柱长壁开采法冲击次数较少。

3. 冲击地压的解危措施

在煤层开采中，生产地质条件极为复杂。因此，在煤层开采过程中必须对有冲击地压危险的地段进行及时处理，以保证安全生产。这种对已形成冲击危险或具有潜在冲击地压危险地段的处理措施称为解危措施。

按照冲击地压发生的强度条件和能量条件，工作面附近煤层被顶底板紧紧地夹持着，承受极高的载荷，虽并未破碎，却积聚大量的变形能。这时煤体和围岩形成的三轴压缩应力与矿山压力处于临界平衡状态。采取的各种卸压解危措施，正是为了减缓这种临界状态，把夹持状态下煤层的侧向约束解除掉，使已形成的局部高压力分散转移到较广区域。由于解危措施造成煤体局部破裂，降低了强度，应力重新分布，从而释放或降低了煤岩体中的弹性能，使工作面前方一定范围内成为安全区。

（1）诱发爆破

诱发爆破是在监测到有冲击危险的情况下，利用较多药量进行爆破，人为地诱发冲击地压，使冲击地压发生在一定的时间和地点，从而避免更大损害的一种解危措施。

实行诱发爆破必须慎重行事。作为辅助手段，诱发爆破只有在存在严重冲击地压危险的情况下，并且其他方法无效或无法实施时才应用。该方法实施地点多用于煤柱回收时，与钻屑法检测孔配合互用，爆破孔距一般为 2～5 m，孔深按冲击危险区范围确定，可平行走向或倾斜布置，也可混合布置。一般采用深孔爆破法，钻大量较长的钻孔直达高应力带，采用大药量、集中装药和同时引爆的方法，以便使煤岩体强烈震动，诱发冲击地压，或造成煤体强烈卸压、释放能量，把高应力带移向煤体深部。集中爆破的药量越多，诱发冲击地压的可能性越大。因为这样在煤体中造成的动应力就大，动应力叠加在原来存于煤体中的静应力上的总和越大，超过临界应力值机会就越多，就会诱发冲击地压。

实施诱发爆破应按《煤矿安全规程》的有关规定施工。

实施前必须采用钻屑法确定冲击危险地点，加固支架，掩护或撤出机械设备及电缆工具等。爆破时必须设专人警戒所有通往爆破地点的通道，躲炮半径不得小于 150 m，躲炮时间为 30 min 以上。

诱发爆破应在特殊情况下作为爆破卸压的辅助手段使用，因此其效果是有限的，不能保证按时诱发，有时 1 h 后才发生冲击地压。而且大量药量同时引爆，必然造成一定程度的破坏，所以要慎重行事。

（2）爆破卸压

爆破卸压是指对形成冲击危险的煤体，用爆破方法减缓其应力集中程度的一种解危措施。实施爆破卸压应采取深孔爆破方法，孔深应达到支承压力峰值区。装药位置越靠近峰值区，炸药威力越大，爆破解除煤层应力的效果越好。该法适用于顶板比较完整的条件下或作为煤层注水时的辅助措施。

爆破卸压能同时局部解除冲击地压发生的强度条件和能量条件，即在有冲击地压危险的工作面卸压和在近煤壁一定宽度的条带内破坏煤的结构（但不落煤），使它不能积聚弹性能或达不到威胁安全的程度。这样在工作面前方形成一条卸压保护带，隔绝了工作空间处于煤层深处的高应力区。显然，从防治冲击地压的角度看，应用尽量多的炸药爆破出尽量宽的保护带，但实际上要达到这个目的，目前技术条件还不够。不过根据多年的观测实践证明，如果能保证在工作面前方和巷道两帮始终保持一个宽 5~10 m 的保护带，就能防止冲击地压的危害。

可以采用爆破断顶的方法进行爆破卸压，即在待采煤层隔离煤柱一侧的老采空区内，对采空区顶板内造成宽约6 m、深约6~8 m的断沟，用以削弱采空区与待采区之间的顶板连续性，减小待采煤层开采时的应力集中，以消除冲击地压危害。

爆破参数和施工工艺应按《防治煤矿冲击地压细则》确定。

爆破卸压属于内部爆破，主要物理作用是使煤层产生大量裂隙。试验表明，爆破使炮孔周围形成破碎区和裂隙区，破碎区远小于裂隙区。径向裂隙穿过切向裂隙，说明径向裂隙扩展在前，切向裂隙形成在后。炸药爆炸后，冲击波首先使煤体破裂。继之爆破产生气体进一步使煤体破裂，在气体压力作用下，煤体沿径向移动，形成切向拉应力，产生径向拉破裂。随着裂隙的扩展，气体通过裂隙扩散到煤体中，与煤体产生热交换。同时，气体的体积增大，而温度和压力下降。当裂隙前端的应力强度小于断裂韧性时，裂隙停止扩展。当压力小于临界值时，因原先受压贮存于煤体中的弹性能释放，使煤体向炮孔中心移动，在煤体中产生径向拉伸作用，导致切向破裂。但径向裂隙的扩展远大于切向裂隙，因此造成煤层性质变化的主要因素是径向裂隙。

根据弹塑性理论，把采煤工作面简化为平面应变的力学模型。以龙风煤矿采煤工作面为例的计算结果表明，爆破卸压使煤壁前方的支承压力重新分布，应力梯度变小，峰值压力移往煤体深部 7 m 以外的屈服区，比爆破前增大近一倍，能量密度明显减小。

实施爆破卸压前必须先进行钻屑法检测，确认有冲击危险时才进行爆破卸压，爆破以后还要用钻屑法检查卸压效果。如果在实施范围内仍有高应力存在，则应进行第二次爆破，直至解除冲击危险为止。

为了安全生产，可通过爆破卸压在工作面前方和巷道两帮形成一个有足够宽度（大于3倍采高）的卸压保护带。所以，对巷道两帮，爆破卸压的深度应等于保护带宽度；对采煤工作面，爆破卸压的深度应等于保护带宽度加上工作面进度。

爆破孔的孔深取决于卸压深度。由于孔深药量多，为使药卷能装到孔底，可先把药卷装在软管里或用非金属材料绑扎后进行装药。爆破孔布置方式应根据具体条件确定，通常用煤电钻打眼，孔径为50~55 mm，孔间距为4~10 m，每孔装药量按不超过孔深一半计算，一般为1.5~3.5 kg。钻孔不装药部分必须填满水炮泥或黏土炮泥，躲炮距离为100~150 m，躲炮时间为30~40 min。

（3）改变煤层的物理力学性能

改变煤层的物理力学性能主要有：高压注水、放松动炮和钻孔槽卸压等方法。

1）高压注水。是指通过注水，人为地在煤岩内部造成一系列的弱面，并使其软化，以降低煤的强度和增加塑性变形量。注水后，煤的湿度平均增加1.0%~2.2%时，可使其单向受压的塑性变形量增加13.3%~14.5%。

2）放松动炮。是指通过放炮，人为地释放煤体内部集中应力区积聚的能量。在采煤工作面使用时，一般是沿工作面走向打4~6 m深的炮眼进行松动爆破。它的作用是可以诱发冲击地压并且在煤壁前方经常保持一个破碎保护带，使最大支撑压力转入煤体深处，随后即使发生冲击地压，对采煤工作面的威胁也大为降低。

3）钻孔槽卸压。是指用大直径钻孔或切割沟槽使煤体松动，以达到卸压效果。卸载钻孔的深度一般应穿过应力增高带，在掘进石门揭开有冲击危险的煤层时，应距煤层5~8 m处停止掘进，使钻孔穿透煤层进行卸压。

此外，还可依靠选择最佳采煤方法、回采设备、开采参数和工作制度等方法，局部降低煤层边缘的冲击危险程度。例如，当开采有冲击危险的单一煤层时，应采用直线式长壁工作面的前进式采煤方法，并在巷道侧不留煤柱。对有冲击危险的厚煤层，应采用倾斜分层长壁式采煤方法，此时上分层的开采厚度应当最小。

开采有冲击危险的煤层时，无论是在采煤工作面还是在掘进工作面，都应采用支撑力大的可缩性金属支架。

4. 冲击地压的预报

（1）WET法

该方法是波兰采矿研究总院提出的，用于测定煤层冲击倾向。*WET*为弹性能与永久变形消耗能之比。波兰采矿研究总院规定：$WET>5$为强冲击倾向；$2<WET<5$为弱冲击倾向；$WET<2$为无冲击倾向。该方法虽存在一些不足之处，但基本适应于我国情况，可作为煤层冲击倾向鉴定指标之一。

（2）弹性变形法

该方法是苏联矿山测量研究院提出的用于测定冲击地压的方法。即在载荷不小于强度极限80%的条件下，用反复加载和卸载循环得到的弹性变形量与总变形量之比（K）作为衡量冲击倾向度的指标。当$K \geqslant 0.7$时，有发生冲击地压的危险。

（3）煤岩强度和弹性系数法

该方法是用煤岩的单向抗压强度或弹性模量的绝对值，作为衡量冲击倾向度的指标。这种方法较为简单，经常用作辅助指标。其指标的界限值必须根据各矿井的试样进行试验确定。

我国《煤矿安全规程》规定，开采冲击地压煤层时，冲击危险程度和采取措施后的实际效率，可采用钻粉率指标法，地音、微震监测法等方法确定。

（4）钻粉率指标法

钻粉率指标法又称为钻粉率指数法或钻孔检验法。它是指用小直径（42~45 mm）钻孔，根据打钻不同深度时排出的钻屑量及其变化规律来判断岩体内应力集中情况，鉴别发生冲击地压的倾向和位置。钻进过程中，在规定的防范深度范围内，出现危险煤粉量测值或钻杆被卡死的现象，则认为具有冲击危险，应采取相应的解危措施。

（5）地音、微震监测法

岩石在压力作用下发生变形和开裂破坏过程中，必然以脉冲形式释放弹性能，产生应力波或声发射现象，这种声发射也称为地音。显然，声发射信号的强弱反映了煤层或岩体破坏时的能量释放过程。由此可知，地音、微震监测法的原理是，用微震仪或拾震器连续或间断地监测岩体的地音现象，根据测得的地音波或微震波的变化规律与正常波的对比，判断煤层或岩体发生冲击倾向度。山东肥城矿业集团陶庄煤矿用微震仪研究了发生冲击地压的规律，结论为：微震由小而大，间有大小起伏，次数和声响频繁或在一组密集的微震之后变得平静，是产生冲击地压的前兆；稀疏和分散的微震是正常应力释放现象，无冲击危险。

根据震相曲线和地震学的知识，则可以计算出发生冲击地压的震源位置。由于各种煤层或岩体的地音和微震特性不同，并且又具有不均质性和各向异性等特点，其传播速度有很大差异。此外，各处的地质和开采条件也不相同，矿井下又常有强烈的环境噪声干扰，地音或微震信号在煤岩体中产生和传播情况将是很复杂的，可能产生多次的反射、折射和绕射，还可能发生波形变换等现象。因此，在使用中应注意将此类方法与其他预测方法综合使用，特别是与钻粉率指标法综合使用，以保证预测的准确性。

（6）工程地震探测法

用人工方法造成地震，探测这种地震波的传播速度，编制出波速与时间的关系图，波速增大段表示有较大的应力作用，结合地质和开采技术条件分析、判断发生冲击地压的倾向度。

（7）电磁辐射仪监测法

电磁辐射仪监测法的原理是：利用电磁辐射仪接收采掘生产过程中煤层或岩体在矿压作用下产生、发射电磁辐射的信号，即监测到的电磁辐射强度能反映出煤层或岩体内部应力的变化尺度及破坏程度的特征信息。煤层或岩体受载变形破裂过程中向外辐射电磁能量的一种现象，与煤层或岩体的变形破裂过程密切相关。电磁辐射信息综合反映了冲击地压、煤与瓦斯突出等煤层或岩层灾害动力现象的主要影响因素，电磁辐射强度主要反映了煤层或岩体的受载程度及变形破裂强度，脉冲数主要反映了煤层或岩体变形及破裂的频次。

例如，利用 KBD5 矿用本安型矿井冲击地压电磁辐射监测仪，通过接收采矿工作面煤层或岩体变形破裂过程中产生的电磁辐射信息来预测煤岩动力灾害的危险性。即通过井下某一测点电磁强度最大值 E_{max}，强度平均值 E_{avg} 和脉冲数 N 来确定是否有矿井冲击地压危险，将测试数据传送到计算机后，可以用图及表格的方式显示是否达到电磁辐射强度临界值。观测范围主要是工作面及上、下巷，工作面从上、下端头 5 m 开始，每 15 m 在硬帮设一个固定测点，上、下巷从工作面硬帮向外 5 m 开始，每 15 m 在回风道下帮及溜子道上帮各设 1 个固定测点。当工作面开采与测点间距离小于 5 m 时，上、下巷往外及时补加测点，保证上、下巷各有 8 个测点观测。经观测结果初步确定为强度值达到 30 MV 时，或某一点、某区域连续处于较高的观测值时，应立即向矿、区调度及主管领导汇报。确认有冲击危险时，应立即向采区下达危险通知单，采区接到危险通知单后应立即下令停止作业，采取解危措施。

（8）综合测定法

为了能够更准确地判断出发生冲击地压的地点和时间，可同时采用上述两种以上的方法，根据多因素的变化，综合加以确定。国内外常使用的是钻粉率指标法、地音监测法、地质及开采技术条件分析法的综合方法。

第五章　煤矿职业病防治基本知识

第一节　煤矿职业病类型

一、职业病的概念 

职业病是指企业、事业单位和个体经济组织等用人单位的劳动者在职业活动中，因接触粉尘、放射性物质和其他有毒、有害因素而引起的疾病。

在生产劳动中，接触生产中使用或产生的有毒化学物质、粉尘、气雾、异常气象条件、高低气压、噪声、振动、微波、射线、细菌、霉菌以及长期强迫体位操作等，均可引起职业病，一般将这类职业病称为广义职业病。对其中某些危害性较大，诊断标准明确，结合国情，由政府有关部门审定公布的，称为狭义职业病或法定职业病。

二、职业病分类

2013 年 12 月 23 日，国家卫生计生委、人力资源社会保障部、安全监管总局、全国总工会联合印发《职业病分类和目录》，将职业病分为 10 类 132 种，如下：

1. 职业性尘肺病及其他呼吸系统疾病

（1）尘肺病。包括矽肺、煤工尘肺、水泥尘肺、电焊工尘肺等共 13 种。

（2）其他呼吸系统疾病。包括过敏性肺炎、棉尘病、哮喘等共 6 种。

2. 职业性皮肤病

包括接触性皮炎、电光性皮炎等共 9 种。

3. 职业性眼病

包括化学性眼部灼伤、电光性眼炎和白内障（含放射性白内障、三硝基甲苯白内障）共 3 种。

4. 职业性耳鼻喉口腔疾病

包括噪声聋、铬鼻病、爆震聋和爆震聋共 4 种。

5. 职业性化学中毒

包括二氧化硫中毒、一氧化碳中毒、硫化氢中毒等共 60 种。

6. 物理因素所致职业病

包括中暑、高原病、手臂振动病等共 7 种。

7. 职业性放射性疾病

包括放射性皮肤疾病、放射性甲状腺疾病等共 11 种。

8. 职业性传染病

包括炭疽、森林脑炎、布鲁氏菌病等共 5 种。

9. 职业性肿瘤

包括石棉所致肺癌、苯所致白血病等共 11 种。

10. 其他职业病

包括金属烟热、滑囊炎和股静脉血栓综合征、股动脉闭塞或淋巴管闭塞症（限于刮研作业人员）共 3 种。

三、煤矿职业病类型

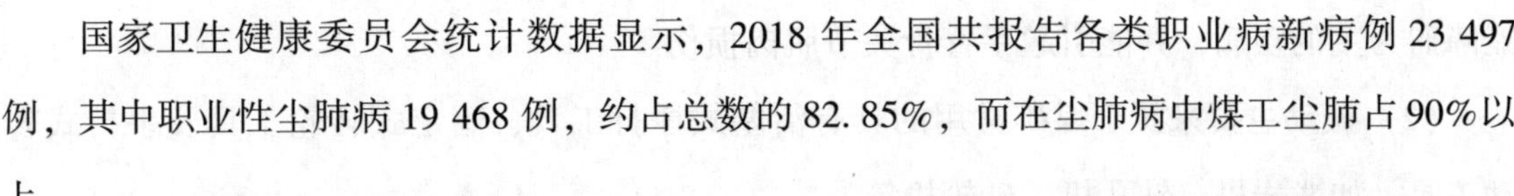

国家卫生健康委员会统计数据显示，2018 年全国共报告各类职业病新病例 23 497 例，其中职业性尘肺病 19 468 例，约占总数的 82. 85%，而在尘肺病中煤工尘肺占 90%以上。

目前，煤炭职业病主要是尘肺病，此外对健康危害较大的职业病还有噪声性耳聋，振动病及局部振动病，氮氧化物中毒、一氧化碳中毒等职业中毒，以及中暑、滑囊炎等。

1. 尘肺病

尘肺病是指由于吸入生产性粉尘而引起的以肺组织纤维化为主的疾病，患者的肺部发生进行性、弥漫性纤维组织增生，逐渐影响呼吸功能及其他系统功能，是一种较严重的职业病。

（1）煤工尘肺。在煤矿诸多职业病危害中，粉尘危害居首位。长期接触含二氧化硅的粉尘，可导致煤工尘肺，是煤矿工人因长期吸入生产环境中的粉尘所引起的肺部病变。

（2）粉尘的主要来源。在开采过程中产生的粉尘称为煤矿粉尘，依据粉尘在井下存在的状态可分为浮尘和落尘。在井下采煤、掘进、运输及提升等各生产环节的所有作业，如打眼、爆破、清理工作面、装载、运输、顶板控制等，均能产生煤矿粉尘。据统计，80%的煤矿粉尘来自采掘工作面。

（3）井下作业的所有工种几乎都会接触粉尘。

2. 噪声性耳聋

（1）噪声性耳聋是指由于听觉器官长期遭受噪声影响而发生缓慢的进行性的感音性耳聋，早期表现为听觉疲劳，离开噪声环境后可逐渐恢复，久之则难以恢复，终致感音神经性耳聋。

（2）煤矿噪声具有强度大、声级高、声源多、分布广、干扰时间长、反射能力强、衰减慢等显著特点。从井下的采煤、掘进、运输、提升、通风、排水，到地面的分选加工以及机电设备装配维修等，噪声无处不在。

（3）接触噪声的主要工种有采煤工、掘进工、辅助工、锚喷工、注浆工、注水工、维修工、水泵工等。

3. 振动病及局部振动病

（1）振动病及局部振动病是指因长期接触强烈的生产性振动所引起的一种疾病，大多为手臂振动病，主要是长期从事手传振动作业而引起的以手部末梢循环或手臂神经功能障碍为主的疾病，并能引起手臂骨关节肌肉损伤。

（2）振动主要来源于煤矿常用的具有活塞式捶打工具、固定式转轮工具及手持式转动工具，如凿岩机、钻孔机、砂轮机等。

（3）接触振动的工种主要包括从事操作凿岩机、钻孔机、砂轮机、破碎机等作业岗位。

4. 职业中毒

煤矿职业中毒主要有氮氧化物中毒、碳氧化物中毒、硫化氢中毒、甲烷中毒等。

（1）氮氧化物中毒是指吸入氮氧化物气体引起以呼吸系统急性损害为主的全身性病变现象，其主要来源于井下煤（岩）巷爆破时产生的炮烟，以及意外事故如火灾等。生产中氮氧化物以二氧化氮为主时，主要引起肺损害；以一氧化氮为主时，主要引起高铁血红蛋白血症并且对中枢神经系统损害明显。

（2）碳氧化物中毒主要分为一氧化碳中毒及二氧化碳中毒。一氧化碳主要来源于煤（岩）巷爆破、机械采煤及火灾、爆炸事故等，二氧化碳主要来源于长期不开放的各种密闭巷道及火灾、爆炸事故。

（3）硫化氢中毒。硫化氢主要存在井下低洼积水、通风不良的地方，具有刺激性（臭蛋气味）和窒息性。吸入硫化氢可引起细胞内窒息，导致中枢神经系统，肺、心脏及上呼吸道黏膜等多种脏器损害。

（4）甲烷中毒。甲烷俗称沼气、煤层气，是吸附在煤层中的可燃性气体，具有爆炸性，常将甲烷与其他气体组成的混合气体称为瓦斯。矿工处于甲烷浓度为25%～30%的空气中即可出现缺氧的临床表现，甚至窒息死亡。甲烷中毒患者均有不同程度的中毒性脑病，中毒严重的患者可能有神经系统后遗症，如不迅速撤离现场，可迅速死亡。

5. 中暑及煤矿井下工人滑囊炎

（1）中暑是指由于高温环境引起的人体体温调节中枢的功能障碍，汗腺功能失调和水、电解质平衡紊乱所导致的疾病。中暑多发于露天煤矿。

（2）滑囊炎是指长期、持续、反复、集中和力量稍大地摩擦和压迫关节滑囊而引起的疾病。在煤层薄、机械化程度不高的矿区，滑囊炎患病率较高。

第二节　劳动防护用品配备及基本要求

劳动防护用品是指由用人单位为劳动者配备的，使其在劳动过程中免遭或者减轻事故伤害及职业病危害的个体防护装备。

原国家安全生产监督管理总局办公厅2018年下发了《关于修改用人单位劳动防护用

品管理规范的通知》（安监总厅安健〔2018〕3 号），其中第二十七条规定，煤矿劳动防护用品的管理，按照《煤矿职业安全卫生个体防护用品配备标准》（AQ 1051—2008）规定执行。

一、劳动防护用品管理基本要求 

（1）劳动防护用品是由用人单位提供的，保障劳动者安全与健康的辅助性、预防性措施，不得以劳动防护用品替代工程防护设施和其他技术、管理措施。

（2）用人单位应健全管理制度，加强劳动防护用品配备、发放、使用等管理工作。

（3）用人单位应安排专项经费用于配备劳动防护用品，不得以货币或其他物品替代。该项经费应据实列入生产成本。

（4）用人单位应当为劳动者提供符合国家标准或者行业标准的劳动防护用品。

（5）劳动者在作业过程中，应按照规章制度和劳动防护用品使用要求，正确佩戴和使用劳动防护用品。

（6）处于作业地点的其他外来人员，必须按照与进行作业的劳动者相同的标准，正确佩戴和使用劳动防护用品。

二、劳动防护用品基本分类 

劳动防护用品主要可分为十大类。

1. 头部防护用品

（1）橡胶安全帽、玻璃钢安全帽：主要配备井下所有工种；需取得煤矿安全标志，产品技术要求符合《头部防护安全帽》（GB 2811—2007）规定，使用期限为 30～36 个月。

（2）塑料安全帽：需取得煤矿安全标志，产品技术要求符合《头部防护安全帽》（GB 2811—2007）规定，主要配备井工煤矿的井上信号工、注浆工，露天煤矿工种的露天穿孔工、坑下放炮工、矿用重型汽车司机等工种，使用期限为 24 个月。

2. 呼吸防护用品

煤矿各作业场所主要使用的是防尘口罩，主要配备井下接触粉尘的所有工种，以及井上及露天煤矿部分工种，产品技术要求应符合《呼吸防护 自吸过滤式防颗粒物呼吸器》（GB 2626—2019）规定，使用期限为1~3个月。

3. 眼面部防护用品

（1）防冲击眼镜、眼罩和面罩。主要配备煤矿部分工种，使用期限为6~24个月。

（2）焊接护目镜、焊接面罩。主要配备电焊工，产品技术要求符合《职业眼面部防护 焊接防护 第1部分：焊接防护具》（GB/T 3609.1—2008）规定，使用期限为24个月。

（3）化学护目镜。主要配备充电工、井下炸药发放工及火药管理工，使用期限为24个月。

（4）紫外护目镜。主要配备露天煤矿电铲车司机、穿孔工等，使用期限为24个月。

4. 耳部防护用品

常见的有耳塞、耳罩，主要配备井下采煤工、综采工、掘进工、爆破工等，井上压风机司机、提升机司机等。听力防护类用品主要用于噪声声级在85 dB以上的作业环境中的人员使用，当带耳塞（罩）影响安全时，禁止发放耳塞（罩）。

5. 手部防护用品

（1）线手套。主要配备煤矿部分工种，使用期限为0.5~2个月。

（2）浸胶手套。主要配备井下采煤工、综采工、掘进工、巷道维修工等，使用期限为3个月。

（3）防振手套。主要配备井下采煤工、掘进工、井下钻探工，井上压风机司机、皮带机选矸工等，露天煤矿穿孔工、钻探工等，使用期限为3个月。

（4）耐酸（碱）手套。主要配备充电工，使用期限为3个月。

（5）绝缘手套。主要配备机电维修工、采掘机电维修工、配电工，露天架（换）线工，电力、电信外线电工等，使用期限为3个月。

6. 足部防护用品

（1）胶面防砸安全靴。主要配备井下部分工种，产品技术要求符合《胶面防砸保护靴》（HG/T 3081—2020）规定，使用期限为6~12个月。

（2）工矿靴。主要配备给煤矿井下工种，使用期限为6~12个月。

（3）耐酸碱胶靴。主要配备充电工，产品技术要求符合（GB 21148—2007）规定，使用期限为 12 个月。

7. 躯干防护用品

（1）普通工作服。主要配备给煤矿所有作业工种；煤矿井下薄煤层采煤工使用耐磨工作服，产品技术要求符合《矿工普通工作服》（MT/T 843—1999）规定；使用期限为 6~18 个月。

（2）劳动防护雨衣。主要配备给煤矿部分工种，使用期限为 12~24 个月。

（3）棉上衣。主要配备给煤矿井下所有作业工种，使用期限 24~36 个月。

8. 护肤用品

是指防御损伤皮肤或引起皮肤疾病的防护用品。

9. 防坠落用品

是指防止高处作业劳动者坠落或者高处落物伤害的防护用品。

10. 其他防护用品

用人单位应结合从业人员的作业方式和工作条件，考虑其个人特点及劳动强度，选择防护功能和效果适用的劳动防护用品。

三、劳动防护用品配备的基本原则 

（1）同一工作地点存在不同种类危险、有害因素的，应为劳动者同时提供防御各类危害的劳动防护用品。需同时配备的劳动防护用品，还应考虑其可兼容性。

（2）在不同地点工作，并接触不同危险、有害因素，或接触不同危害程度的有害因素的，为其选配的劳动防护用品应满足不同工作地点防护需求。

（3）劳动防护用品的选择还应考虑其佩戴的合适性和基本舒适性，根据个人特点和需求选择适合型号、式样。

（4）应在可能发生急性职业损伤的有毒、有害工作场所配备应急劳动防护用品，放置于现场临近位置并有醒目标识。

（5）应为巡检等流动性作业的劳动者配备随身携带的个人应急防护用品。

四、劳动防护用品维护、更换及报废 

（1）劳动防护用品应按照要求妥善保存，及时更换，保证其在有效期内。公用的劳动防护用品应由班组统一保管，定期维护。

（2）应对应急劳动防护用品进行经常性的维护、检修，定期检测其性能和效果，保证其完好有效。

（3）应按照劳动防护用品发放周期定期发放，对有损坏的应及时更换。

（4）安全帽、呼吸器、绝缘手套等安全性能要求高、易损耗的劳动防护用品，应当按照有效防护功能最低指标和有效使用期，到期强制报废。

第三节 劳动过程中职业病防护与管理基本要求

一、粉尘控制

1. 粉尘控制原则

粉尘对人造成的危害，特别是尘肺病目前尚无特效的治疗方法。加强对粉尘作业的劳动防护与管理十分重要，应遵守三级防护原则。

（1）一级防护

1）综合防尘。即改革生产工艺、生产设备，尽量将手工操作变为机械化、自动化、遥控化操作；在工艺要求许可的条件下，尽可能采用湿式作业；配备使用好防尘用品，做好个人防护。

2）定期检测。对作业环境的粉尘浓度实施定期检测，采取针对性措施，使作业环境的粉尘浓度达到国家标准要求。煤矿井下工作面总粉尘浓度每月测定 2 次，地面及露天煤矿每月测定 1 次；呼吸性粉尘浓度每月测定 1 次；粉尘分散度每 6 个月测定 1 次；粉尘中的游离二氧化硅含量每 6 个月测定 1 次，在变更工作面时也应当测定 1 次。作业场所噪声每 6 个月测定 1 次。

3）健康体检。对接触职业病危害的劳动者，煤矿应当按照国家有关规定组织上岗前、在岗期间和离岗时的职业健康检查，并将检查结果书面告知劳动者。不得安排未经上岗前职业健康检查的人员从事接触职业病危害的作业；不得安排有职业禁忌的人员从事其所禁忌的作业；不得安排未成年工从事接触职业病危害的作业；不得安排孕期、哺乳期的女职工从事对本人和胎儿、婴儿有危害的作业。接触煤尘的每 2 年职业健康检查 1 次；接触岩尘、噪声、高温的每年职业健康检查 1 次。不得以劳动者上岗前职业健康检查代替在岗期间定期的职业健康检查，也不得以劳动者在岗期间职业健康检查代替离岗时职业健康检查，但最后一次在岗期间的职业健康检查在离岗前的 90 日内的，可以视为离岗时检查。

4）宣传教育。普及防尘的基本知识。

5）加强防护。对除尘系统必须加强维护和管理，使除尘系统处于完好、有效状态。

（2）二级防护

建立专人负责的防尘机构，制定防尘规划和各项规章制度，并严格执行。

（3）三级防护

对已确诊为尘肺病的职工，应当及时调离原工作岗位，安排合理的治疗或疗养，患者的社会保险待遇应按国家有关规定办理。

2. 粉尘防治方针

粉尘防尘“八字”方针：宣、革、水、密、风、护、管、查。

（1）“宣”是指宣传教育，积极宣传职业病的基本知识及所产生的危害，提高防护意识和防治能力。

（2）“革”是指生产工艺和生产设备的技术革新，这是消除粉尘危害的根本途径。

（3）“水”是指湿式作业，这是防止粉尘飞扬的有效措施。

（4）“密”是指把粉尘的发生源密闭起来。

（5）“风”是指利用通风达到除尘降尘的目的。

（6）“护”是指加强个体防护。

（7）“管”是指加强技术管理，建立必要的防尘制度和设备设施维修维护制度等。

（8）“查”是指对接尘人员的健康检查，对生产环境的定期测尘及监督检查。

3. 粉尘防治主要措施

（1）建立完善的供水系统

须建立防尘洒水系统，永久性防尘水池容量不得小于 200 m^3，且储水量不得小于井下连续 2 h 的用水量，备用水池储水量不得小于永久性防尘水池 50%。防尘管路应当敷设到所有能产生粉尘和沉积粉尘的地点，没有防尘供水管路的采掘工作面不得生产。静压供水管路管径应当满足矿井防尘用水量要求，强度应当满足静压水压力要求。防尘用水水质悬浮物的含量不得超过 30 mg/L，粒径不大于 0. 3 mm，水的 pH 值应当在 6~9 范围内，水的碳酸盐硬度不超过 3 mmol/L。使用降尘剂时，降尘剂应当无毒、无腐蚀、不污染环境。

（2）井巷和硐室掘进作业

必须采用湿式钻眼，使用水炮泥，爆破前后冲洗井壁巷帮，爆破过程中采用高压喷雾（喷雾压力不低于 8 MPa）或压气喷雾降尘、装岩（煤）洒水和净化风流等综合防尘措施。

（3）煤、岩钻孔作业

应采取湿式作业，煤（岩）与瓦斯突出煤层或者软煤层中难以采取湿式钻孔时，可以采取干式钻孔，但必须采取除尘器捕尘、除尘，除尘器的呼吸性粉尘除尘效率不得低于 90%。

（4）炮采工作面

应采取湿式钻眼，使用水炮泥，爆破前后应当冲洗煤壁，爆破时应采用高压喷雾（喷雾压力不低于 8 MPa）或压气喷雾降尘，出煤时应当洒水降尘。

（5）机采工作面

必须使用内、外喷雾装置。其中，内喷雾压力不得低于 2 MPa，外喷雾压力不得低于 4 MPa。内喷雾装置不能正常使用时，外喷雾压力不得低于 8 MPa，否则采煤机必须停机。液压支架必须安装自动喷雾降尘装置，实现降柱、移架同步喷雾。破碎机必须安装防尘罩，并加装喷雾装置或者除尘器。放顶煤采煤工作面的放煤口，必须安装高压喷雾装置（喷雾压力不低于 8 MPa）或者采取压气喷雾降尘。

（6）机掘工作面

应使用内、外喷雾装置和控尘装置、除尘器等构成的综合防尘系统。掘进机内喷雾压力不得低于 2 MPa，外喷雾压力不得低于 4 MPa。内喷雾装置不能正常使用时，外喷雾压力不得低于 8 MPa。除尘器的呼吸性粉尘除尘效率不得低于 90%。

(7) 井工煤矿采煤工作面回风巷、掘进工作面回风侧

应当分别安设至少两道自动控制风流净化水幕。

(8) 井下煤仓放煤口、溜煤眼放煤口以及地面带式输送机走廊

必须安设喷雾装置或者除尘器，作业时进行喷雾降尘或用除尘器除尘。煤仓放煤口、溜煤眼放煤口采用喷雾降尘时，喷雾压力不得低于 8 MPa。

(9) 采掘工作面煤层注水

所有煤层必须进行煤层注水可注性测试，对于可注水煤层必须进行煤层注水。

(10) 锚喷工作面

应实施湿式钻孔，喷射混凝土时应采用潮喷或者湿喷工艺，喷射机、喷浆点应配备捕尘、除尘装置，距离锚喷作业点下风向 100 m 内，应设置两道以上自动控制风流净化水幕。

(11) 转载点、装煤点和运输巷道

转载点应采用自动喷雾降尘（喷雾压力应当大于 0.7 MPa）或密闭尘源除尘器抽尘净化等措施。转载点落差超过 0.5 m 时，必须安装溜槽或者导向板。装煤点下风侧 20 m 内，必须设置一道自动控制风流净化水幕。运输巷道内应设置自动控制风流净化水幕。

(12) 露天煤矿粉尘防治措施

1) 应设置有专门稳定可靠供水水源的加水站（池），加水能力满足洒水降尘所需的最大供给量。

2) 采取湿式钻孔，不能实现湿式钻孔时，设置有效的孔口捕尘装置。

3) 破碎作业时，密闭作业区域采用喷雾降尘或者除尘器除尘。

4) 加强对穿孔机、挖掘机、汽车等司机操作室的防护。

5) 挖掘机装车前，对煤（岩）洒水，卸煤（岩）时喷雾降尘。

6) 对运输路面经常清理浮尘、洒水，加强维护，保持路面平整。

二、噪声控制

1. 噪声控制原则

(1) 消除、控制噪声源

通过改进机械设备的结构原理、改变加工工艺方法，提高机器的精密度，减少摩擦

和撞击，提高装配质量以实现对声源的控制，使强噪声变为弱噪声。

（2）控制噪声源传播

在噪声传播过程中，采用吸声、隔声、消声、减震的材料和装置阻断和屏蔽噪声的传播。

（3）个体防护

根据噪声的不同频率特性，选择适宜的防护用具，并实行轮流工作制，尽可能减少在噪声环境中的工作时间。

2. 生产过程中降噪的主要方法

（1）提升机、压风机、通风机等设备降噪措施

1）对产生噪声的设备本身进行降噪控制。对电机降噪可采取安装全封闭固定隔声罩、局部固定隔声罩、固定式隔声屏、组合式隔声屏等，以及紧固设备构件，减少设备振动噪声。

2）对周围环境进行降噪控制。有条件尽可能设立单独的操作间，并安装隔声、降声、吸声材料，如加装隔声门窗等。

3）加强对职工个体的防护，并尽量减少噪声接触时间。

（2）掘进工作面降噪措施

1）采用掘进机作业的，应尽量减少机械设备本身的振动，加强维修、维护和保养；可在设备上安装使用减振、隔声材料；加强对职工个体的防护。

2）采用气动凿岩机的，可改进消声罩进行降噪；推广使用凿岩机或凿岩台车，降低源发噪声；加强对职工个体的防护。

（3）采煤工作面降噪措施

采煤工作面的主要噪声来源于采煤机和刮板输送机等设备。应尽量减少机械设备本身的振动，加强维修、维护和保养；可在设备上安装使用减振、隔声材料；加强对职工个体的防护。

（4）露天煤矿作业降噪措施

露天煤矿噪声主要来源于各种机械设备，因此及时对机械设备进行维护、检修，避免机械设备部件松动是减少噪声源的主要措施。另外，驾驶室的密闭、隔声也是避免驾驶员接触噪声的重要措施。

第四节　职业病诊断与职业病病人保障

一、职业病诊断 

1. 职业病诊断机构选择及需要提交的资料

（1）诊断机构选择

劳动者可以选择用人单位所在地、本人户籍所在地或经常居住地的职业病诊断机构进行职业病诊断。

（2）职业病诊断需要提交的资料

1）劳动者职业史和职业危害接触史（包括在岗时间、工种、岗位、接触的职业病危害因素等）。

2）职业健康监护档案复印件。

3）劳动者职业健康检查结果。

4）工作场所职业病危害因素检测结果。

5）诊断机构要求提供的其他必需的有关材料。

上述资料主要由用人单位和劳动者提供，也可由有关机构和卫生行政部门提供。劳动者进行职业病诊断时，当事人对职业史、职业病危害接触史有争议的，可向用人单位所在地劳动人事争议仲裁委员会申请仲裁。其他资料如劳动者不掌握，由职业病诊断机构书面通知用人单位提供。

2. 职业病诊断机构和诊断医师的条件

（1）职业病诊断机构条件

职业病诊断应当由取得《医疗机构执业许可证》的医疗卫生机构承担。承担职业病诊断的医疗卫生机构应具备下列条件：

1）持有《医疗机构执业许可证》。

2）具有开展职业病诊断相适应的医疗卫生技术人员。

3）具有与开展职业病诊断相适应的仪器、设备。

4）具有健全的职业病诊断质量管理制度。

（2）职业病诊断医师条件

从事职业病诊断的医师应当具备下列条件，并取得省级卫生行政部门颁发的职业病诊断资格证书：

1）具有医师执业证书。

2）具有中级以上卫生专业技术职务任职资格。

3）熟悉职业病防治法律法规和职业病诊断标准。

4）从事职业病诊断、鉴定相关工作三年以上。

5）按规定参加职业病诊断医师相应专业培训，并考核合格。

3. 职业病诊断程序及档案

（1）职业病诊断程序

1）职业病诊断机构在进行职业病诊断时，应当组织三名以上单数职业病诊断医师集体诊断。职业病诊断医师应当独立分析、判断并提出诊断意见，任何单位和个人无权干预。

2）职业病诊断机构在进行职业病诊断时，诊断医师对诊断结论有意见分歧的，应当根据半数以上诊断医师的一致意见形成诊断结论，对不同意见应如实记录。参与诊断的职业病诊断医师不得弃权。

3）职业病诊断机构可根据诊断需要，聘请其他单位职业病诊断医师参加诊断。必要时可邀请相关专业专家提供咨询意见。

4）职业病诊断机构作出职业病诊断结论后，应当出具职业病诊断证明书。

（2）职业病诊断证明书

职业病诊断证明书包括以下内容：

1）劳动者、用人单位基本信息。

2）诊断结论。确认为职业病的，应当载明职业病名称、程度（期别）、处理意见。

3）诊断时间。

职业病诊断证明书应当由参加诊断的医师共同签署，并经职业病诊断机构审核盖章。

职业病诊断证明书一式三份，劳动者、用人单位各一份，诊断机构存档一份。

（3）职业病诊断档案

职业病诊断机构应当建立职业病诊断档案并永久保存，档案包括：

1）职业病诊断证明书。

2）职业病诊断过程记录。

3）用人单位、劳动者和相关部门、机构提交的有关资料。

4）临床检查与实验室检验等资料。

5）与诊断有关的其他资料。

二、职业病鉴定 

1. 职业病鉴定所需材料

1）职业病鉴定申请书。

2）职业病诊断证明书。

3）卫生行政部门要求提供的其他有关资料。

2. 劳动者在职业病诊断与鉴定过程中享有的权利

（1）选择诊断机构就诊的权利

劳动者可以选择用人单位所在地、本人户籍所在地或经常居住的职业病诊断机构进行职业病诊断。劳动者依法要求进行职业病诊断的，职业病诊断机构应当接诊。

（2）知情权

职业病诊断、鉴定机构应当告知劳动者职业病诊断、鉴定所需材料和程序，并及时告知劳动者诊断、鉴定结果。

（3）申请劳动仲裁的权利

职业病诊断、鉴定过程中，有争议的可依法向用人单位所在地劳动人事仲裁委员会申请仲裁。

（4）异议申诉权利

劳动者对用人单位提供的工作场所职业病危害因素检测结果等资料有异议的，职业病诊断机构应当提请用人单位所在地卫生行政部门进行调查和判定。

（5）选拔鉴定专家权

劳动者可以自己或委托职业病鉴定办事机构从专家库中按照专业类别随机抽取鉴定专家。

（6）隐私受保护权

职业病诊断机构及其他相关工作人员应当尊重、关心、管护劳动者，保护劳动者的隐私。

法律规定，当事人如果对职业病诊断结果或职业病鉴定结论有异议，可在接到职业病诊断证明书之日起30日内，向职业病诊断机构所在地设区的市级卫生行政部门申请鉴定。当事人对设区的市级职业病鉴定结论不服的，可在接到鉴定书之日起15日内，向原鉴定组织所在地省级卫生行政部门申请再次鉴定。职业病鉴定实行两级鉴定制，省级职业病鉴定结论为最终鉴定。

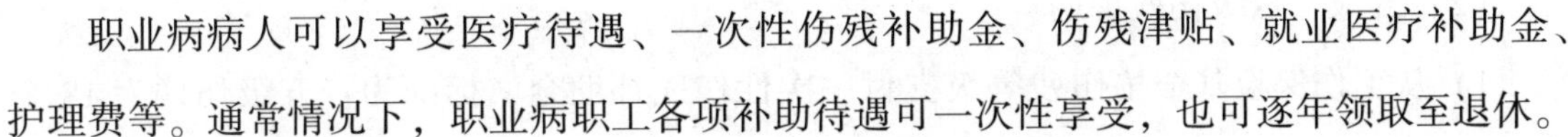

三、职业病相关待遇

职业病病人可以享受医疗待遇、一次性伤残补助金、伤残津贴、就业医疗补助金、护理费等。通常情况下，职业病职工各项补助待遇可一次性享受，也可逐年领取至退休。

1. 医疗待遇

（1）全额报销医疗费。

（2）住院伙食补助费。

（3）配置辅助器具。

（4）在停工留薪期间内，原工资待遇不变，由所在单位按月支付。

（5）护理费按照生活完全不能自理、生活大部分不能自理或生活部分不能自理3个不同等级支付。

2. 伤残待遇

职工发生职业病，经治疗伤情相对稳定后存在残疾、影响劳动能力的，应当进行劳动能力鉴定。劳动能力鉴定是指劳动功能障碍程度和生活自理障碍程度的鉴定（即伤残鉴定）。劳动功能障碍分为10个伤残等级，生活自理障碍分为3个等级，不同伤残的职业病病人享受的工伤保险待遇也不同。

（1）一级至四级伤残待遇

职业病致残鉴定为一级至四级伤残的，保留劳动关系，退出工作岗位，享受以下待遇。

1）从工伤保险基金按伤残等级支付一次性伤残补助金，标准为：一级伤残为27个月本人工资（本人工资指患职业病前12个月平均月工伤保险缴费工资，本人工资高于统筹地区职工平均工资300%的，按统筹地区职工平均工资300%计算；本人工资低于统筹地区职工平均工资60%的，按统筹地区职工平均工资60%计算），二级伤残为25个月本人工资，三级伤残为23个月本人工资，四级伤残为21个月本人工资。

2）从工伤保险基金按月支付伤残津贴，标准为：一级伤残为本人工资90%，二级伤残为本人工资85%，三级伤残为本人工资80%，四级伤残为本人工资75%。伤残津贴实际金额低于当地最低工资标准的，由工伤保险基金补足差额。

3）患有职业病的达到退休年龄并办理退休手续后，停发伤残津贴，按照国家规定享受基本养老保险待遇，基本养老保险低于伤残津贴的，由工伤保险基金补足差额。

（2）五级、六级伤残待遇

1）从工伤保险基金按伤残等级支付一次性伤残补助金，标准为：五级伤残为18个月本人工资，六级伤残为16个月本人工资。

2）保留与用人单位的劳动关系，由用人单位安排适当工作。难以安排工作的由用人单位按月发给伤残津贴，标准为：五级伤残为本人工资70%，六级伤残为本人工资60%，并由用人单位按照规定为其缴纳各项社会保险费。伤残津贴实际金额低于当地最低工资标准的，由用人单位补足差额。

（3）七至十级伤残待遇

1）从工伤保险基金按伤残等级支付一次性伤残补助金，标准为：七级伤残为13个月本人工资，八级伤残为11个月本人工资，九级伤残为9个月本人工资，十级伤残为7个月本人工资。

2）劳动、聘用合同期满终止，或者职工提出解除劳动聘用合同的，由用人单位支付一次性工伤医疗补助金和伤残就业补助金。一次性工伤医疗补助金和一次性伤残就业补助金具体标准由省、自治区、直辖市人民政府规定。

第六章　煤矿事故避灾和自救互救基本知识

第一节　煤矿生产安全事故分类

一、生产安全事故概念 

生产安全事故（以下简称事故）是指生产经营单位在生产经营活动（包括与生产经营有关的所有活动）中突然发生的，伤害人身安全和健康，或者损坏设备设施，或者造成经济损失，导致原生产经营活动暂时中止或永远终止的意外事件。

二、生产安全事故分类 

1. 根据生产安全事故造成的人员伤亡或者直接经济损失分类

（1）特别重大事故

造成 30 人及以上死亡，或者 100 人及以上重伤（包括急性工业中毒，下同），或者 1 亿元及以上直接经济损失的事故。

（2）重大事故

造成 10 人及以上 30 人以下死亡，或者 50 人及以上 100 人以下重伤，或者 5 000 万元及以上 1 亿元以下直接经济损失的事故。

（3）较大事故

造成 3 人及以上 10 人以下死亡，或者 10 人及以上 50 人以下重伤，或者 1 000 万元及以上 5 000 万元以下直接经济损失的事故。

（4）一般事故

造成3人以下死亡，或者10人以下重伤，或者1 000万元以下直接经济损失的事故。

2. 事故按诱发因素分类

按诱发因素的不同，将事故分为责任事故和非责任事故两种类型。

责任事故是指人们在进行有目的的活动中，由于人为的因素，如违规操作、违章指挥、违反劳动纪律、管理缺陷、生产作业条件恶劣、设计缺陷、设备保养不良等原因造成的事故。此类事故是可以预防的。

非责任事故主要包括自然灾害事故和因人们对某种事物的规律性尚未认识，目前的科学技术水平尚无法预防和避免的事故等。

3. 按事故性质分类

依照煤安字（1995）第50号文《煤炭工业企业职工伤亡事故报告和统计规定（试行)》划分的伤亡事故统计分类标准，将煤炭工业企业职工伤亡事故分为以下8类：

（1）顶板事故

矿井冒顶、片帮、顶板掉牙、顶板支护垮倒、冲击地压、露天矿滑坡、坑槽垮塌等事故，底板事故也视为顶板事故。

（2）瓦斯事故

瓦斯（煤尘）爆炸（燃烧），煤（岩）与瓦斯突出，瓦斯中毒、窒息等事故。

（3）机电事故

机电设备（设施）导致的事故。包括运输设备在安装、检修、调试过程中发生的事故。

（4）运输事故

运输设备（设施）在运行过程中发生的事故。

（5）爆破事故

爆矿崩人、触响瞎炮等造成的事故。

（6）火灾事故

煤与矸石自然发火和外因火灾等造成的事故（煤层自燃未见明火，逸出有害气体中毒算作瓦斯事故）。

（7）水害事故

地表水、采空区水、地质水、工业用水以及透黄泥、流沙等导致的事故。

（8）其他事故

以上 7 类以外的事故。

4. 非伤亡事故

在煤矿生产活动中，由于管理不善、操作失误、设备缺陷等原因，造成中断生产、设备损坏等，但未造成人员伤亡的事故，通称为非伤亡事故。原中国统配煤矿总公司下发的《关于加强非伤亡事故管理的通知》，把非伤亡事故分为三级。

（1）一级非伤亡事故

发生的事故使全矿井停工 8 h 以上，或使采区停工 3 昼夜以上；瓦斯、煤尘燃烧与爆炸；煤与瓦斯突出，其突出煤量超过 50 t（含 50 t）；井下发火封闭采区影响安全生产；火灾使井下全部或一翼停止生产；采区通风不良，风流瓦斯超限或瓦斯积聚，造成停产；采煤工作面冒顶长度在 10 m（含 10 m）以上；掘进工作面冒顶长度在 5 m（含 5 m）以上；巷道冒顶长 10 m（含 10 m）以上。

（2）二级非伤亡事故

发生的事故使全矿井停工 2 h 以上，但不足 8 h，或采区停工 8 h 以上，但不足 3 昼夜；井下发火封闭采掘工作面；煤与瓦斯突出，其突出煤量超过 10 t（含 10 t）；因水灾使采区停产；采掘工作面通风不良，风流中瓦斯超限或瓦斯积聚，造成停产；采煤工作面冒顶长度超过 5 m（含 5 m）；掘进工作面冒顶长度超过 3 m（含 3 m）；巷道冒顶长度超过 5 m（含 5 m）。

（3）三级非伤亡事故

发生的事故使全矿井停产 130 min~2 h，或使采区停工 2~8 h；通风不良或局部通风机无计划停电，使风流中局部瓦斯聚集，瓦斯浓度超过 3%；煤与瓦斯突出，其突出煤量在 10 t 以下；范围不大的井下发火；因水灾使一个采掘面停止生产；采煤工作面冒顶长度超过 3 m（含 3 m）；掘进工作面冒顶长度 3 m 以下；巷道冒顶长度 5 m 以下。

5. 按伤害程度分类

按伤害程度划分，将事故分为死亡、轻伤、重伤三类。

（1）死亡事故

造成人员死亡的事故。

（2）轻伤事故

伤员需休息一个工作日及以上，但未达到重伤程度的伤害。

（3）重伤事故

伤员凡有下列情况之一者，均作为重伤事故处理：

1）经医师诊断成为残疾或可能成为残疾的。

2）伤势严重，需要进行技术较大的手术才能挽救生命的。

3）要害部位严重灼伤、烫伤或非要害部位灼伤、烫伤占全身面积 1/3 以上的。

4）严重骨折、严重脑震荡等。

5）眼部受伤较重，有失明可能的。

6）手部伤害、脚部伤害可能致残疾者。

7）内部伤害，内脏损伤、内出血或伤及腹膜等。

第二节　生产安全事故应急预案相关规定

中华人民共和国应急管理部令第 2 号《应急管理部关于修改〈生产安全事故应急预案管理办法〉的决定》已经 2019 年 6 月 24 日应急管理部第 20 次部务会议审议通过，自 2019 年 9 月 1 日起施行。本节以修改后的《生产安全事故应急预案管理办法》为主要内容，了解国家关于生产安全事故应急预案相关的规定。

一、基本要求

1. 应急预案及其管理

（1）应急预案的管理实行属地为主、分级负责、分类指导、综合协调、动态管理的原则。

（2）应急管理部负责全国应急预案的综合协调管理工作。国务院其他负有安全生产监督管理职责的部门在各自职责范围内，负责相关行业、领域应急预案的管理工作。

县级以上地方各级人民政府应急管理部门负责本行政区域内应急预案的综合协调管理工作。县级以上地方各级人民政府其他负有安全生产监督管理职责的部门按照各自的职责负责有关行业、领域应急预案的管理工作。

（3）生产经营单位主要负责人负责组织编制和实施本单位的应急预案，并对应急预案的真实性和实用性负责；各分管负责人应当按照职责分工落实应急预案规定的职责。

2. 应急预案的分类

生产经营单位应急预案分为综合应急预案、专项应急预案和现场处置方案。

（1）综合应急预案是指生产经营单位为应对各种生产安全事故而制定的综合性工作方案，是本单位应对生产安全事故的总体工作程序、措施和应急预案体系的总纲。

（2）专项应急预案是指生产经营单位为应对某一种或者多种类型生产安全事故，或者针对重要生产设施、重大危险源、重大活动防止生产安全事故而制定的专项性工作方案。

（3）现场处置方案是指生产经营单位根据不同生产安全事故类型，针对具体场所、装置或者设施所制定的应急处置措施。

二、应急预案的编制 

1. 编制要求

应急预案的编制应当遵循以人为本、依法依规、符合实际、注重实效的原则，以应急处置为核心，明确应急职责、规范应急程序、细化保障措施。

应急预案的编制应当符合下列基本要求：

（1）有关法律、法规、规章和标准的规定。

（2）本地区、本部门、本单位的安全生产实际情况。

（3）本地区、本部门、本单位的危险性分析情况。

（4）应急组织和人员的职责分工明确，并有具体的落实措施。

（5）有明确、具体的应急程序和处置措施，并与其应急能力相适应。

（6）有明确的应急保障措施，满足本地区、本部门、本单位的应急工作需要。

（7）应急预案基本要素齐全、完整，应急预案附件提供的信息准确。

（8）应急预案内容与相关应急预案相互衔接。

2. 编制工作及其程序

（1）编制应急预案应当成立编制工作小组，由本单位有关负责人任组长，吸收与应急预案有关的职能部门和单位的人员，以及有现场处置经验的人员参加。

（2）编制应急预案前，编制单位应当进行事故风险辨识、评估和应急资源调查。

事故风险辨识、评估，是指针对不同事故种类及特点，识别存在的危险危害因素，分析事故可能产生的直接后果以及次生、衍生后果，评估各种后果的危害程度和影响范围，提出防范和控制事故风险措施的过程。

应急资源调查是指全面调查本地区、本单位第一时间可以调用的和合作区域内可以请求援助的应急资源状况，并结合事故风险辨识评估结论制定应急措施的过程。

3. 应急预案的主要内容

（1）地方各级人民政府应急管理部门和其他负有安全生产监督管理职责的部门应当根据法律、法规、规章和同级人民政府以及上一级人民政府应急管理部门和其他负有安全生产监督管理职责的部门的应急预案，结合工作实际，组织编制相应的部门应急预案。

部门应急预案应当根据本地区、本部门的实际情况，明确信息报告、响应分级、指挥权移交、警戒疏散等内容。

（2）生产经营单位应当根据有关法律、法规、规章和相关标准，结合本单位组织管理体系、生产规模和可能发生的事故特点，与相关预案保持衔接，确立本单位的应急预案体系，编制相应的应急预案，并体现自救互救和先期处置等特点。

（3）生产经营单位风险种类多、可能发生多种类型事故的，应当组织编制综合应急预案。

综合应急预案应当规定应急组织机构及其职责、应急预案体系、事故风险描述、预警及信息报告、应急响应、保障措施、应急预案管理等内容。

（4）对于某一种或者多种类型的事故风险，生产经营单位可以编制相应的专项应急预案，或将专项应急预案并入综合应急预案。

专项应急预案应当规定应急指挥机构与职责、处置程序和措施等内容。

(5) 对于危险性较大的场所、装置或者设施，生产经营单位应当编制现场处置方案。

现场处置方案应当规定应急工作职责、应急处置措施和注意事项等内容。

事故风险单一、危险性小的生产经营单位，可以只编制现场处置方案。

(6) 生产经营单位应急预案应当包括向上级应急管理机构报告的内容、应急组织机构和人员的联系方式、应急物资储备清单等附件信息。附件信息发生变化时，应当及时更新，确保准确有效。

4. 编制注意事项

(1) 生产经营单位组织应急预案编制过程中，应当根据法律、法规、规章的规定或者实际需要，征求相关应急救援队伍、公民、法人或者其他组织的意见。

(2) 生产经营单位编制的各类应急预案之间应当相互衔接，并与相关人民政府及其部门、应急救援队伍和涉及的其他单位的应急预案相衔接。

(3) 生产经营单位应当在编制应急预案的基础上，针对工作场所、岗位的特点，编制简明、实用、有效的应急处置卡。

应急处置卡应当规定重点岗位、人员的应急处置程序和措施，以及相关联络人员和联系方式，便于从业人员携带。

三、应急预案的评审、公布和备案

1. 评审

(1) 地方各级人民政府应急管理部门应当组织有关专家对本部门编制的部门应急预案进行审定；必要时，可以召开听证会，听取社会有关方面的意见。

(2) 矿山、金属冶炼企业和易燃易爆物品、危险化学品的生产、经营（带储存设施的，下同）、储存、运输企业，以及使用危险化学品达到国家规定数量的化工企业、烟花爆竹生产、批发经营企业和中型规模以上的其他生产经营单位，应当对本单位编制的应急预案进行评审，并形成书面评审纪要。

上述规定以外的其他生产经营单位可以根据自身需要，对本单位编制的应急预案进行论证。

（3）参加应急预案评审的人员应当包括有关安全生产及应急管理方面的专家。评审人员与所评审应急预案的生产经营单位有利害关系的，应当回避。

（4）应急预案的评审或者论证应当注重基本要素的完整性、组织体系的合理性、应急处置程序和措施的针对性、应急保障措施的可行性、应急预案的衔接性等内容。

2. 公布

（1）生产经营单位的应急预案经评审或者论证后，由本单位主要负责人签署，向本单位从业人员公布，并及时发放到本单位有关部门、岗位和相关应急救援队伍。

事故风险可能影响周边其他单位、人员的，生产经营单位应当将有关事故风险的性质、影响范围和应急防范措施告知周边的其他单位和人员。

（2）地方各级人民政府应急管理部门的应急预案，应当报同级人民政府备案，同时抄送上一级人民政府应急管理部门，并依法向社会公布。

地方各级人民政府其他负有安全生产监督管理职责的部门的应急预案，应当抄送同级人民政府应急管理部门。

（3）易燃易爆物品、危险化学品等危险物品的生产、经营、储存、运输单位，矿山、金属冶炼、城市轨道交通运营、建筑施工单位，以及宾馆、商场、娱乐场所、旅游景区等人员密集场所经营单位，应当在应急预案公布之日起20个工作日内，按照分级属地原则，向县级以上人民政府应急管理部门和其他负有安全生产监督管理职责的部门进行备案，并依法向社会公布。

3. 备案

（1）上述单位属于中央企业的，其总部（上市公司）的应急预案，报国务院主管的负有安全生产监督管理职责的部门备案，并抄送应急管理部；其所属单位的应急预案报所在地的省、自治区、直辖市或者设区的市级人民政府主管的负有安全生产监督管理职责的部门备案，并抄送同级人民政府应急管理部门。

上述单位不属于中央企业的，其中非煤矿山、金属冶炼和危险化学品生产、经营、储存、运输企业，以及使用危险化学品达到国家规定数量的化工企业、烟花爆竹生产、批发经营企业的应急预案，按照隶属关系报所在地县级以上地方人民政府应急管理部门备案；上述单位以外的其他生产经营单位应急预案的备案，由省、自治区、直辖市人民政府负有安全生产监督管理职责的部门确定。

油气输送管道运营单位的应急预案，除按照前述规定备案外，还应当抄送所经行政区域的县级人民政府应急管理部门。

海洋石油开采企业的应急预案，除按照前述规定备案外，还应当抄送所经行政区域的县级人民政府应急管理部门和海洋石油安全监管机构。

煤矿企业的应急预案除按照前述规定备案外，还应当抄送所在地的煤矿安全监察机构。

（2）生产经营单位申报应急预案备案，应当提交下列材料：

1）应急预案备案申报表。

2）前述高危生产经营单位，应当提供应急预案评审意见。

3）应急预案电子文档。

4）风险评估结果和应急资源调查清单。

（3）受理备案登记的负有安全生产监督管理职责的部门应当在 5 个工作日内对应急预案材料进行核对，材料齐全的，应当予以备案并出具应急预案备案登记表；材料不齐全的，不予备案并一次性告知需要补齐的材料。逾期不予备案又不说明理由的，视为已经备案。

对于实行安全生产许可的生产经营单位，已经进行应急预案备案的，在申请安全生产许可证时，可以不提供相应的应急预案，仅提供应急预案备案登记表。

（4）各级人民政府负有安全生产监督管理职责的部门应当建立应急预案备案登记建档制度，指导、督促生产经营单位做好应急预案的备案登记工作。

四、应急预案的实施 

1. 宣传教育培训

（1）各级人民政府应急管理部门、各类生产经营单位应当采取多种形式开展应急预案的宣传教育，普及生产安全事故避险、自救和互救知识，提高从业人员和社会公众的安全意识与应急处置技能。

（2）各级人民政府应急管理部门应当将本部门应急预案的培训纳入安全生产培训工作计划，并组织实施本行政区域内重点生产经营单位的应急预案培训工作。

生产经营单位应当组织开展本单位的应急预案、应急知识、自救互救和避险逃生技能的培训活动，使有关人员了解应急预案内容，熟悉应急职责、应急处置程序和措施。

应急培训的时间、地点、内容、师资、参加人员和考核结果等情况应当如实记入本单位的安全生产教育和培训档案。

2. 演练

（1）各级人民政府应急管理部门应当至少每两年组织一次应急预案演练，提高本部门、本地区生产安全事故应急处置能力。

（2）生产经营单位应当制订本单位的应急预案演练计划，根据本单位的事故风险特点，每年至少组织一次综合应急预案演练或者专项应急预案演练，每半年至少组织一次现场处置方案演练。

易燃易爆物品、危险化学品等危险物品的生产、经营、储存、运输单位，矿山、金属冶炼、城市轨道交通运营、建筑施工单位，以及宾馆、商场、娱乐场所、旅游景区等人员密集场所经营单位，应当至少每半年组织一次生产安全事故应急预案演练，并将演练情况报送所在地县级以上地方人民政府负有安全生产监督管理职责的部门。

县级以上地方人民政府负有安全生产监督管理职责的部门应当对本行政区域内上述规定的重点生产经营单位的生产安全事故应急救援预案演练进行抽查；发现演练不符合要求的，应当责令限期改正。

3. 评估

（1）应急预案演练结束后，应急预案演练组织单位应当对应急预案演练效果进行评估，撰写应急预案演练评估报告，分析存在的问题，并对应急预案提出修订意见。

（2）应急预案编制单位应当建立应急预案定期评估制度，对预案内容的针对性和实用性进行分析，并对应急预案是否需要修订作出结论。

矿山、金属冶炼、建筑施工企业，易燃易爆物品、危险化学品等危险物品的生产、经营、储存、运输企业，使用危险化学品达到国家规定数量的化工企业，烟花爆竹生产、批发经营企业和中型规模以上的其他生产经营单位，应当每三年进行一次应急预案评估。

应急预案评估可以邀请相关专业机构或者有关专家、有实际应急救援工作经验的人员参加，必要时可以委托安全生产技术服务机构实施。

4. 修订与变更

（1）有下列情形之一的，应急预案应当及时修订并归档：

1）依据的法律、法规、规章、标准及上位预案中的有关规定发生重大变化的。

2）应急指挥机构及其职责发生调整的。

3）安全生产面临的风险发生重大变化的。

4）重要应急资源发生重大变化的。

5）在应急演练和事故应急救援中发现需要修订预案的重大问题的。

6）编制单位认为应当修订的其他情况。

（2）应急预案修订涉及组织指挥体系与职责、应急处置程序、主要处置措施、应急响应分级等内容变更的，修订工作应当参照应急预案编制程序进行，并按照有关应急预案报备程序重新备案。

5. 维护与响应

（1）生产经营单位应当按照应急预案的规定，落实应急指挥体系、应急救援队伍、应急物资及装备，建立应急物资、装备配备及其使用档案，并对应急物资、装备进行定期检测和维护，使其处于适用状态。

（2）生产经营单位发生事故时，应当第一时间启动应急响应，组织有关力量进行救援，并按照规定将事故信息及应急响应启动情况报告事故发生地县级以上人民政府应急管理部门和其他负有安全生产监督管理职责的部门。

（3）生产安全事故应急处置和应急救援结束后，事故发生单位应当对应急预案实施情况进行总结评估。

五、法律责任

（1）生产经营单位有下列情形之一的，由县级以上人民政府应急管理等部门依照《安全生产法》的规定，责令限期改正，可以处 5 万元以下罚款；逾期未改正的，责令停产停业整顿，并处 5 万元以上 10 万元以下的罚款，对直接负责的主管人员和其他直接责任人员处 1 万元以上 2 万元以下的罚款：

1）未按照规定编制应急预案的。

2）未按照规定定期组织应急预案演练的。

（2）生产经营单位有下列情形之一的，由县级以上人民政府应急管理部门责令限期改正，可以处1万元以上3万元以下的罚款：

1）在应急预案编制前未按照规定开展风险辨识、评估和应急资源调查的。

2）未按照规定开展应急预案评审的。

3）事故风险可能影响周边单位、人员的，未将事故风险的性质、影响范围和应急防范措施告知周边单位和人员的。

4）未按照规定开展应急预案评估的。

5）未按照规定进行应急预案修订的。

6）未落实应急预案规定的应急物资及装备的。

生产经营单位未按照规定进行应急预案备案的，由县级以上人民政府应急管理等部门依照职责责令限期改正；逾期未改正的，处3万元以上5万元以下的罚款，对直接负责的主管人员和其他直接责任人员处1万元以上2万元以下的罚款。

第三节　生产安全事故应急处置及避灾方法

一、顶板事故的应急处置及避灾方法

矿井在开采过程中，采掘工作面或已掘的巷道内所发生的冒顶、片帮、掉矸等造成的人身伤亡和生产事故统称为顶板事故，生产中有时直接称其为冒顶（事故）。

顶板事故是煤矿五大灾害之一，尤其是其中的冒顶发生所造成的危害很大，掌握顶板事故的预兆及其预防措施是煤矿安全生产的重要保障之一。顶板事故对矿井安全生产危害性极大，据统计顶板事故发生起数占矿井总事故起数的60%以上，伤亡人数占40%左右。

1. 顶板的分类

（1）伪顶

直接位于煤层之上较薄的软岩层，通常是泥质页岩、泥岩，富含植物化石，在采煤时随落煤面垮落，不易支护，容易影响煤质。

（2）直接顶

位于伪顶或煤层（无伪顶时）之上的泥岩、页岩、粉砂岩或细砂岩，具有一定的稳定性，易随回柱面垮落。

（3）老顶（基本顶）

位于直接顶之上较坚硬的岩层，多为砂岩、砾岩、石灰岩，它能在采空区较长时间内维持很大面积不垮落。

2. 顶板事故的分类

（1）按造成冒顶的力源及施力方向分类

1）压垮型冒顶。因支护强度不足、顶板来压时压垮支架而造成的冒顶事故。

2）漏垮型冒顶。由于顶板破碎、支护不严而引起的顶板岩石冒落的冒顶事故。

3）推垮型冒顶。因复合型顶板条件下或大块游离顶板作用使大量支架倾斜而造成的冒顶。

（2）按冒顶的范围分类

1）局部冒顶。指顶板冒落范围不大，伤亡人数不多（1~2 人）的冒顶。实际生产中局部冒顶的次数远大于大型冒顶，约占采面顶板事故的 70%，危害也比较大。

2）大型冒顶。指冒顶范围较大，伤亡人数多，而且来势凶猛，处理起来难度较大的冒顶。

3. 工作面冒顶的基本规律

（1）事故频率

顶板破碎或不稳定则冒顶多，约占全部工作面顶板事故的 70%~80%；中等稳定和部分稳定则冒顶少，约占全部工作面顶板事故的 20%~30%；坚硬顶板事故冒落面积大，往往造成重大恶性事故。

（2）冒顶地点

大多冒顶发生在煤壁线、切顶线和工作面端头附近地点。

（3）支护形式和机械化程度安全状况

一般情况下，机械化程度越高，冒顶概率越低。综合机械化采煤的安全性最高，其次是普通机械化采煤，然后是高档炮采，而一般炮采的安全性最低。

（4）顶板来压

冒顶多发生在顶板来压期间，约占总顶板事故的60%~70%，尤其在直接顶和老顶来压期间事故更多。

（5）煤层条件

煤层倾角越大，煤层厚度越厚，其顶板事故发生频率越高；复合煤层顶板的事故率超过简单构造煤层事故率。

（6）回采工序

回柱顶板事故率约占顶板总事故数30%~50%，且炮采和普采采煤最后回柱的瞬间发生事故的概率较大。

（7）地质构造

顶底板起伏不平或大采高很容易造成片帮和推倒支架，断层破碎带容易发生冒顶。

4. 冒顶的预兆、原因和防治措施

（1）冒顶的预兆

在冒顶发生前一般都有预兆，这些预兆可分为以下几个方面：

1）声音方面的预兆。老顶断裂时会发出鸣炮声、闷雷声，在老顶的压力下直接顶会破碎、发出破裂声，支护设备有劈裂声。

2）直接顶上的预兆。在压力作用下，直接顶下沉速度加快，下沉量增大，直接顶裂隙条数增多并加宽，出现掉渣、“下矸石雨”现象，顶板弯曲下沉。

3）支护设备上的预兆。在压力作用下，采掘空间的支柱受力增大出现钻底，活柱下缩速度加快，出现下缩量加大现象，有时支柱被压裂、压断或有支柱整体向一侧倾斜。

4）煤壁上的预兆。煤壁在压力作用下被压酥，出现片帮速度加快、片帮量加大现象。

5）压力显现预兆。地板鼓起、瓦斯量增大、淋水增大。

（2）冒顶的原因

1）因作用在支架上的载荷过大引起的冒顶：

①岩石容重过大。

②煤层厚度增大。

③采空区矸石垫形成缓慢。

④采空区充填不满。

⑤覆盖岩层的岩石自承能力降低。

⑥采空区冒落矸石碎涨系数小。

2）因临近岩石的滑动而引起的冒顶：

①岩石容重增大。

②顶板或地板地质构造的变化。

③岩石倾角的意外变化。

④裂隙的摩擦系数减少。

3）因支护不及时引起的冒顶：

①在时间上，如支护延迟、地板突然破坏等。

②在空间上，如倾斜工作面因矸石下滑面推到支架，煤壁附近顶板支护不好，偏心载荷作用在支架上，顶梁与顶板接触不好等。

4）因煤壁片帮引起的冒顶：

①重力引起，如工作面片帮、煤壁向倾斜方向下滑等。

②煤层开采释放的各种力引起，如煤岩突出等。

③煤层内瓦斯压力所作用的力引起，如煤和瓦斯突出等。

（3）冒顶的防治措施

1）支护方式要与顶板的岩性相适应，不同岩性的顶板要采取不同的支护方式。

2）采煤以后要及时支护，特别是对于破碎松软的顶板，一定要及时支护，缩短顶板的悬露时间。普采工作面要及时挂梁，综采工作面要跟紧采煤机后移架，掘进工作面要采用前探梁支护。

3）普通机械化采煤在整体推移运输机时要采取有效措施，采用边移运输机边去掉临时柱，并紧跟着打基本支柱的方法。

4）工作面上下出口处要设有特殊支护。因为在上下出口处空顶面积大，顶板外露时间长，在超前压力作用下顶板下沉量大。另外，在移机头机尾时，反复支撤支柱，对顶板破坏很大，更易冒顶。所以在上下出口处一般都加设抬棚和大梁。

5）炮采工作面防止放炮崩到棚子。一是炮眼布置必须合理，装药量要适当；二是支护质量必须合格，要牢固有劲，不搭在浮煤上（如放炮崩到棚子，必须及时架设支护，不许空顶）。

6）坚持工作面正规循环作业，有效缩短工作面顶板悬露的时间，从而减小顶板下沉量，使顶板得到有效控制。

7）坚持"敲帮问顶"制度。人员进入工作面后首先要进行"敲帮问顶"工作，检查顶板，对已经离层的顶板要处理下来，处理不下来时要打点柱支撑，防止冒顶伤人。

8）采取正确的回柱方法，严格执行放顶程序，特别是对每茬的交接处的最后一两根柱子要特别小心，严禁违章回柱。

5. 处理冒顶的原则及方法

（1）处理冒顶的一般原则

处理冒顶的主要任务是抢救遇险人员、恢复通风和尽快恢复生产等。尽快抢救遇险人员是处理冒顶的第一要务，整个抢救遇险人员的工作过程应遵循下列原则：

1）发生事故后，必须按照《煤矿安全规程》《矿井灾害预防与处理计划》的要求，积极、及时地进行事故处理工作，严禁盲目蛮干和惊慌失措。

2）充分利用现有的人力、设备和材料，全力以赴地进行抢救工作，行动中必须坚持统一指挥和严密的组织，严禁各行其是和单独行动。

3）要根据事故的情况和客观条件，采取合理有效的措施，将事故损失控制在最低程度，防止事故扩大。

4）抢救遇险人员的过程中必须时刻注意安全，要有防止事故区条件恶化、保证抢救人员人身安全的措施，特别要避免顶帮二次垮落等再生事故的发生。

5）抢救遇险人员时，抢救人员首先要检查冒顶地点附近支架情况，对折损、歪扭、变形的支架，要立即处理好，以保证在抢救埋压人员时的退路安全。其次要根据顶板情况，在保证抢救人员和抢救工作方便的情况下，因地制宜地进行支护，阻止冒顶进一步扩大。在检查架设的支架牢固可靠后，先指派专人观察，然后才能清理埋压人员附近冒落的矸石、浮煤，直至把遇险人员抢救出来。在抢救过程中，可用长木棍向遇险人员送饮料和食物，利用压风管向遇险人员送入新鲜空气；利用喊话振奋遇难者的精神，稳定其情绪。在清理矸石时，要小心使用工具，以免伤害遇险人员。如果有遇险人员被大块岩石压住，应采用液压千斤顶等工具把大块岩石顶起，将人员迅速救出。在遇险者肢体被埋压，环境条件特别恶劣，对遇险人员及抢救人员生命有较大威胁时，万不得已的情况下才能采取将被压者截肢的办法立即将遇难者救出。

（2）处理冒顶的方法

1）采煤工作面发生小范围冒顶，顶板没有冒实，顶板矸石已暂时停止下落，一般采用掏梁窝、探大梁、单体柱、单腿棚或悬挂铰接顶梁等进行处理。

2）当冒顶范围大且冒顶区稳定，一般采取从冒顶两端向中间进行探梁架棚处理。若冒顶矸石不停往下流，冒顶区不稳定时，要采取撞楔法处理。

3）当冒顶范围大，人员堵在中间，处理难度大时，可沿煤壁开小洞，架设梯形棚子接近被埋压人员。

4）当冒顶范围大，处理困难但无埋压人员时，可将运输机机尾缩短到冒顶区下方向前推进 3~5 m 时，再向上掘进甩掉冒顶区。

5）在处理冒顶前首先对冒顶区两端进行加固，防止冒顶扩大。大坡度采煤工作面必须坚持自上而下进行处理。

6. 顶板事故特点及辨识办法

1）地质构造复杂，受新构造运动影响，岩石破碎、断裂带多，为顶板管理带来很大难度。

2）作业规程制定不合理，遇地质构造、地质破碎带等异常情况时，仍采用常规支护，未采取加强支护措施，给事故的发生埋下隐患。

3）前期的物探工作不够充分，地质钻孔没有覆盖，导致地质资料不完善，给工作面的掘进和生产埋下隐患。

4）煤矿安全工作做得不到位，达不到应有的工程质量，从业人员素质较低，不严格执行作业规程和有关规范，现场管理人员和作业人员不严格执行“敲帮问顶”制度，违规冒险作业，是导致事故的直接原因。

5）现场管理混乱，作业人员安全意识差，在冒顶征兆明显的情况下不及时撤离、冒险作业。

6）部分矿井存在未严格按照批准的许可能力组织生产，超能力、超定员、超强度组织生产的现象。工作面设计布置未充分考虑相邻回采工作面及上下煤层工作面同时开采的扰动影响，上下煤层和相邻工作面采动造成应力叠加，最终导致事故发生。

二、瓦斯事故的应急处置及避灾方法

煤矿在开采煤炭资源过程中会伴随着多种灾害事故的发生，如瓦斯爆炸、煤尘爆炸、煤与瓦斯突出、中毒、窒息、火灾、透水、冒顶等。在这些事故中，瓦斯爆炸无疑是最严重的，它不光是造成的损失最大，发生的频率也是最大的。根据每年国家煤炭监察部门的事故统计来看，煤矿发生一次死亡 10 人以上的特大事故中，绝大多数是瓦斯爆炸，约占特大事故总数的 70%左右。因此，瓦斯可称为煤矿安全的最大威胁者。所以，分析瓦斯爆炸原因，制定瓦斯防治对策，是煤矿安全管理工作的重中之重。

1. 瓦斯的定义

瓦斯是开采煤炭过程中释放出来的无色、无味、无臭气体，其主要成分甲烷也是一种无色、无味、无臭的气体，密度为 0.714 kg/m^3，与空气的密度比为 0.554，比空气轻，容易积聚在空气上层。

2. 瓦斯的危害及爆炸条件

（1）瓦斯的危害

瓦斯有四大危害：一是可以燃烧，引起矿井火灾；二是会爆炸，导致矿毁人亡；三是浓度过高时会导致人员缺氧窒息，甚至死亡；四是会造成煤（岩）与瓦斯突出，摧毁、堵塞巷道，甚至引起人员窒息死亡、瓦斯爆炸。

瓦斯无毒，但当浓度很高时，会引起窒息。矿井瓦斯不助燃，但它与空气混合达一定浓度后，遇火能燃烧、爆炸。

瓦斯爆炸产生的高温高压，促使爆源附近的气体以极大的速度向外冲击，造成人员伤亡，破坏巷道和器材设施，扬起大量煤尘并使之参与爆炸，产生更大的破坏力。另外，爆炸后生成大量的有害气体，会造成人员中毒死亡。

（2）瓦斯爆炸的条件

引起瓦斯燃烧与爆炸必须具备 3 个条件：一是瓦斯浓度达到 5%～16%；二是氧气浓度大于 12%；三是引爆火源温度达到 650～750 ℃。

3. 预防瓦斯爆炸的技术措施

（1）防止瓦斯积聚

所谓瓦斯积聚是指局部瓦斯浓度超过 2%，体积超过 0.5 m^3 的现象。为了防止瓦斯积聚，煤矿必须从生产技术管理上尽量避免出现盲巷，临时停工地点不准停风，并加强通风系统管理，严格执行瓦斯检查制度，及时安全地处理积聚瓦斯。

（2）防止瓦斯被引燃

防止瓦斯被引燃的措施是严禁和杜绝一切火源，严格管理和控制生产中可能发生的火、热源，防止其产生或限制其引燃瓦斯的能力。因此，应严禁携带烟草和点火物品下井；矿灯应完好，否则不得发放，应爱护矿灯，严禁拆开、敲打、撞击；加强电气设备管理和维护，采用防爆型的电气设备，井下供电还应做到无“鸡爪子”，无“羊尾巴”，无明接头；坚持使用煤电钻综合保护，坚持局扇风电闭锁。

（3）防止瓦斯爆炸灾害扩大

为了防止在万一发生瓦斯爆炸时能使灾害限制在尽可能小的范围内，并尽可能减少损失，通风系统应力求简单，采用并联通风，禁止大串联通风。

（4）加强通风

使瓦斯浓度降低到《煤矿安全规程》规定的浓度以下，即采掘工作面的进风风流中不超过 0.5%，回风风流中不超过 1%，矿井总回风流中不超过 0.75%。

（5）加强检查工作

及时检查各用风地点的通风状况和瓦斯浓度，查明隐患并及时处理，是日常进行瓦斯管理的重要内容。我国井工煤矿目前所用的甲烷检查仪器有光学甲烷检定器、热放式甲烷检定器、甲烷警报器和甲烷遥测警报仪等。

（6）瓦斯抽放

对瓦斯含量大的煤层应进行瓦斯抽放，以降低煤层及采空区的瓦斯涌出量。

4. 瓦斯爆炸原因分析

（1）瓦斯爆炸特点

根据多年对煤矿瓦斯爆炸事故统计分析，可以发现有如下一些特点：

1）瓦斯爆炸多为特大事故，造成的损失巨大。

2）事故地点多发生在采煤与掘进工作面。

3）瓦斯爆炸造成的破坏波及范围大，破坏力极强。

4）多为火花引爆。

5）高瓦斯矿井、低瓦斯矿井均有发生。

6）瓦斯爆炸多发生在乡镇小型煤矿。

7）基建、技改矿井和转制矿井瓦斯爆炸事故容易发生。

（2）事故原因分析

煤矿发生瓦斯爆炸事故是由很多原因造成的，但总的来说分为客观原因和主观原因两种：主观原因就是瓦斯积聚和引爆火源的存在；客观原因与自然条件、安全技术手段、安全装备水平、安全意识和管理水平等有关。发生瓦斯爆炸事故往往就是这两种原因相互作用所导致的，具体来说包括以下几种情况：

1）瓦斯积聚的存在。煤矿井下造成瓦斯积聚的原因很多，但通风系统不合理和局部通风管理不善是瓦斯积聚的主要原因。如 2005 年全国的 34 起特大瓦斯爆炸事故中，有 22 起主要是因通风系统不合理，存在风流短路、多次串联和循环风，造成供风地点风量不足而引起瓦斯积聚；有 9 起主要是因局部通风机安装位置不当，风筒未延伸到供风点或脱落引起供风点有效风量不足而造成瓦斯积聚；有 2 起事故主要是因停电停风而引起瓦斯积聚；有 1 起是盲巷积聚的瓦斯被引爆。

2）引爆火源的存在。煤矿井下引爆瓦斯的火源有爆破火花、电气火花、摩擦或撞击火花、静电火花、煤炭自燃等，但爆破和电气设备产生的火花是瓦斯爆炸事故的主要火源。如 2005 年全国 34 起特大瓦斯爆炸事故中，有 16 起是由爆破产生的火花引爆的；有 15 起是由电气设备及电源线电火花引爆的。

3）煤矿开采条件差。我国煤矿井下开采条件普遍较差，特别是华南地区的煤矿。据统计，2000 年全国国有重点煤矿共有 580 处矿井进行了瓦斯等级鉴定，其中高瓦斯矿井 160 处，低瓦斯矿井 298 处，煤与瓦斯突出矿井 122 处，有自然发火矿井 372 处，有煤尘、瓦斯爆炸危险矿井 427 处。

4）装备不足、管理不落实。矿井安全装备配置不足，“先抽后采，监测监控，以风定产”方针未得到完全落实。如2005年发生的34起特大瓦斯爆炸事故中，有的矿井没有安装瓦斯监控系统，有的矿井虽安装了瓦斯监控系统，但因传感器数量不足、安装位置不对、线路存在故障、显示器不显示数据等问题，不能有效发挥其应有的作用。此外，乡镇小型煤矿发生的特大瓦斯事故都因没有装备瓦斯抽放系统或抽放系统不能有效运行，监控系统也不能有效发挥作用。如内蒙古自治区乌海市乌达区巴音赛煤焦有限责任公司某矿井虽安装了瓦斯监控系统，但在其实际开采区域却并没有瓦斯传感器，导致特大瓦斯爆炸事故的发生，造成16人死亡。

5）管理水平低。许多事故分析发现，违规操作或管理不当而造成了一些本可避免的事故，但若未能引起重视，最终会酿成特大瓦斯爆炸事故。因此，管理水平和从业人员的安全意识对于煤矿的长期安全生产起到了举足轻重的作用。

6）企业技术管理薄弱

一些煤矿由于采煤技术落后，矿井采掘布置不合理，通风系统不完善，再加上作业规程编制不符合实际、针对性不强，给安全生产带来了严重隐患。

5. 控制瓦斯爆炸事故的技术措施

瓦斯治理工作一定要在“通风可靠、抽采达标、监控有效、管理到位”十六字方针的指导下进行。

瓦斯爆炸事故的防治可分为预防爆炸和抑制爆炸。预防爆炸的方法主要有：进行瓦斯抽放，加强瓦斯浓度和火源监测，防止火源的出现，优化通风网络及通风系统等；抑制爆炸主要采用隔爆抑爆装置将瓦斯爆炸限制在一定范围内，从而减少人员伤亡和灾害事故所造成的损失。

（1）煤矿瓦斯抽放技术

1）我国国有煤矿高瓦斯和瓦斯突出矿井占矿井总数的46%，瓦斯抽放是减少矿井瓦斯涌出量、防止瓦斯爆炸和突出的治本措施，同时也是开发利用瓦斯能源、保护大气环境的重要手段。如皖北煤电集团祁东煤矿利用抽放瓦斯进行发电，并取得了可观的经济效益和社会效益。

2）为提高瓦斯抽放率，目前主要需解决长钻孔定向钻进技术，包括测斜、纠偏技术；提高单一低透气性煤层的抽放率；研制钻进能力更强的钻机具；完善和提高扩孔技术、排渣技术、造穴技术和封孔技术；开发新的瓦斯抽放技术及设备等。

3）瓦斯抽放方法有本煤层抽放、邻近层抽放和采空区抽放等，抽放工艺有顺层长钻孔、大直径钻孔、地面钻孔、顶板岩石和巷道钻孔等，同时应研制出与之相配套的强力钻机及配套机具，如 MK 系统长钻孔钻机和 ZSM-250 型顺层强力钻机等。此外我国已研制出多种抽放泵及配套的监控系统和仪表等，大大提高了瓦斯抽放量和抽放率，使矿井安全环境得到进一步改善。

4）利用多分支羽状适用技术，解决低渗煤层瓦斯治理问题，以提高抽采率。

5）煤矿瓦斯治理也应该与煤层气产业化紧密结合起来。

（2）矿井瓦斯浓度及火源监测技术

矿井瓦斯浓度及火源的实时自动监测对于防止瓦斯爆炸非常重要，当发现瓦斯异常或有火源产生，立即采取措施可防止爆炸事故的发生。我国目前开发了 KJ90、KJ92、KJ94、KJ95、KJ73、KJ66 等型号的矿井安全监控系统，以及各类检测传感器、报警仪和断电仪。已有多个矿井安装了矿井安全综合监控系统，并具有如下功能：

1）矿井环境和工况参数实时监控。

2）主要通风机在线监测。

3）巷道火灾实时监测。

4）矿井瓦斯抽放实时监测。

5）冲击地压实时监测。

6）煤与瓦斯突出实时监测。

7）煤层自然发火实时监测。

8）瓦斯爆炸或燃烧实时监测。

9）矿井电网监测。

监控系统的安装极大地提高了煤矿的安全管理自动化水平，防止了许多事故的发生。

（3）井下火源防治

对煤矿井下的爆破火花、电气火花、摩擦或撞击火花、静电火花、煤炭自燃等火源都必须有一些相应的防治措施，除炸药安全性检验、电器防爆检验、摩擦火花检验外，还需防止火源与瓦斯积聚在同时同地点出现，如放炮时检测瓦斯浓度，采用风电闭锁、瓦斯电闭锁等措施。另外还要加强明火的管理，严格用火制度，消除引爆瓦斯的火源。

随着采矿机械化程度的提高，防止机械摩擦火花引燃瓦斯显得日益重要。煤矿井下由于摩擦火花而引起的瓦斯爆炸事故占有相当大的比例，因此不少国家对这个问题进行了研究，并提出在摩擦部件的金属表面溶敷一层活性小的金属（如铬），使形成的摩擦火花不能引燃瓦斯；在铝合金的表面涂各种涂料，以防止摩擦火花的产生；金属中加入少量的铍，降低摩擦火花的点燃性等。

应经常对巷道进行洒水，保证巷道及各地点的卫生，最大程度上减少煤尘及粉尘的堆积；对煤尘及粉尘产生较大的工作地点安装自动洒水降尘装置，可减少矿井巷道煤尘和粉尘的飞扬，从而杜绝煤尘爆炸。

（4）优化通风网络及通风系统

合理可靠的通风系统是防止瓦斯事故和控制灾害扩大的重要措施，为此，瓦斯防治工程与采掘工程必须同时设计、同时施工、同时投入使用。

（5）隔爆抑爆措施

矿井隔爆抑爆装置是控制瓦斯爆炸的最后一道屏障，当瓦斯爆炸发生后，依靠预先设置的装置可以阻止爆炸的传播，限制火焰的传播范围。这类装置主要分为被动式隔爆棚和自动抑爆装置两种类型。

1）被动式隔爆棚。隔爆岩粉棚、隔爆水槽棚和隔爆水袋棚因其成本低、安装方便而得到了广泛的使用，其中隔爆水袋棚的使用最为广泛。目前研制的 XGS 型和 KYG 型隔爆棚，具有适应性强，安装、拆卸和移动方便等特点。

2）自动抑爆装置。这类装置是指使用压力或温度传感器，在爆炸发生时探测爆炸波，及时将预先放置的水、岩粉、氮气、二氧化碳等喷洒到巷道中，从而达到抑制爆炸火焰传播的目的。如 ZGB-Y 型自动抑爆装置采用高压氮气引射消焰剂，能将爆炸限制在距爆源 40~60 m；YBM-1 型无电源触发式抑爆装置，适合安装在距爆源 20~45 m 的巷道中；ZYB-S 型自动产气式抑爆装置采用实时产气原理，当传感器接收到燃烧或爆炸火焰时，触发气体发生器快速产生的高压气体喷洒消焰剂，可有效抑制火焰的传播。

三、机电事故的应急处置及避灾方法 

煤矿机电事故是指在煤矿生产中，因机电设备造成的安全事故，包括机电设备安装、调试、检修过程中发生的事故，以及高压电、低压电或直流线网所造成的触电事故等。以近些年煤矿事故的统计分析来看，煤矿机电事故居煤矿安全总事故数量的前五位，并且是造成煤矿瓦斯爆炸的主要诱因。根据相关研究数据显示，因机电设备火花导致的瓦斯爆炸事故占瓦斯爆炸事故总数的40%以上。

据美国国家职业安全卫生研究所报道，电力事故虽在所有事故分类中排第14位，但在引起死亡的事故分类中排第4位。可见，电力事故的危害是相当严重的。根据近年来我国煤矿事故分析的统计数字，煤矿机电事故在顶板事故、爆破事故、运输事故、爆破事故之后，居第5位，同时机电事故还是引起瓦斯爆炸等重大事故的一个重要因素。

1. 煤矿机电事故的特点

（1）事故多发且覆盖范围广

机电设备在长时间运行后容易发生事故，可能是某一设备出现故障，也可能是某一设备的元器件发生故障，这就极大地提高了机电事故发生的概率，并且一般情况下很难明确引发事故原因的具体位置。

（2）同一类型事故重复发生

对于煤矿事故而言，机电事故具有随机性，但在特定条件下的某位置或特定位置会重复发生。这类事故是可以避免的，但如果不在特定位置采取预防措施，则会重复发生。

（3）人为因素是机电事故发生的一大原因

根据相关统计分析数据，煤矿机电事故中有80%的工伤事故是人为因素造成的。人为因素主要是指工作人员未按规范操作机电设备或设备出现故障时没有及时进行维修。这类事故也是可以避免的，只要工作人员能够严格按照规范操作机电设备，增强安全意识，及时对故障设备进行维修与保养，就可以减少甚至不再发生这类事故。

（4）煤矿机电事故发生率呈递减趋势

随着人员安全意识的提升，社会各界对煤矿机电事故的关注度也大大提升，机电事故发生率呈现减少的趋势。因此，国家鼓励煤矿大胆创新安全技术，结合管理措施降低煤矿机电事故的发生率，使机电设备能够更好地服务于煤矿生产事业。

2. 煤矿机电事故原因分析

（1）设备陈旧老化

由于机电设备结构复杂、品种繁多，因此事故发生的原因也各不相同。煤矿设备一般成套投入，而且相互之间必须配套，所以一次性投入的资金数目相当大。目前，由于一些煤矿经济投入严重不足，致使煤矿机电设备更新速度较慢、相对老化达不到《煤矿安全规程》标准要求的超服务年限设备仍然存在，并且在一定时间内难以解决。这是发生机电事故的重要原因。

（2）设备检修不到位

现在大型煤矿多采用了采煤机、运输机、掘进机、液压支架等一系列的先进设备，逐步由机械化向自动化迈进，但设备长时间运行会造成自然磨损，在设备运行当中职工操作的失误会引起一定程度的损坏，这就要求对设备进行认真、细致、全面的检修。当前仍存在一些维修人员整体业务素质较差，再加上设备陈旧，本身维修工作量很大，所以对设备只能是坏哪儿修哪儿，午检月检工作很难按规定进行。

（3）煤矿从业人员的基本素质普遍偏低

在煤矿从业人员中，仍存在有人不具备基本的安全保护技能，有章不循者比比皆是。尤其是特种作业人员文化程度参差不齐，本来所掌握的作业技术就不娴熟，再加上岗位人员频繁更换，都会给安全生产埋下隐患。据统计，我国煤矿 80%的机电事故是因违章造成的，因此提高从业人员安全技能特别是自觉遵章守纪的意识是当务之急。

（4）电网触电事故原因分析

低压电网触电事故的主要原因：一是违章带电安装、检修、检查；二是不严格执行停送电制度；三是用电安全技术管理不健全，如电网设备的检修或更换不及时。

高压电网触电事故的主要原因：一是带电清扫、检查、搬运、作业；二是没有安全措施、没有执行高压电网作业中停电、验电、放电等规定和要求；三是在作业时误操作，误停送电，没有执行作业监护制度，没有及时悬挂警示牌；四是没有高压漏电保护装置。

（5）现代化的机电设备没有实现全面普及且利用率较低

现代煤矿在进行开采作业时，应当配置完整成套的机电设备，以保障开采作业的高效进行。然而，一次性配置成套的现代化机电设备对资金的要求是极高的，煤矿很难积极一次性承担如此巨大的成本投资。现代化机电设备投入与使用的不足致使机电设备更新缓慢，原有设备长时间使用，这就给设备的保养与维修增加了难度，提高了机电事故发生的概率。

（6）煤矿管理人员心存侥幸心理，安全意识淡薄

有些煤矿管理人员在日常管理中，对安全事故认识不到位，没有意识到违纪的严重

后果，总认为发生事故的可能性不高，没有树立“安全重于泰山”的理念，安全意识淡薄，经常麻痹大意，这也就给煤矿机电事故的发生创造了条件。

（7）管理制度与管理组织不健全

从当前的情况来看，我国各煤矿的企业制度规范没有实现统一，且缺乏相应的安全考核与监督机制以及相应的考核标准。因此，一些煤矿缺乏对机电设备的相应管理，奖惩机制也不完善，且缺乏进行安全指导的专业人员。在对煤矿机电进行管理时，需要工作人员具有极强的专业技能与业务素质，能够准确地掌握相关专业知识。如果管理人员对于机电设备的安全监管工作不力，加之其责任意识不强，检查的力度与深度不足，对于出现的问题疏忽大意，不能提出不具有建设性的指导意见与整改措施，这些也是导致机电事故的重要原因之一。

3. 煤矿机电事故预防措施分析

（1）加大现代化机电设备的更新力度

自动化、现代化的机电设备具有较高的安全系数，且具有更好的防护措施，因此煤矿应加大投入力度，将原有老化的设备进行更新换代，降低煤矿机电事故的发生概率。虽然大多煤矿无法一次性更换所有设备，但是可以进行科学合理的分析与论证，分系统、分层次、分批更换机电设备。

（2）加强安全教育培训，提高管理人员与操作人员的安全水平和意识

煤矿生产是一项系统经济生产活动，安全工作是煤矿生产中极其重要的一项工作，不管是煤矿管理者，还是开采人员，都需要在保证生命财产安全与国家经济健康发展的基础上，从各方面加强安全管理与安全教育培训，避免机电事故的发生。煤矿管理者应大胆创新，采取形式多样、途径丰富的安全教育培训方式，增强工作人员的危机意识与安全意识，消除侥幸心理。同时，可以利用典型事故案例加大从业人员对安全工作的认知与理解，从内心产生共鸣，强化安全防范意识。

（3）构建与完善安全规章制度，提升机电安全管理水平

构建完善的安全规章制度是加强煤矿机电安全管理工作的重要内容，因此煤矿应从三个方面大力整顿与构建完善的规章制度：一是构建基本的安全操作制度，并配之安全生产责任与奖惩机制，完善科学合理的安全考核评价体系，逐渐完善安全生产体系，为煤矿机电安全提供制度保障；二是在机电安全制度体系中引入竞争机制，提高工作人员

的安全责任意识，同时完善持证上岗工作制度，保证机电操作人员具有较高的技能与专业素质，且定期进行培训，提高他们的技能水平；三是煤矿应设置相应的安全监督管理人员，以规章制度为标准，加强对机电操作的监督管理力度，保证操作程序在安全范围之内。

（4）加大高素质人才的引入与培养力度，构建专业化的管理操作队伍

高素质专业人才是煤矿安全生产的重要保障。针对当前我国煤矿从业人员素质较低的情况，应加强对从业人员的教育培训力度，提高操作水平，避免或降低煤矿机电安全事故发生的概率。一是煤矿应加大对现有作业人员的安全知识与操作技能的教育培训与考核力度，提高其业务素质，保证其能够按照科学、安全的方法操作机电设备，避免安全事故的发生；二是树立创新理念，采用多形式的人才引进途径，加大高素质人才的引进力度，提升煤矿的整体人员素质水平；三是在加大人员培训力度的同时，还应提高设备保养与维修的水平，保证机电设备的运行质量。

（5）建立稳定的安全投入机制，保证煤矿保养、维修机电设备所需资金足额、及时到位

对矿用安全设备、器材、劳动防护用品应及时检测检验，特别是对机电设备及机电设备辅助产品要严把质量关，杜绝不合格产品的使用。

（6）加强特种作业的用工制度管理

煤矿特种作业的技术性较强，要由思想端正、技术全面的人员来担任，尽量少用或不用临时工。除特殊情况外，特种作业人员不能随意调换，定期对其进行培训，要严格考核取证制度，做到人人持证上岗。

（7）努力提高从业人员的技能和经验，加强思想教育工作

通过各种途径加强引导教育职工，明确事故发生后的危害性，消除侥幸心理，增强安全意识。

（8）企业领导要重视机电管理工作，加强安全工作力度，向管理要安全

坚持行之有效的安全管理制度，特别是要建立和完善各级领导和业务部门的安全生产责任制和作业人员的岗位责任制，明确每个人的岗位职责。要积极探索新的机电管理体制，使机电管理工作适应市场经济管理的发展。

（9）避免触电事故

对于低压电网：不准带电作业；电缆不准有明接头；电气设备安装使用要合理，绝缘水平要符合《煤矿安全规程》规定；接地必须完整规范等。

对于高压电网：不准带电作业；停送电的操作，要根据书面申请，由专职电工执行；电气设备的检查、维护、修理和调整工作，必须由专职的电气维修工进行，并要有工作票管理制度；高压电气设备和高压电缆必须标明编号、明确用途，并有停送电标志；矿井变电所（或移动变电站）的高压馈电线上应装设有选择性的检漏保护装置。

四、运输事故的应急处置及避灾方法 

煤矿矿井运输系统特别是提升运输系统是生产环节的重要组成部分，担负着煤炭、矸石以及井下生产所需的所有材料、设备的提升任务，是矿井的“动脉”与“咽喉”，一旦发生故障，将直接影响生产，甚至造成人身伤亡。因此，做好煤矿矿井提升运输安全管理工作，对保证安全生产起着非常重要的作用。

1. 煤矿发生运输事故的原因

（1）操作工安全认识不到位，安全教育培训不够，未熟练掌握操作技术，上岗精力不集中，思想麻痹大意，安全意识淡薄，未按操作规程要求作业，冒险蛮干、违规作业，这些情况都易导致事故发生。

（2）煤矿矿井安全管理制度不健全或制度执行不严，现场管理不到位，工人蹬钩，超速、超载提升时而发生；绞车安全保护装置失灵，声光信号不齐全；钢丝绳使用时出现扭曲、打扣、折绳等现象，严重锈蚀或断丝超过规定要求，未及时更换，致使绞车带病运行，都会导致事故的发生。

（3）绞车司机操作不当，违反操作规程，放飞车；在下放重物时主电机不给电的情况下松闸放车，导致主电机转子线圈因离心力过大而被甩坏；滚筒上钢丝绳绳头固定不牢或没有留 3 圈钢丝绳，使绳头抽出，发生跑车事故。

（4）设备维护、检修不及时，带病工作；提升钩头、三环链条出现裂纹没有及时更换，造成连接装置断裂；绞车制动装置出现故障，闸瓦磨损超限，闸瓦间隙过大未及时进行检修，致使下放重物时绞车失控，造成飞车事故。

（5）提升钩强度不足、超期使用或超载提升，连接装置中的矿车插销、三环链条、钢丝绳绳扣、保险插销等不合格或失效等，插销没有放到位，轨道敷设不合格、行车中车辆掉道或在轨道接口处跳动（或脱轨），引起插销窜出，连接失效，造成事故的发生。

（6）防跑车装置和跑车防护装置没有或失灵，未按要求设置“一坡三挡”（变坡点处没有设挡车装置，变坡点下方约一列车长度没有设挡车装置，斜巷内没有设跑车防护装置）造成跑车事故的发生。

（7）信号把钩工违章操作或思想麻痹大意，责任心不强；误操作，没有将矿车连接装置连好就将矿车从平巷推下斜巷；提升车辆未全部上安全平坡道就提前摘钩；没有将常闭的挡车装置处于常闭挡车位置；没有对常开的跑车防护装置进行认真检查和试验；在斜巷上部平车场钢丝绳松绳过长，没有与司机配合先紧绳，便将矿车推过变坡点滑入下坡道或在斜巷绞车上提重物时紧急制动，产生松绳冲击造成断绳跑车。

2. 煤矿预防运输事故的措施

（1）绞车操作工应经过严格培训，熟练掌握绞车的性能和操作方法，经考试合格后方可持证上岗操作；绞车操作工必须严格遵守岗位责任制、安全操作规程、安全规章制度和有关安全生产的法律法规等相关规定，提高绞车操作工的安全生产法制观念，牢固树立安全第一的思想；在开车前必须对操作设备进行认真检查，确保设备安全运行，做到安全按章精心操作。

（2）煤矿矿井提升运输设备必须加强日常维护、试验和整定；必须认真检查制动装置等安全装置，做到正确使用、及时维护，确保提升绞车在运行时始终保持制动装置性能良好，动作灵敏、制动可靠；保证提升系统过卷、深度指示器、过流和欠电压、限速及提升声光信号等安全保护装置齐全、有效，动作灵敏可靠。

（3）提升钢丝绳及其连接装置的选择、使用和维护，严格按《煤矿安全规程》要求进行，设专人定期检查和试验，发现问题及时处理，矿井使用的提升钢丝绳应定期涂油，进行防腐处理，及时更换磨损、锈蚀、断丝超限的钢丝绳和不合格的提升钩头、三环链条等；加强对矿车连接装置的检查，发现问题应及时处理；矿车之间的连接必须使用保险插销，提升钩必须有防脱落的装置。

（4）在提升倾斜井巷内，必须按照《煤矿安全规程》规定安设可靠的防跑车装置和跑车防护装置，定期进行检查、维护和试验，确保各种安全设施齐全有效，动作灵敏可靠，以防断绳、脱钩等事故的发生。

（5）绞车操作工必须按规定声光信号进行操作，严禁用晃灯或其他替代信号，下放重物时严禁电机失电滑行、放飞车，严禁超载提升，在操作时要准、稳、快，特别注意防止松绳冲击现象。

（6）加强对信号把钩工的安全教育和技术培训，严格执行《煤矿安全规程》，如必须正确使用保险绳；经常注意各挡车装置的开闭状态，防止误动作挡住正常运行的车辆；开车前必须认真检查牵引车数、各矿车的连接和装载情况，确认安全后，进入信号硐室方准发出开车信号；严禁先打开挡车装置后进行挂钩操作，严禁矿车在没有运行到安全停车位置就提前摘钩，严禁在松绳较多的情况下把矿车强行推过变坡点。

（7）加强斜井维护管理，及时对斜井轨道、道岔、地滚及矿车轮对进行维护、检查，发现问题应立即处理；定期清理斜井卫生，保证轨道畅通，防止运输事故发生。

（8）在斜井井口、斜井（下山）各片盘甩车口以及车场口附近信号硐室装设提升绞车运行红色信号灯，行车时红色信号灯亮，严格执行“行人不行车，行车不行人”的规定，严禁人员在绞车运行时进入车场和运输斜井；严禁工人扒车、蹬钩。

（9）合理选择和使用提升绞车、电控设备、钢丝绳及各种装置；加强检查和试验，发现问题及时处理；按设计规程、规范及《煤矿安全规程》选择国家定型并经鉴定的、具有煤矿安全标志的产品和装置。提升绞车、钢丝绳必须按规定的检测周期，经具备有资质的检测检验机构进行检测，确保设备各项性能保持良好状态。

五、爆破事故的应急处置及避灾方法 

爆破作业被广泛应用于井下采掘生产过程中，如果管理不严，稍有疏忽就可能导致事故发生。煤矿爆破事故造成的死亡人数，占煤矿事故死亡总人数的30%左右。爆破引起的重特大事故占同类事故总数60%多，还是重大特大事故的最大诱发因素。

1. 爆破事故的主要类型

（1）爆破引起的煤尘爆炸事故。绝大多数（90%以上）煤尘爆炸事故都是由爆破引起的。

（2）爆破引起的瓦斯爆炸事故。这类事故由爆破引起的占60%以上的比例。

（3）爆破本身造成的伤亡事故。主要指放炮人员没有撤出或者警戒不严格造成的事故。

（4）爆破引起的透水、瓦斯和煤层突出事故。

2. 爆破安全技术措施

（1）爆破安全措施

爆破前，放炮员必须对爆破工作面进行详细的检查，发现下列情况之一的，不准装药爆破，并立即报告队长、班长进行处理：

1）采掘支护落后于作业规程规定，或者支架有损坏，或者留有伞岩的。

2）装药前和紧接爆破前，瓦检员必须检查瓦斯，如果爆破地点附近 20 m 以内风流中，瓦斯浓度达到 1%的。

3）在爆破地点 20 m 以内，有未清除的煤矸、矿车或其他的物体阻塞巷道断面三分之一以上的。

4）炮眼内发现出水异常、温度骤高骤低、有显著瓦斯涌出、煤岩松散、空区等情况的。

5）爆破前，班组长必须亲自布置责任心强的人，在警戒线和可能进入爆破地点的所有道路上担任警戒工作。警戒人员必须在有掩护的安全地点进行警戒。

6）放炮员必须最后离开放炮地点，并必须在有掩护的安全地点进行爆破，放炮距离符合操作规程的要求。

7）放炮器钥匙必须由放炮员随身携带，不得转交他人，不到通电放炮时间，不得将钥匙插入放炮接线盒。

8）爆破前，脚线的连接工作可由经过专门训练的班组长协助，放炮母线连接脚线、检查线路和通电工作，只许放炮员一人操作。爆破时，放炮员必须事先发出爆破警告，然后至少再等 5 s 才可以实施爆破。

（2）巷道贯通的爆破安全措施

如果巷道贯通措施不力和测量有误，往往会造成因爆破崩人、崩坏设备，甚至引起瓦斯爆炸事故。因此，应注意做好以下工作：

1）巷道贯通前，要检查和排放贯通地点的瓦斯，当工作面和贯通地点的瓦斯浓度超过 1%时，禁止爆破贯通。

2）独头巷道贯通放炮时，距贯通地点 20 m 时，必须在穿透位里外两侧设好警戒，禁止在警戒区内作业和逗留，透位不清，则禁止爆破。

3）两头对掘贯通爆破时，当距离 20 m 时，必须停止一头作业，仍然保持通风，由一头贯通，并派专人负责警戒。

4）贯通爆破时，超过贯通距离而不通时，要立即停止爆破，查明原因后，重新采取贯通措施。

5）巷道贯通之前，要加设支架，增设顺山棚，摘掉透位外的棚腿，以防蹦倒棚子和蹦坏棚腿，造成倒棚冒顶。

（3）穿透空区的爆破安全措施

空区是指老窑、采空区、老巷道等。

1）打眼爆破时，如炮眼内发现出水异常，温度骤高骤低，有显著瓦斯涌出、煤岩松散等情况，都是接近空区的预兆，要停止爆破，查明原因。

2）距离穿透空区 15 m 前，必须先探明空区的来源，以及空区中的水、火、瓦斯等情况，如有水、火、瓦斯等，必须采取有效防水措施、瓦斯排放措施和火区封闭措施，否则禁止爆破。

3）距离穿透空区 15 m 前，应探明空区情况，由测量工画上穿透位置，按穿透位置采取不同措施，避免爆破时误遇水区或火区。

4）穿透空区时，要撤离人员，并在无危险地点爆破。爆破后，查明空区的水、火、瓦斯等情况，确认无危险后，才能恢复工作。

5）坚持“有疑必探，先探后掘”，无探放水安全措施禁止爆破。

6）发现透水预兆（挂锈、挂汗、空气变冷、发生雾气、“水叫”、顶板淋水加大或其他异状）时，要停止爆破，及时汇报，查明原因。情况危急时，人员要立即撤出受水害威胁地点。

7）发现煤岩松软、潮湿，以及炮眼内渗水等异状，要停止爆破，若在打眼时发现炮眼渗水，不要拔出钻杆，应采取措施进行处理。

六、水灾事故的应急处置及避灾方法

1. 矿井水灾防治基本措施

防治矿井水害的方针是“预防为主、防治结合、有疑必探、先探后掘”。煤矿应查明矿区和矿井的水文地质情况，编制中长期防治水害规划和年度防治水害计划，并组织实施。每个矿井要有准确的井上、井下对照图、地形地质图。中型以上的矿井，要建立地表移动塌陷观测站，测出本矿的地表移动数据。有了井上、井下对照图，就可以知道井下采掘工作面与地面河流、沟渠等的位置关系。有了地形地质图，就知道煤层、岩层特别是透水岩层（如石灰岩、砂岩）的露头与地形的位置关系，知道这些岩层水的补给水源是河流还是大气降水。有了地表塌陷移动观测资料，就可知道矿井开采对地表的影响，采空区垮落后形成的“三带”（即冒落带、裂隙带、弯曲下沉带）是否与地表水沟通、流入井下，以便采取有针对性的措施。

矿井水害的预防措施可以概括为“防、排、探、放、疏、截、堵”7个字。

（1）防：井上、井下防水设施及防水措施。

（2）排：井下排水设施和排水能力。

（3）探：井巷探水。

（4）放：对空区积水、可疑水源采取放水，或超前放出顶板水。

（5）疏：疏水降压或疏干有害含水层。

（6）截：留设各种防水煤柱隔阻有害水源。

（7）堵：注浆堵住水口，或加固裂隙带，充填岩溶改造含水层，加固底板等。

2. 防治地表水害安全措施

（1）留设防水煤柱

若矿井上方有江、河、湖、海、水库等，对矿井有危害，有透水的可能，而且不能排干，可留设防水煤柱。

（2）河流、沟渠改道

河流、沟渠压在煤层及岩层的露头部分，大量向井下漏水，对采矿有透水的威胁，可以对河流、沟渠改道。河流向井下漏水时，还可以采取对河床铺底的措施进行防漏。

（3）积水排干

对于塌陷坑积水、池塘积水等，只要有突水的可能就必须将积水排干方能生产，且在生产过程中要定期查看地面积水。特别是急倾斜煤层采煤工作面出现漏斗形塌陷坑，透水威胁更大。因此，急倾斜煤层开采时，必须降低开采上限，留设防水煤柱，以确保安全。

（4）水力充填

采煤工作面不用垮落法控制顶板，而采用水砂灌注采空区，把采空区顶板支撑起来，降低下沉量，减少对地表下沉的影响，避免水流进入井下。

（5）抬高主井、副井、风井的井口标高

为确保雨季安全，要调查矿井周围最高洪水位及山洪暴发的影响，抬高主井、副井、风井的井口标高。

3. 防治井下水害安全措施

井下水害包括老窑水、采空区积水、老巷道积水、钻孔水、断层水、陷落柱水、石灰岩溶水、砂岩水、砾岩水、冲积层水。

（1）老窑水的防治

1）成立清查老窑情况的组织机构。

2）询访曾经在老窑工作过的人员，弄清开采年限、开采煤层位置、开采距离和深度以及涌水量大小等。

3）查找已有老窑的图纸和资料。认真分析判断后，制定防治老窑水的方案，并认真实施。

4）在情况不明时，坚持“有疑必探、先探后掘”的原则向前掘进。打超前探水钻时，如有透水征兆时不能起钻，要尽快汇报并处理险情。

5）需要在探放水时要安装水泵和排水管路，建立好水仓，以保证万一探出水之后不会影响生产或导致事故发生。

6）需要特别注意的是，若老窑水是开采上层煤形成的采空区积水，而新开的矿井或者新采区是开采的下层煤，这种顶着老窑水的采煤方式，随时都有发生突水事故的可能。因此，在未弄清情况、上层煤采空区水未疏干之前，禁止顶水采煤。

（2）矿井采空区积水和老巷道积水的防治

矿井的采空区和老巷道天长日久必然存在积水。防治这类积水要求测量部门测量填图要及时准确，不能漏填，当掘进工作面接近采空区和老巷道时要先探后掘。采煤工作面回采时，对生产有威胁的，要打钻把水疏干。掘进工作面需要掘透老巷道时，一定要先把老巷道水排干后才能掘透。

（3）钻孔水的防治

钻孔虽小，但水涌出来却可以淹井。钻孔水害防治的主要措施：先查钻孔的平面位置是在采掘工作面的什么位置，然后查钻孔的封孔质量。如果钻孔穿透富水层，封孔质量不好，为确保安全则需请专业队伍用钻机重新封孔。另外，还可以留保护煤柱保护钻孔。

（4）断层水的防治

断层分为透水断层和不透水断层。防治断层水的主要措施：查阅地质报告或水文地质报告，较大的断层可查出是透水断层还是不透水断层。如果断层含水丰富，可用留设断层防水煤柱的办法，防止断层面出水发生透水事故。断层位置不清、不知道是透水断层还是不透水断层时，可用井下钻探的办法探清断层位置及断层面透水情况。如果断层含水丰富与奥陶纪灰岩连通或与其他厚层状石灰岩溶洞、含水砂岩连通，断层面水大，不易疏干，最好留设断层防水煤柱保护断层。在井下用钻探的办法探断层时，事先要建设好排水基地。在逆断层下开采，断层的上盘压在煤层之上时，应留设断层防水煤柱。

（5）陷落柱水的防治

陷落柱是指埋藏在煤系地层下部的巨厚可溶岩体，在地下水溶蚀的作用下，形成巨大的岩溶空洞，上覆岩体在重力作用下向下垮落，充填于溶洞中，形态为柱体，故称岩溶陷落柱。陷落柱按其充水特征分导水陷落柱和不导水陷落柱两大类型，其中的导水陷落柱水量大且稳定，易造成淹井事故。

防治陷落柱水的主要措施：根据地质资料查清陷落柱的位置，用井下钻探的办法探清陷落柱是否导水，如水量大不好疏干，可留设陷落柱防水煤柱；如水量小，可以采用疏干的办法，确保开采安全。

（6）石灰岩溶水的防治

石灰岩被水溶蚀后，产生的空隙称为岩溶，存在岩溶中的水称为岩溶水。岩溶的形态多样、大小不一，小到溶隙，大到溶洞，而且溶洞之间互相连通可成为暗河。

防治岩溶水的主要措施：石灰岩的露头部分位于地面河流之下，井下岩溶水由地面河流补给，为切断岩溶水补给来源，可以将河流铺底防漏水或河流改道。也可采用地面打钻用水泥注浆的办法堵水。

为了开采安全，可采用降压疏干的办法：一般是采用巷道及钻孔来疏干岩溶水。疏干时，在井下适当位置建立水闸门，确保能够分系、分采区、分水平隔离、疏水，与其他地区生产两不误。

当石灰岩溶洞水太大且与奥陶纪灰岩连通时，采取疏堵可能都无效，需慎重决定是否继续开采。

（7）砂岩水和砾岩水的防治

砂岩、砾岩多数位于煤层的顶板和底板。砂岩从表面上看很致密无孔隙，实际含水量不小，富含裂隙水。因此，当顶板有厚层状砂岩时，在工作面回采之前要用钻机探水。有水时须在回采之前将顶板砂岩水疏干，疏干方法主要是用钻机打眼。急倾斜煤层回采之前也要疏干底板砂岩水，防止采空区放顶引起突水。

（8）冲积层水的防治

冲积层水俗称地表浅水，层内有流砂、砂浆、泥浆等。防治冲积层水，应当确定矿井开采上限。开采上限标高要保证冲积层水和地表水不能流入井下。有些地区小煤窑乱采滥挖，专采露头煤，有的专采大矿开采上限以上的煤柱，往往对大矿造成水害威胁。

4. 探放水注意事项

（1）探水与掘进注意事项

1）双巷掘进交叉探水。当掘进上山时，如果上方有积水区，则巷道三面受水威胁，一般采取双巷掘进交叉探水。双巷之间每隔 50 m 左右掘一条联络巷，作为安全躲避地点。一巷探水时，另一巷掘进，两巷探水与掘进相互交叉进行，直至巷道达到设计终点而结束。

2）双巷掘进单巷超前探水。在倾斜煤层中掘进巷时，一般是用上方巷道超前探水的方式。

3）平巷与上山配合探水。在同一煤层内，上部掘进上山，此时应先探水后掘进平巷，再掘进上山，这样可避免上山掘进的危险性，又可减少上山掘进的探水工作量。

4）隔离式探水。在水量大、水压强、煤层松软和节理发育的情况下，直接探水很不安全，需要采取隔离的方式进行探水。如掘石门时，在石门中应预先探放积水，或在巷道掘进迎头砌隔水墙，在墙外探水。此外，当相邻的煤层间距大于 20 m 时，还可采用隔离层打孔的方法，探放另一煤层的空区积水。

（2）探水巷道掘进安全措施

1）探水巷道的掘进断面不宜过大，以缩小受压面积。同时应有两个安全出口，用于通风、流水和意外情况下人员撤退。一般情况下应双巷掘进，必要时在横贯之间开掘安全躲避硐室。

2）掘进巷道的坡度不准起伏不平、以免低处的水流排不出，施工人员有被堵截的危险。

3）掘进工作面遇到透水征兆时，必须停止前进，加固支架，并将人员撤到安全地点，向调度室值班人员汇报。值班领导应组织有关人员到现场查看，分析情况，如果情况紧急，必须立即发出警报，撤出所有受水害威胁地点的人员。

4）上山方向的水害未消除或正在探水时，为保证下山工作人员的安全，应暂停其工作，等水害威胁消除后再继续工作。

5）探到空区并已放水的掘进工作面，如果不能马上与空区掘透而在几天后再掘进时，应重打 2~3 个检查孔，以免原有钻孔坍塌堵塞而重新积水，切不可贸然掘进。

6）探水时必须严格掌握巷道掘进方向，沿着探水孔的中心线掘进，以免造成超前距和帮距缩小而遭遇空区透水。如因地质变化必须偏离时，应进行补充钻探或采取其他措施予以补救。

7）大部分积水已经放过，在掘进时，还应注意盲巷空区积水或因断层的隔离而形成的孤立积水区。

8）合理选择巷道掘进的爆破方法，在探水眼严密掩护下，且保持设计超前距和帮距时，可以采取多打眼、少装药、放小炮的方法，以利保持煤体抗压强度。

9）严格执行“三不装药”制度，即炮眼或掘进头有出水征兆时不装药、超前距离不够或偏离探水方向时不装药、掘进头支架不牢固或空顶超过规定时不装药。

10）为了预防探放后重新积水造成事故，上山巷道或坡度大的穿层斜石门掘进空区放炮时，应将所有人员撤到联络横贯巷道或下边平巷。

11）在掘进打眼沿钻杆向外流水时，应停止工作，不准拔出或晃动钻杆。要设法固定，并向调度室报告，听候处理。

12）空区放水后允许恢复掘进时，还必须充分注意：当掘到距空区 3~5 m 处时应先用煤电钻打 2~3 个检查孔进行二次检查，只有在证实积水确已放净后方可揭露空区；揭露空区时，要先用小断面巷道从放水钻孔上方与空区做透，还要注意处理瓦斯等有害气体。

13）在受水威胁地区施工的所有人员，都必须熟悉避灾路线，懂得突水后的急救知识。

14）掘进中，各班班长必须在掘进工作面交接班，交接剩余允许掘进的距离，严禁超越。

15）掘到批准位置的最后 0.5 m 时应停止爆破作业，用手镐采齐迎头，以利下次探水时，安全套管不致安设在被炮震松的煤、岩层内。

七、火灾事故的应急处置及避灾方法 

1. 矿井火灾的基本知识

（1）矿井火灾及其危害

凡是发生在矿井、井下或地面威胁到井下安全生产，造成损失的非控制燃烧均称为矿井火灾。如地面井口房，通风机房失火或井下胶带着火、煤炭自燃等都是非控制燃烧，均属矿井火灾。井下发生火灾，不仅会造成煤炭资源的损失、工程和设备的破坏，导致生产中断，而且更严重的是会直接威胁到矿工的生命安全。据统计，全国煤矿矿井事故以人员死亡计算，火灾占 1.52%，排在各类灾害最后，但在一次死亡 3 人以上的事故中，以死亡人数计算，火灾事故却占 3.72%，仅次于顶板、瓦斯、水害，位居第四。

（2）矿井火灾的发生条件

矿井火灾的发生必须具有可燃物、引火源和燃烧所需的空气（氧气）三个条件。

（3）矿井火灾的成因分类

由于外来火源引起的火灾，称外因火灾。

由于煤炭自燃引起的火灾，称内因火灾。

（4）矿井火灾的特点

1）矿井井下火灾发生在有限的空间内，特别是煤炭的自燃往往发生在采空区或煤柱里，燃烧过程缓慢，没有较大的火焰，外部征兆不明显，难以觉察。火灾延续时间长，几个月、几年甚至几十年之久，灭火工作困难，易造成巨大的资源损失。

2）火灾发生时，产生大量的有害气体弥漫井下，严重威胁矿工的生命安全。

3）在有瓦斯、煤尘爆炸危险的矿井中，矿井火灾可能引起瓦斯、煤尘爆炸事故，从而会扩大灾情。

4）产生火风压，改变井下风流流向。

5）产生再生火源。炽热的含挥发性气体的烟流与相近巷道新鲜风流交汇后燃烧，使火源下风侧可能出现若干再生火源。

2.《煤矿安全规程》对防灭火的主要规定

（1）严格执行入井人员检身制度，严禁入井人员携带烟草和点火物品入井。

（2）木料场、矸石山、炉灰场距离进风井不得小于 80 m，木料场距离矸石山不得小于 50 m，井口周边 20 m 内无杂草，井口外 20 m 内不得有可燃物和火源。

（3）矿井必须设置地面消防水池和井下消防管路系统，每季度应对井上、井下消防设施情况进行一次检查，发现问题应及时解决。井上、井下必须设置消防材料库，配备足够的消防器材。

（4）井下不准存放汽油、煤油和变压器油，严禁将剩油、废油泼洒在井巷和硐室内。

（5）井下和井口房内从事电焊、气焊和喷灯焊接等工作时，必须制定安全措施。

（6）井下工作人员必须熟悉灭火器材的使用方法，并熟悉工作区域内灭火器材的存放地点。

（7）进风井口应装设防火铁门，井下机电硐室应装有向外开的防火铁门。

（8）入井人员要随身携带自救器。

3. 矿井火灾发生的原因

（1）矿井内因火灾发生的原因

矿井内因火灾主要是指煤炭自燃形成的火灾。煤炭自燃必须同时具备 3 个条件：一是煤炭具有自燃的倾向性，并呈破碎状态堆积存在；二是连续通风供氧维持煤的氧化过程不断发展；三是煤氧化生成的热量能大量蓄积，难以及时散失。

煤层自燃可以通过人体感觉和仪器检测两种方法来识别。人体感觉有视力感觉、气味感觉、温度感觉、疲劳感觉等 4 种：视力感觉主要是指煤层自燃矿井巷道壁挂有水珠或形成雾气；气味感觉是指在煤层自燃矿井中可闻到煤油味、汽油味、松节油味或焦油味；温度感觉是指煤层自燃后矿井温度升高；疲劳感觉是指由于煤层自燃要释放一氧化碳、二氧化碳等有害气体，人在这种环境中会产生头痛、闷热、精神不振、不舒服、疲劳等感觉。

（2）矿井外因火灾发生的原因

外因火灾是由于外来热源引起的。外因火灾产生的主要原因有：明火，如吸烟、电焊、电炉等；电气火、电缆、开关、电机过负荷、短路、电火花等；违规爆破；瓦斯、煤尘爆炸；机械摩擦及易燃物相互碰撞。

4. 矿井火灾的防治措施

（1）矿井火灾的预防措施

矿井火灾预防主要从两个方面入手：一是防止失控的高温热源；二是尽量采用不燃或耐燃材料支护和不燃或难燃制品，同时应防止可燃物的大量积存。

（2）井下发生火灾时的应急措施

1）最先发现火灾的人员应保持镇定，迅速弄清火情，立即采取有效措施直接灭火，并及时报告调度室通知矿山救护队前来灭火。

2）现场区（队）长要立即按矿井灾害预防与处理计划的规定，将所有受火灾威胁的地区、火灾下风流烟雾区、发生风流逆转后的烟雾区、可能发生爆炸的人员撤离危险区域。

3）矿领导接到火警报告后，要先弄清火情，再根据具体情况采取措施，主要包括：组织抢救受灾人员，撤离火情扩大后可能受到威胁地区的人员；采取能迅速控制火情发展的措施；侦察火区，确定火源，组织人员灭火。

（3）消防器材的储备地点和使用

井口附近的消防材料库、井底车场运输大巷、井下爆破材料库、机电设备硐室、检修硐室、材料室以及采掘工作面附近巷道中，都应该储备一定数量消防器材。

常用灭火剂及其使用时的注意事项：

1）水。用水扑灭电气设备火灾时，首先要切断电源，不能用水扑救油类火灾；水流应从火源的外围逐渐逼近火区中心；人要站在上风侧并保证正常通风，以及时排除火烟和水蒸气。

2）泡沫。泡沫能导电，在扑灭电气设备火灾时，必须切断电源。

3）干粉。用干粉灭火器灭火时，要注意堵管现象。喷射距离应视扑救燃烧物的对象而定，原则上以不吹散燃油和药粉，使其黏附在设备表面为宜。要在通风干燥的地点储存，定期设专人检查。

4）卤代烷灭火剂。卤代烷灭火剂适用于扑救油类、带电设备和精密仪器等贵重物品的火灾。此种灭火剂产生的气体略有毒性，在室内灭火后要通风换气以保证人员安全。

5）沙子和岩粉。沙子和岩粉能覆盖火源，能将燃烧物和空气隔绝，从而使火熄灭，可用来熄灭电气设备和油类火灾。

6）发现煤炭自燃征兆时，应立刻向现场管理人员、调度室或相关负责人报告。如果自燃征兆十分明显应迅速撤离危险区域。

八、冲击地压事故的应急处置及避灾方法 

1. 冲击地压事故的基本知识

（1）冲击地压及其事故的概念

冲击地压是指煤矿井巷或工作面周围煤（岩）体由于弹性变形能的瞬时释放而产生的突然、剧烈破坏的动力现象，常伴有煤（岩）体瞬间抛出、巨响及气浪等。由冲击地压造成的设备损坏、人员伤亡事件称为冲击地压事故。

（2）冲击地压的特点

作为一种特殊的矿山压力显现形式，冲击地压具有明显的特点：一般没有明显的宏观预兆；发生过程短暂，并伴有巨大的响声和强烈的震动；破坏性较大。

冲击地压事故危害性大，往往引起井巷破坏、设备埋压、人员伤亡等严重后果。

（3）冲击地压事故的分类

引起冲击地压的应力源主要是煤（岩）体的重力及构造应力。

按震级强度和抛出的煤量将冲击地压分为三类：

1）轻微冲击地压。抛出煤（岩）量在 10 t 以下，震级在 1 级以下。

2）中等冲击地压。抛出煤（岩）量在 10 50 t，震级在 1 2 级。

3）强烈冲击地压。抛出煤（岩）量在 50 t 以上，震级在 2 级以上。

2. 冲击地压的影响因素

（1）开采深度。

（2）地质构造。

（3）煤（岩）体结构及开采技术。

3. 冲击地压的防治措施

防治冲击地压主要从两个方面着手：一是在大范围内避免形成高应力集中的条件；二是在局部范围内改变煤（岩）体的物理力学性能，减缓已形成的应力集中的程度。前者称防危措施，后者称解危措施。

（1）主要防危措施

1）开采解放层。

2）合理确定开采方法。

3）无煤柱开采。

（2）主要解危措施

1）高压注水。

2）放松动炮。

3）钻孔槽卸压。

4）强制放顶。

在煤矿安全生产中应结合实际，加强预测工作，熟悉撤人路线，总结冲击地压规律。同时，提高支护质量，严禁刚性支护，严格落实执行《煤矿安全规程》及《防治煤矿冲击地压细则》规定。

九、煤尘爆炸事故的应急处置及避灾方法 

1. 煤尘爆炸的基本知识

（1）煤尘爆炸的条件

煤尘爆炸必须同时具备4个条件：煤尘具有爆炸性；一定的煤尘浓度；高温热源；足够的氧气含量。这4个条件缺一不可。

1）煤尘具有爆炸性。煤尘可分为爆炸性煤尘和无爆炸性煤尘。煤尘的挥发分越高，越容易爆炸。煤尘有无爆炸性，要通过煤尘爆炸性鉴定才能确定。

2）一定的煤尘浓度。具有爆炸性的煤尘只有在空气中呈浮游状态并具有一定的浓度时才能发生爆炸。煤尘爆炸浓度下限为45 g/m^3，上限为1 500~2 000 g/m^3，爆炸威力最强的煤尘浓度为300~400 g/m^3。

3）高温热源。能够引燃煤尘爆炸热源温度的变化范围比较大，它与煤尘中挥发分含量有关。煤尘爆炸的引燃温度为610~1 050 ℃，煤矿井下能点燃煤尘的高温火源主要为爆破时出现的火焰、电气火花、冲击火花、摩擦高温、井下火灾和瓦斯爆炸等。

4）足够的氧气含量。空气中氧气浓度不低于18%，氧气浓度低于18%时，煤尘就不能爆炸。

（2）煤尘爆炸的影响因素

影响煤尘爆炸的因素很多，如煤的物理化学性质、煤尘的粒度、瓦斯与岩粉的混入等。瓦斯的存在将使煤尘爆炸下限降低，从而增加了煤尘爆炸的危险性。随着瓦斯浓度的增高，煤尘爆炸浓度下限急剧下降。

2. 煤尘爆炸的预防措施

煤尘爆炸后产生的冲击波会毁坏巷道、损伤人员，还会造成矿井火灾、巷道冒落等二次灾害。预防煤尘爆炸的技术措施主要包括以下3个方面。

（1）减尘、降尘

减尘、降尘是指在煤矿井下生产过程中，通过减少煤尘产生量或降低空气中悬浮煤尘含量以达到从根本上杜绝煤尘爆炸可能性的措施。其主要方法有煤层注水、使用水炮泥、喷雾降尘、清除落尘等。

（2）防止引燃煤尘

防止引燃煤尘的措施与防止引燃瓦斯的措施大致相同。特别要注意的是瓦斯爆炸往往会引起煤尘爆炸。此外，煤尘在特别干燥的条件下可产生静电，放电时产生的火花也能引起自身爆炸。

（3）隔绝煤尘爆炸

防止煤尘爆炸的危害，还应采取降低爆炸威力、隔绝爆炸范围的措施，如撒布岩粉、设置隔爆水槽等。

第四节　自救、互救和创伤急救基本知识

自救就是矿井发生意外灾变事故时，在灾区或受灾变影响区域的每个工作人员进行避灾和保护自己而采取的措施及方法，互救则是在有效的自救前提下为了妥善地救护他人而采取的措施及方法。矿工互救应遵守“三先三后原则”：对窒息的伤员，先复苏，后

搬运；对出血的伤员，先止血，后搬运；对骨折的伤员，先固定，后搬运。

一、井下发生灾害事故时的基本行动原则

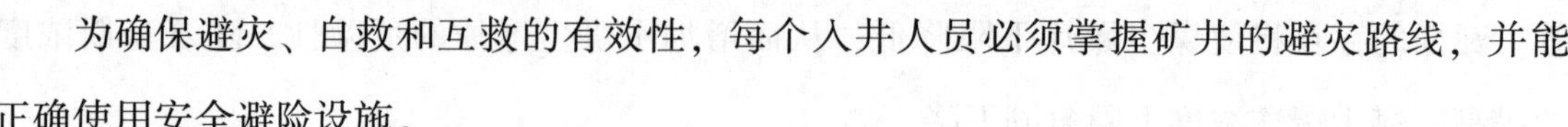

为确保避灾、自救和互救的有效性，每个入井人员必须掌握矿井的避灾路线，并能正确使用安全避险设施。

1. 及时报告灾情

发生灾害事故后，事故地点附近的人员应尽量了解和判断事故性质、地点和灾害程度，并迅速利用最近处的电话或其他方式向矿调度室汇报，迅速向事故可能波及的区域发出警报，使其他工作人员尽快了解灾情。

2. 积极抢救

灾害事故发生后，处于灾区内以及受威胁区域的人员应沉着冷静。根据灾情和现场条件，在保证自身安全的前提下，应采取积极有效的方法和措施及时进行现场抢救，将事故消灭在初期阶段或控制在最小范围，最大限度地减少事故造成的损失。

3. 安全撤离

当受灾现场不具备事故抢救条件，或可能危及人员的安全时，应由现场负责人或有经验的老工人带领，根据矿井灾害事故应急预案中规定的撤退路线或根据当时的实际情况，尽量选择安全条件最好、距离最短的路线，迅速撤离危险区域。

4. 妥善避灾

井下发生险情或事故时，作业人员应按应急预案和应急指令撤离险区，在撤离受阻的情况下要采取紧急措施避险待救。遇险人员应迅速进入固定避难硐室或临时避难硐室，妥善避灾，等待矿山救护队的援救，切忌盲目行动。

二、井下发生灾害事故时的避灾自救与互救措施 

1. 瓦斯、煤尘爆炸发生时的自救与互救措施

井下人员一旦遇到或发现瓦斯、煤尘爆炸时，需要沉着、冷静，临危不乱，保持清醒的头脑，采取措施进行自救，具体方法如下：

（1）背向空气冲击波到来的方向俯卧倒地，面部贴在地面以降低身体高度，避开冲

击波的强力冲击，并暂时屏住呼吸，用湿毛巾捂住口鼻，防止把高温烟气吸入肺部造成烧伤。

（2）最好用衣物盖住身体，尽量减少身体暴露面积，以减少烧伤。

（3）发现爆炸后要迅速按规定佩戴好自救器，辨清方向，沿正确的避灾路线撤退。撤退前要根据矿井灾害事故应急预案确定撤退的路线，尽量选择安全条件好、距离短的避灾路线。

（4）尽快撤离灾区，到达新鲜空气的安全地点。若巷道破坏严重或后路被堵出不去，不知撤退是否安全时，可以到避难硐室、救生舱或支护较完整的安全地点躲避，等待救援。

2. 煤与瓦斯突出发生时的自救与互救措施

当发现采煤工作面发生煤与瓦斯突出或出现预兆时，要以最快的速度通知有关人员迅速向进风侧撤离。撤离过程中应快速打开隔绝式自救器并佩戴好，迎着新鲜风流外撤。如果距离新鲜风流太远，应首先到避难硐室内避灾，或利用压风自救系统进行自救。

发现掘进工作面发生煤与瓦斯突出或出现预兆时，必须迅速向外撤至防突反向风门之外，之后把防突风门关好，然后继续外撤。

3. 火灾发生时的自救与互救措施

井下发生火灾时，要抓住时机在火势较小并保证安全的情况下开展灭火工作。如果火势较大不能控制，要立即组织撤离，其间要注意科学自救与互救，互相照应、互相帮助。

（1）首先要尽最大的可能迅速了解或判明事故的性质、地点、范围和事故区域的巷道情况、通风系统、风流及火灾烟气蔓延的速度、方向以及与自己所处巷道位置之间的关系，并根据矿井灾害预防和处理计划及现场的实际情况，确定撤退路线和避灾自救的方法。

（2）撤退时，任何人在任何情况下都不要惊慌、不能狂奔乱跑。应在现场负责人及有经验的老工人带领下有组织地撤退。

（3）位于火源进风侧的人员，应迎着新鲜风流撤退，千万不能顺风流撤退。

（4）位于火源回风侧的人员或是在撤退途中遇到烟气有中毒危险时，应迅速戴好自救器，尽快通过捷径绕到新鲜风流中去或在烟气没有到达之前，顺着风流尽快从回风出口撤到安全地点。如果距火源较近而且越过火源没有危险时，也可迅速穿过火区撤到火源的进风侧。

（5）如果在自救器有效作用时间内不能安全撤出时，应在设有储存备用自救器的硐室换用自救器后再行撤退，或是寻找有压风管路系统的地点，以压缩空气供呼吸用。

（6）撤退行动既要迅速果断，又要快而不乱。撤退中应靠巷道有联通出口的一侧行进，避免错过脱离危险区的机会，同时还要随时注意观察巷道和风流的变化情况，谨防火风压可能造成的风流逆转。人与人之间要互相照应、互相帮助、团结友爱。

（7）如果无论是逆风或顺风撤退，都无法躲避着火巷道或火灾烟气可能造成的危害，则应迅速进入避难硐室；没有避难硐室时，应在烟气袭来之前，选择合适的地点（独头巷或硐室、两道风门之间）就地利用现场条件，快速构筑临时避难硐室进行避灾自救。

（8）逆烟撤退具有很大的危险性，在一般情况下不要这样做。除非是在附近有脱离危险区的通道出口且又有脱离危险区的把握时，或是只有逆烟撤退才有争取生存的希望时，才采取这种撤退方法。

（9）撤退途中，如果有平行并列巷道或交叉巷道时，应靠有平行并列巷道和交叉口的一侧撤退，并随时注意这些出口的位置，尽快寻找脱险之路。在烟雾大、视线不清的情况下，应摸着巷道壁前进，以免错过联通出口。

（10）当烟雾在巷道里流动时，一般巷道空间的上部烟雾浓度大、温度高、能见度低，对人的危害也严重，而靠近巷道底板情况要好一些，因为有时巷道底部还有比较新鲜的低温空气流动。为此，在有烟雾的巷道里撤退时，即使为了加快速度也不应直立奔跑，而应尽量躬身弯腰，低着头快速前进。如烟雾大、视线不清或温度较高时，则应尽量贴着巷道底板和巷壁，摸着铁道或管道等爬行撤退。

（11）在充满高温浓烟的巷道撤退时，还应注意利用巷道内的水，用以浸湿毛巾、衣物或向身上浇淋等办法进行降温，或是利用随身物件等遮挡头部，以防高温烟气刺激等。

（12）如果在自救器有效作用时间内不能安全撤出时，应在设有储存备用自救器的硐室换用自救器后再行撤退，或者撤到避难硐室待救。

（13）如果无论是逆风还是顺风撤退，都无法躲避着火巷道火灾烟气可能造成的危害时，则应迅速进入避难硐室；没有避难硐室时应在烟气袭来之前，选择合适的地点就地利用现场条件，快速构筑临时避难硐室进行避灾自救。

4. 透水发生时的自救与互救措施

（1）透水后现场人员撤退时的注意事项

1）透水后，应在可能的情况下迅速观察和判断透水的地点、水源、涌水量，根据灾害事故应急预案中规定的撤退路线，迅速撤退到透水地点以上的水平，而不能进入透水地点附近及下方的独头巷道。

2）行进中，应靠近巷道一侧，抓牢支架或其他固定物体，尽量避开压力水头和泄水流，并注意避免被水中滚动的矸石和木料撞伤。

3）如果透水破坏了巷道中的照明和路标，迷失行进方向时，遇险人员应朝着有风流通过的上山巷道方向撤退。

4）在撤退沿途和所经过的巷道交叉口，应留设指示行进方向的明显标志，以提示救援人员注意。

5）人员撤退到立井须从梯子间上去时，应遵守秩序，禁止慌乱和争抢。行动中手要抓牢、脚要蹬稳，时刻注意自己和他人的安全。

6）如果唯一的出口被水封堵而无法撤退时，应有组织地在独头上山工作面躲避，等待救护人员的营救。严禁盲目潜水逃生。

（2）透水后被围困时的避灾自救措施

1）当现场人员被涌水围困无法撤出时，应迅速进入避难硐室中，或选择合适地点快速构筑临时避难硐室避灾。如果是老窑透水，则须在避难硐室处建临时挡墙或吊挂风帘，防止被涌出的有毒有害气体伤害。在进入避难硐室前，应在硐室外留设明显标志。

2）在避灾期间，遇险人员要保持良好的精神状态，情绪安定、自信乐观、意志坚强。要做好长时间的避灾准备，使用 1 台矿灯照明或间歇照明，关闭其他矿灯以节约用电。除轮流担任岗哨观察水情的人员外，其余人员均应静卧，以减少体力和氧气消耗。

3）避灾时，应用敲击的方法有规律、不间断地发出呼救信号，以向营救人员指示躲避处位置。

4）长时间被困在井下，发觉救护人员到来营救时，避灾人员不可过度兴奋和慌乱，以防发生意外。

5. 冒顶发生时的自救与互救措施

（1）采煤工作面冒顶时的自救与互救措施

1）迅速撤退到安全地点。当发现工作地点有即将发生冒顶的征兆，而当时又难以采取措施防止时，最好的避灾措施是迅速离开危险区，撤退到安全地点。

2）遇险时要靠煤帮贴身站立或到木垛处避灾。从采煤工作面发生冒顶的实际情况来看，顶板沿煤壁冒落是很少见的。因此，当发生冒顶来不及撤退到安全地点时，遇险者应靠煤帮贴身站立避灾，但要注意煤壁片帮伤人。

另外，冒顶时可能将支柱压断或推倒，但在一般情况下不可能压垮或推倒质量合格的木垛。因此，如果遇险者所在位置靠近木垛时，可撤至木垛处避灾。

3）遇险后应立即发出呼救信号。冒顶对人员的伤害主要是砸伤、掩埋或隔堵。冒落基本稳定后，遇险者应立即采用呼叫、敲打（如敲打物料、岩块，若可能造成新的冒落时则不能敲打，只能呼叫）等方法，发出有规律、不间断的呼救信号，以便救护人员和撤出人员了解灾情，组织力量进行抢救。

4）遇险人员要积极配合外部的营救工作。冒顶后被煤矸、物料等埋压的人员，不要惊慌失措，在条件不允许时切忌采用猛烈挣扎的办法脱险，以免造成事故扩大。被冒顶隔堵的人员，应在遇险地点有组织地维护好自身安全，构筑脱险通道，配合外部的营救工作，为提前脱险创造良好条件。

5）被埋压人员被救出后应首先清理其呼吸道，然后根据伤情（呼吸、心搏、出血、骨折等）进行相关现场急救。

（2）独头巷道冒顶被堵人员的避灾自救与互救措施

1）遇险人员要沉着冷静，切忌惊慌失措，要树立信心，迅速组织起来，团结协作，尽量减少体力和隔堵区的氧气消耗，做好较长时间的避灾准备，使用1台矿灯照明或间歇照明，关闭其他矿灯，尽量节省使用电源。

2）如果遇险人员被困地点有压风管路，应打开压风管路闸阀，为被困空间输送新鲜空气，但被困人员应注意保暖。

3）如果人员被困地点有电话，应立即用电话汇报灾情、遇险人数和计划采取的避灾自救措施；也可采用敲击钢轨、管道和岩石等物体的方法，发出有规律的呼救信号，并每隔一定时间敲击1次，不间断地发出信号，以便营救人员了解遇险位置，组织力量进行抢救。

4）维护、加固冒落地点和人员躲避处的支架，并经常派人检查，以防止冒顶进一步扩大，以保障被堵人员避灾时的安全。

三、现场急救技术 

现场急救技术包括人工呼吸、心肺复苏、止血、创伤包扎、骨折临时固定和伤员搬运等。

1. 人工呼吸

人工呼吸是抢救伤员的一种急救措施，凡是由于触电、溺水、缺氧窒息、二氧化碳及瓦斯窒息或一氧化碳中毒而处于“假死”状态的伤员，均可对其施行人工呼吸急救措施。

施行人工呼吸前，首先将患者抬到新鲜风流中且较温暖的地方，使其躺在担架上或衣服上，迅速解开其上衣衣扣和腰带，脱掉胶靴；取出口、鼻中的堵塞物，并用棉被或毯子将身体盖好，以免受凉；检查有无内外伤，以便决定采用何种人工呼吸法。常用的人工呼吸方法有口对口吹气法、仰卧压胸法和俯卧压背法 3 种。

（1）口对口吹气法

口对口吹气法是效果最好、操作最简单的一种人工呼吸方法，如图 6-1 所示。其操作步骤为：使伤员仰卧，急救者一手托起伤员下颌，并尽量使其头部后仰，另一手捏紧伤员的鼻子；急救者深吸气后，紧对伤员的口吹气，急救者自己吸气时，应将伤员的鼻子松开；吹气要保持一定的节律，以每分钟 14～16 次速率进行，并应注意尽量不漏气。

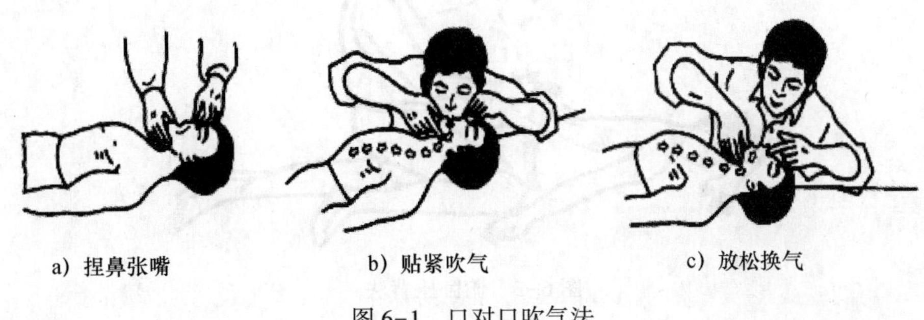

a）捏鼻张嘴　b）贴紧吹气　c）放松换气

图 6-1　口对口吹气法

（2）仰卧压胸法

仰卧压胸法适用于不利于口对口吹气法（如氰化物中毒伤员）时，如图 6-2 所示。该方法的操作步骤为：使伤员仰卧，头偏向一侧，尽可能将其舌头拉出；伤员背部垫枕，使胸部抬高，上肢放在身体两侧；急救者跨跪在伤员大腿两侧，面向伤员头部，两手放在伤员肋弓部，拇指向内，其余四指向外，压迫伤员胸部，使其肺中空气排出；然后松手，胸腔自行扩张使空气吸入伤员肺中。如此有节奏地进行，每分钟 16~20 次。

图 6-2　仰卧压胸法

（3）俯卧压背法

俯卧压背法如图 6-3 所示，具体操作步骤为：将伤员俯卧，头偏向一侧，腹部放一枕垫；伤员一臂自然外展，另一臂弯曲，使头枕于臂上；急救者骑跨在伤员的大腿旁，面向其头部，两臂伸直；两手平放于伤员背部，拇指指向其脊柱，其余四指向上外伸开；急救者身体向前倾，以身体重量压迫伤员胸部，使其胸腔缩小，将肋中空气逼出，使伤员呼气；随后急救者身体后仰，除去两手压力，使伤员胸部自然扩张，空气进入其肺中，

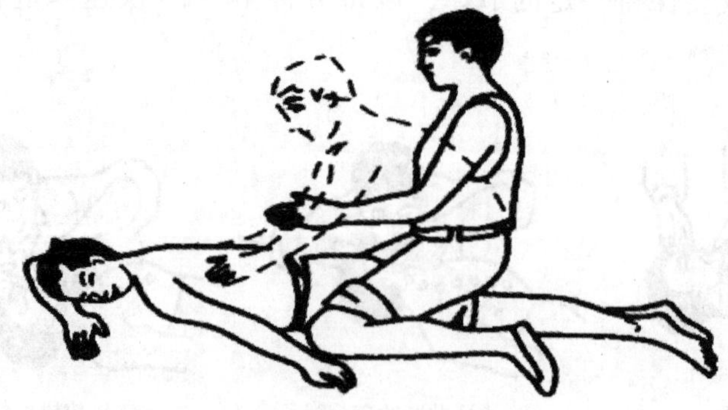

图 6-3　俯卧压背法

使伤员吸气。如此重复动作，每分钟以 14~16 次为宜。

对二氧化硫和二氧化氮的中毒者只能进行口对口的人工呼吸，不能进行压胸或压背法的人工呼吸，否则会加重伤情。

2. 心肺复苏

心肺复苏操作主要有心前区叩击法和胸外心脏按压法两种方法。进行心肺复苏时，伤员的正确体位应为仰卧。

（1）心前区叩击法

心前区叩击法是指伤员心搏骤停后救护者立即叩击其心前区，叩击力应中等，一般可连续叩击 3~5 次，并观察伤员脉搏、心搏。若心搏恢复，则表示复苏成功；反之，应立即改用胸外心脏按压法。操作时，应使伤员头低脚高，救护者以左手掌置其心前区，右手握拳，从距患者胸部上方约 40~50 cm 处向左手背上叩击。

（2）胸外心脏按压法

胸外心脏按压法适用于各种原因造成的心搏骤停者。在进行胸外心脏按压前，应先用心前区叩击法，如果叩击无效，再及时正确地进行胸外心脏按压。其操作方法是：首先将伤员仰卧于木板上或地上，解开其上衣衣扣和腰带，脱掉胶鞋；救护者位于伤员左侧，手掌面与前臂垂直，将另一手掌压于其上，使双手重叠，置于伤员胸骨中下 1/3 处（其下方为心脏），以双肘和臂肩之力，有节奏、冲击式地向脊柱方向用力按压，使胸骨压下陷至少 5 cm（成人）；按压后，迅速抬手使胸骨复位，以利于心脏的舒张。按压次数以每分钟 80~100 次为宜。按压过快，心脏舒张不够充分，心室内血液不能完全充盈，将达不到预期效果；按压过慢，动脉压力低，效果也不好。

使用胸外心脏按压法时的注意事项：

1）按压的力量应因人而异。对身强力壮的伤员，按压力量可大些；对年老体弱的伤员，力量宜小些。按压时要稳健有力、均匀规则，重力应放在手掌根部，着力仅在胸骨处，切勿在心尖部按压，同时注意用力不能过猛，否则可致肋骨骨折、心包积血或引起气胸等。

2）胸外心脏按压法与口对口吹气法最好同时施行，无论实施单人心肺复苏还是双人心肺复苏，均为每按压心脏 30 次，做口对口人工呼吸 2 次。

3）按压显效时，可摸到伤员颈总动脉、股动脉开始搏动，散大的瞳孔开始缩小，口唇、皮肤转为红润。

3. 止血

止血方法很多，常用的有指压止血法、加垫屈肢止血法、止血带止血法和加压包扎止血法。

（1）指压止血法

指压止血法是指在伤口附近靠近心脏一端的动脉处，用拇指压住出血的血管以阻断血流。此法可作为四肢大出血的暂时性止血措施。在指压止血的同时，应立即寻找材料，准备换用其他止血方法。

各部位的止血压点及其止血区域如图 6-4 所示。

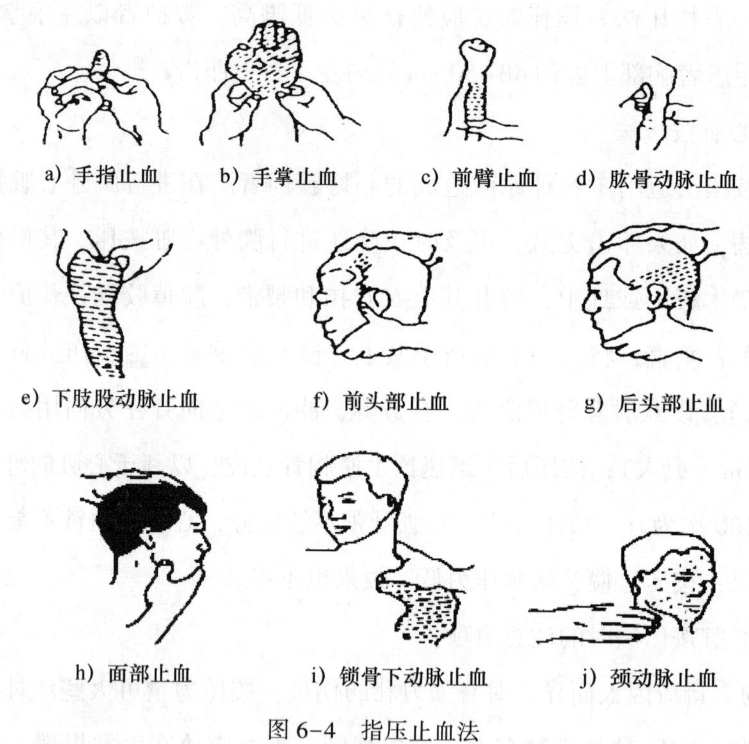

图 6-4 指压止血法

（2）加垫屈肢止血法

当前臂和小腿动脉出血不能制止时，如果没有骨折和关节脱位，可采用加垫屈肢止血法止血。在肘窝处或膝窝处放入叠好的毛巾或布卷，然后屈肘关节或屈膝关节，再用绷带或宽布条等将前臂与上臂或小腿与大腿固定，如图 6-5 所示。

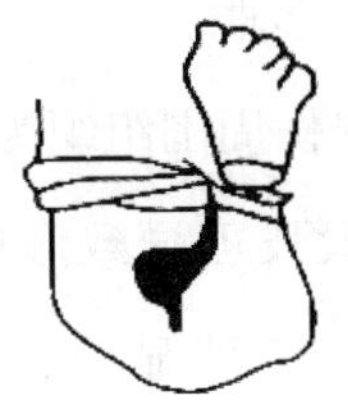
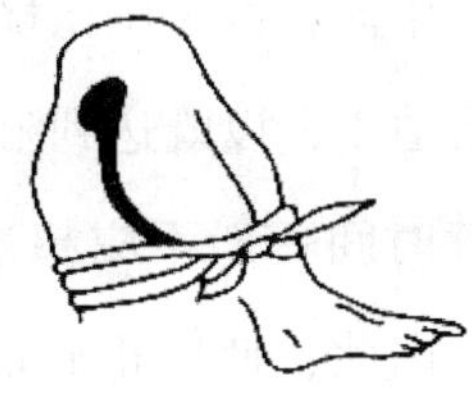

图 6-5　加垫屈肢止血法

（3）止血带止血法

当上肢或下肢大出血时，在井下可就地取材，使用胶管或止血带等材料采用止血带止血法压迫出血伤口的近心端进行止血。

1）止血带的使用方法（见图 6-6）：

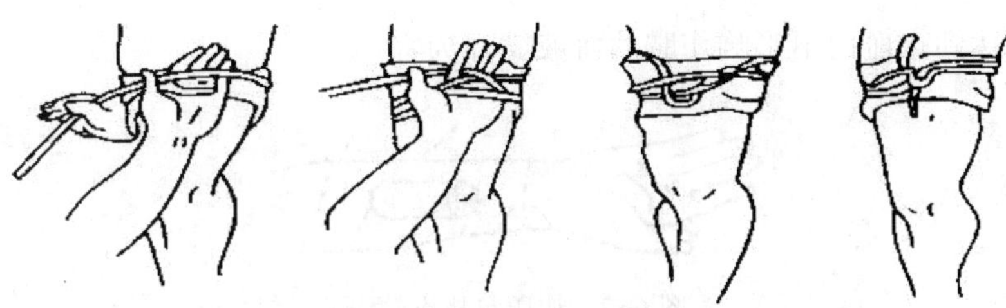

图 6-6　止血带止血法

①在伤口近心端上方加垫。

②救护者左手拿止血带，上端留 13～17 cm，紧贴加垫处。

③右手拿止血带长端，拉紧环绕伤肢伤口近心端上方 2 周，然后将止血带交左手中指、食指夹紧。

④左手中指、食指夹止血带，顺着肢体下拉成环。

⑤将止血带上端一头插入环中拉紧固定。在上肢应扎在上臂的上 1/3 处，在下肢应扎在大腿的中下 1/3 处。

2）止血带使用注意事项：

①扎止血带前，应先将伤肢抬高，防止肢体远端因淤血而增加失血量。

②扎止血带时要有衬垫，不能直接扎在皮肤上，以免损伤皮下神经。

③前臂和小腿不适于扎止血带，因其均有 2 根平行的骨骼，骨间可通血流，所以止血效果差。但在肢体离断后的残端可使用止血带，应尽量扎在靠近残端处。

④禁止扎在上臂的中段，以免压伤桡神经，引起腕下垂。

⑤止血带的压力要适中，以既达到阻断血流又不损伤周围组织为宜。

⑥止血带止血持续时间一般不应超过 1 h，时间太长可导致肢体坏死，太短会使出血、休克进一步恶化。因此，使用止血带的伤员必须配有明显标志，并准确记录开始扎止血带的时间，每 0.5~1 h 缓慢放松 1 次止血带，放松时间为 1~3 min。此时，可抬高伤肢压迫局部止血，再扎止血带时应在稍高的平面上绑扎，不可在同一部位反复绑扎。使用止血带总时间以不超过 2 h 为宜，应尽快将伤员送到医院救治。

（4）加压包扎止血法

加压包扎止血法主要适用于静脉出血的止血，如图 6-7 所示。其做法是：首先将干净的纱布、毛巾或布料等盖在伤口处，然后用绷带或布条适当加压包扎止血，所加压力的松紧度以能达到止血而不影响伤肢的血液循环为宜。

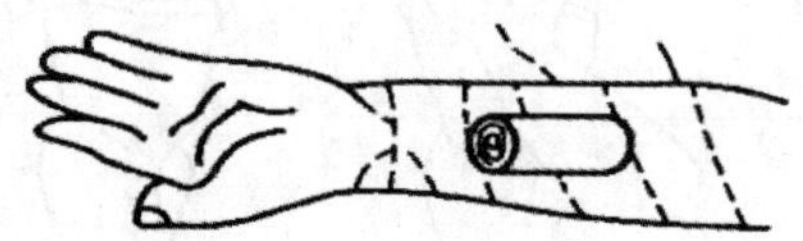

图 6-7　加压包扎止血法

4. 创伤包扎

创伤包扎的目的是保护伤口和创面，防止伤口感染、减轻痛苦，也是为了防止流血。创伤包扎有止血作用。用夹板固定骨折的肢体时需要包扎，以减少继发性损伤，也便于将伤员运送到医院。

现场进行创伤包扎时可就地取材，例如用毛巾、衣服撕成的布条等物品进行包扎。

（1）布条包扎法

1）环形包扎法。该方法适用于头部、颈部、腕部及胸部、腹部等处的创伤包扎。将布条作环行重叠缠绕肢体数圈后即成。

2）螺旋包扎法。该方法适用于前臂、下肢和手指等部位的创伤包扎。先用环形法固定起始端，把布条渐渐地斜旋上缠或下缠，每圈压前圈的 1/2 或 1/3，呈螺旋形，尾部在原位上缠 2 圈后予以固定，如图 6-8 所示。

3）螺旋反折包扎法。该方法多用于粗细不等的四肢创伤包扎。开始先做螺旋形包

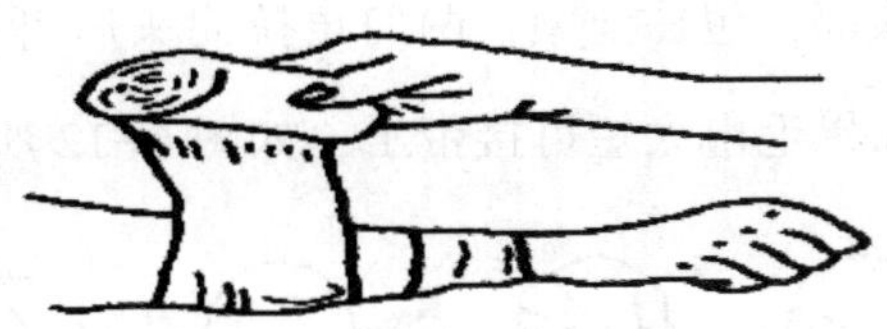

图 6-8　螺旋包扎法

扎，待到渐粗的地方，以一手拇指按住布条上面，另一手将布条自该点反折向下并遮盖前圈的 1/2 或 1/3。各圈反折须排列整齐，反折头不宜在伤口和骨头突出部分，如图 6-9 所示。

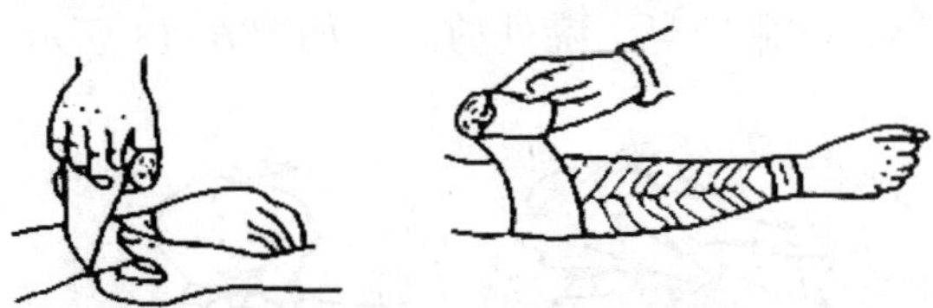

图 6-9　螺旋反折包扎法

4）"8"字包扎法。该方法多用于关节处的创伤包扎。先在关节中部环形包扎 2 圈，然后以关节为中心，从中心向两边缠，一圈向上，另一圈向下，2 圈在关节屈侧交叉，并压住前圈的 1/2，如图 6-10 所示。

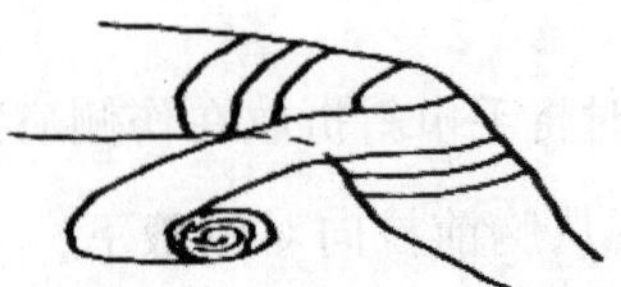

图 6-10　"8"字包扎法

（2）毛巾包扎法

1）头顶部毛巾包扎法。将毛巾横盖于头顶部，包住前额，两前角拉向头后打结，两后角拉向下颌打结，如图 6-11 所示。

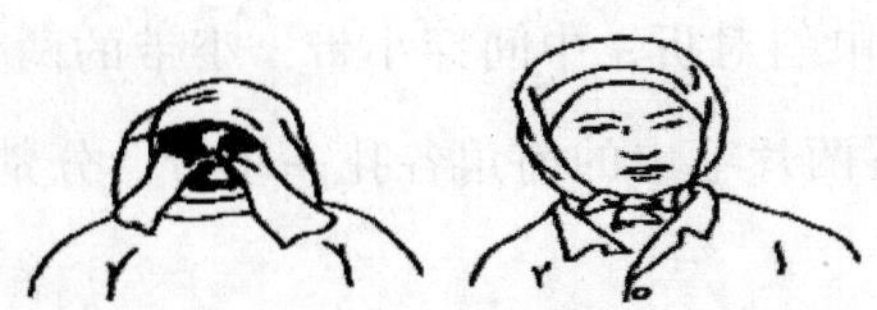

图 6-11　头顶部毛巾包扎法（一）

或是将毛巾横盖于头顶部，包住前额，两前角拉向头后打结，然后两后角向前折叠，左右交叉绕到前额打结。如果毛巾太短可接带子，如图 6-12 所示。

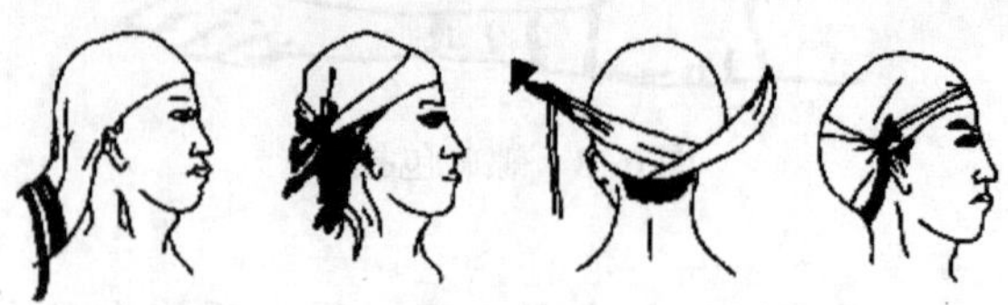

图 6-12　头顶部毛巾包扎法（二）

2）面部包扎法。将毛巾横置，盖住面部，向后拉紧毛巾的两端，在耳后将两端的上、下角交叉后分别打结，在眼、鼻、嘴处剪洞，如图 6-13 所示。

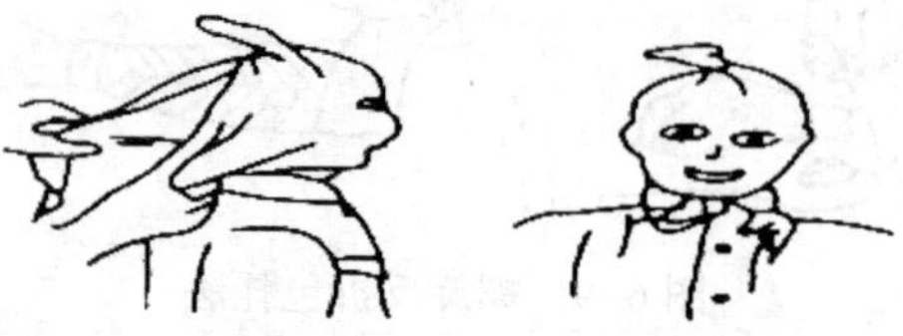

图 6-13　面部包扎法

3）下颌包扎法。将毛巾纵向折叠成四指宽的条状，在一端扎一小带，毛巾中间部分包住下颌，两端上提，小带经头顶部在另一侧耳前与毛巾交叉，然后小带绕前额及枕部与毛巾另一端打结。

4）肩部包扎法。单肩包扎时将毛巾斜折放在伤侧肩部，腰边穿带子在上臂固定，叠角向上折，一角盖住肩的前部，从胸前拉向对侧腋下，另一角向上包住肩部，从后背拉向对侧腋下打结。

5）胸部包扎法。将毛巾对折，腰边中间穿带子，由胸部围绕到背后打结固定。胸前的 2 片毛巾折成三角形，分别将角上提至肩部，包住双侧胸，两角各加带过肩到背后与横带相遇打结，如图 6-14 所示。

6）背部包扎法。该方法与胸部包扎法相同。

7）腹部包扎法。将毛巾斜对折，中间穿小带，小带的两头拉向后方，在腰部打结，使毛巾盖住腹部。将上、下两片毛巾的前角各扎一小带，分别绕过大腿根部与毛巾的后角在大腿外侧打结。

8）臂部包扎法。该方法与腹部包扎法相同。

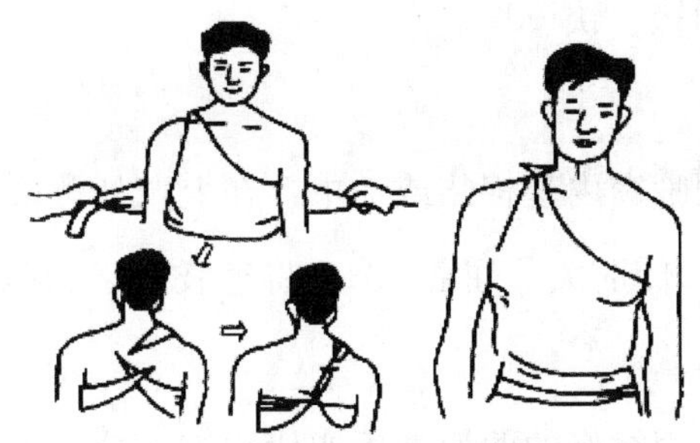

图 6-14　胸部包扎法

（3）包扎注意事项

1）在包扎时，应做到动作迅速敏捷，不触碰伤口，以免引起出血、疼痛和感染。

2）不能用井下的污水冲洗伤口。伤口表面的异物（如煤块、矸石等）应去除，但伤口深部异物须由医院处理，以防止重复感染。

3）包扎动作要轻柔，松紧度要适宜，不可过松或过紧，结头不要打在伤口上，应使伤员体位舒适，绷扎部位应维持在功能位置。

4）脱出的内脏不可放回体腔内，以免造成体腔内感染。

5）包扎范围应超出伤口边缘 5～10 cm。

5. 骨折临时固定

骨折临时固定可减轻伤员的疼痛，防止因骨折端移位而刺伤邻近组织、血管和神经，也是防止创伤休克的有效急救措施。

（1）操作要点

1）在进行骨折固定时，应使用夹板、绷带、三角巾、棉垫等物品。手边没有上述物品时，可就地取材，如使用树枝、木板、木棍、硬纸板、塑料板、衣物、毛巾等代替。必要时也可将受伤肢体固定于伤员健侧肢体上。

如下肢骨折可与健侧绑在一起，伤指可与邻指固定在一起。如果骨折断端错位，救护时暂不要复位，即使断端已穿破皮肤露在外面，也不可进行复位，而应按受伤原状包扎固定。

2）骨折固定应包括上、下两个关节，在肩、肘、腕、股、膝、踝等关节处应垫棉花或衣物，以免压破关节处皮肤。固定应以伤肢不能活动为度，不可过松或过紧。

3）搬运伤员时要做到轻、快、稳。

（2）固定方法

1）上臂骨折。于患侧腋窝内垫棉垫或毛巾，在上臂外侧安放垫衬好的夹板或其他代用物后开始绑扎。绑扎后，使肘关节屈曲 90°，将患肢捆于胸前，再用毛巾或布条将其悬吊于胸前，如图 6-15 所示。

2）前臂及手部骨折。用衬好的两块夹板或代用物，分别置放在患侧前臂及手的掌侧及背侧，以布带绑好，再以毛巾或布条将前臂吊于胸前，如图 6-16 所示。

图 6-15　上臂骨折固定包扎法

图 6-16　前臂及手部骨折固定包扎法

3）大腿骨折。用长木板放在患肢及躯干外侧，将髋关节、大腿中段、膝关节、小腿中段、踝关节同时固定。

4）小腿骨折。用长、宽合适的木夹板两块，自大腿上段至踝关节分别在内外两侧捆绑固定。

5）骨盆骨折。用衣物将骨盆部位包扎住，并将伤员两下肢互相捆绑在一起，膝、踝间加以软垫，屈髋、屈膝。要多人将伤员仰卧平托在木板担架上。有骨盆骨折者，应注意检查伤者有无内脏损伤及内出血。

6）锁骨骨折。以绷带作“∞”形固定，固定时双臂应向后伸。

6. 伤员运送

井下条件复杂，转运伤员时要尽量做到轻、稳、快。没有经过初步固定、止血、包扎和抢救的伤员，一般不应转运。运送时应做到不增加伤员的痛苦，避免造成新的创伤及并发症。伤员运送时应注意以下事项：

（1）呼吸、心搏骤停及休克昏迷的伤员应先及时复苏后再搬运。若现场没有懂得复苏技术的人员，则可为争取抢救的时间而迅速向外搬运，去迎接救护人员进行及时抢救。

（2）对昏迷或有窒息症状的伤员，要将其肩部稍垫高，使头部后仰，面部偏向一侧或采用侧卧位，以防胃内呕吐物或舌头后坠堵塞气管而造成窒息，注意随时都要确保呼吸道的通畅。

(3) 一般伤员可用担架、木板、风筒、刮板输送机槽、绳网等物件运送，脊柱损伤和骨盆骨折的伤员应用硬板担架运送。

(4) 对一般伤员均应先进行止血、固定、包扎等初步救护后，再进行转运。

(5) 一般外伤的伤员，可平卧在担架上，抬高伤肢；胸部外伤的伤员可取半坐位；有开放性气胸者，须封闭包扎后才可转运。腹腔部内脏损伤的伤员可平卧，用宽布带将腹腔部捆在担架上，以减轻其痛苦及出血。骨盆骨折的伤员，可仰卧在硬板担架上，屈髋、屈膝，膝下垫软枕或衣物，用布带将骨盆捆在担架上。

(6) 搬运胸、腰椎损伤的伤员时，先把硬板担架放在伤员旁边，由专人照顾其患处，另有 2~3 人在旁帮其保持脊柱伸直状态，同时轻轻将伤员推移到担架上。推动时用力大小、快慢要保持一致，要保证伤员脊柱不弯曲。伤员在硬板担架上取仰卧位，受伤部位垫上薄垫或衣物，使脊柱呈伸展状态，严禁坐位或肩背式搬运。

(7) 对脊柱损伤的伤员，严禁让其坐起、站立和行走，也不能用 1 人抬头、另 1 人抱腿或人背的方法搬运。因为脊柱损伤后再弯曲活动时，有可能损伤脊髓而造成伤员截瘫甚至突然死亡，所以在搬运时要十分小心，上、下担架时最好 4 个人共同操作。

(8) 转运时应让伤员的头部在后面，随行的救护人员要时刻注意伤员的面色、呼吸、脉搏，必要时要及时抢救。随时注意观察伤口是否继续出血、固定是否牢靠，出现问题要及时处理。走上、下山时，应尽量保持担架平衡，防止伤员从担架上滚落下来。

(9) 将伤员运送到井上后，应向接管医生详细介绍受伤情况及检查、抢救经过。

四、煤矿各种伤害的急救 

1. 对创伤性休克人员的急救

创伤性休克是由于剧烈打击、重要脏器损伤、大出血使有效循环血量锐减，以及剧烈疼痛、恐惧等多种因素综合形成的。

(1) 判断早期休克

判断早期休克可采用“三看二摸”的方法。

1) 看神志。休克早期，伤员兴奋、烦躁、焦虑或激动，随着病情发展，脑组织缺氧加重，伤员表现淡漠、意识模糊，至晚期则昏迷。

2）看面颊、口唇和皮肤色泽。休克早期，外周小血管收缩，色泽苍白；后期则因缺氧、淤血，色泽青紫。

3）看表浅静脉。休克后颈及四肢浅表静脉萎缩。

4）摸脉搏。休克代偿期，周围血管收缩，心率增快。收缩压下降前可以摸到脉搏增快，这是早期诊断的重要依据。

5）摸肢端温度。休克伤员的肢端温度降低，四肢冰凉。

（2）对创伤性休克人员的现场急救

创伤性休克的现场救治是为了消除创伤的不利因素影响，弥补由于创伤所造成的机体代谢的紊乱，调整机体的反应，动员机体的潜在功能以对抗休克。

1）患者平卧，保持安静，避免过多搬动，注意保温和防暑。

2）对创口予以止血和简单清洁包扎，以防再次污染，对骨折要做临时固定。

3）保持呼吸道通畅，昏迷伤员的头应侧向，并将其舌牵出口外。

4）抓紧时间送医院抢救。

2. 对冒顶挤压伤害人员的急救

发生冒顶挤压人员时，由于身体肌肉丰富的部位如大腿、臀部或腰背部受到重物的挤压，使受压部分组织坏死，随之引起肢体肿胀、休克和急性肾衰竭等症状，称为挤压综合征。

（1）挤压伤害的症状

1）肢体肿胀。受压部位会出现压痕、变硬、皮下出血、水疱、肿胀、红斑等，呈暗褐色，甚至皮肤脱落。

2）感觉异常。受压部位会出现感觉减退或麻木，伸展会引起疼痛，周围脉搏仍会存在。

（2）对挤压伤害人员的现场急救

1）搬除重物。要搬除压在身上的重物，并及时清除其口、鼻处异物，保持呼吸道通畅。

2）立即制动。伤员取平卧位，使肿胀的肢体不移动或减少活动，将伤肢暴露在凉爽处或用凉水降低伤肢温度（冬季要注意防止冻伤），对伤肢不抬高、不按摩、不热敷。在骨折处做临时固定，对出血者做止血处理。

3）及时止血。对开放性伤口和活动性出血者，应予止血，不加压包扎，更不能使用止血带（大血管断裂出血时例外）。

4）抓紧时间送往医院。

（3）踝关节扭伤

为防止踝关节扭伤者皮下出血和组织肿胀，应选用湿冷敷。

3. 对触电人员的急救

对触电人员应采取以下急救措施：

（1）立即切断电源或使触电者脱离电源。

（2）迅速观察伤员有无呼吸和心搏。如果发现已停止呼吸或心音微弱，应立即进行人工呼吸或胸外心脏按压。

（3）如果呼吸和心搏都已停止，应同时进行人工呼吸和胸外心脏按压。

（4）对遭受电击者，如果有其他损伤（如跌伤、出血等），应做相应的急救处理。

4. 对烧伤人员的急救

煤矿作业人员烧伤的急救要点可概括为以下 5 个字：

（1）“灭”，即扑灭伤员身上的火，使伤员尽快脱离热源，缩短其被烧伤的时间。

（2）“查”，即检查伤员呼吸、心搏情况，检查是否有其他外伤或有害气体中毒现象。对爆炸冲击烧伤伤员，应特别注意有无颅脑或内脏损伤和呼吸道烧伤。

（3）“防”，即要防止休克、窒息、创面污染。伤员因疼痛和恐惧发生休克或发生急性喉头梗阻而窒息时，可进行人工呼吸等方法进行急救。为了减少创面的污染和损伤，在现场检查和搬运伤员时，伤员的衣服可以不脱、不剪开。

（4）“包”，即用较干净的衣服把创面包裹起来，防止感染。在现场除化学烧伤可用大量流动的清水持续冲洗外，对创面一般不做处理，尽量不弄破水疱以保护表皮组织。

（5）“送”，即把严重伤员迅速送往医院。

5. 对溺水人员的急救

对溺水人员应迅速采取下列急救措施：

（1）转送，即把溺水者从水中救出以后，要立即送到比较温暖和空气流通的地方，并且松开腰带，脱掉湿衣服，盖上干衣服，以保持体温。

（2）检查，即以最快的速度检查溺水者的口、鼻，如果有异物堵塞，应迅速清除，擦洗干净，以保持其呼吸道通畅。

（3）控水，使溺水者取俯卧位，用木料、衣服等垫在腹下。或救护者左腿跪下，把溺水者的腹部放在救护者的右侧大腿上，使溺水者头朝下，并压溺水者背部，迫使溺水者体内的水由气管、口腔里流出。

（4）人工呼吸，当上述方法控水效果不理想时，应立即做俯卧压背式人工呼吸或口对口吹气，或做胸外心脏按压。

6. 对有害气体中毒或窒息人员的急救

对有害气体中毒或窒息人员应采取以下急救措施：

（1）立即将伤员从危险区抢运到新鲜空气中，并安置在顶板良好、无淋水的地点。

（2）立即将伤员口、鼻内的黏液、血块、泥土、碎煤等除去，并解开其上衣扣和腰带，脱掉胶鞋。

（3）用衣服覆盖在伤员身上用以保暖。

（4）根据心搏、呼吸、瞳孔等生命体征和伤员的神志情况，初步判断伤情的轻重。正常人每分钟心跳60~80次、呼吸16~18次，两眼瞳孔是等大、等圆的，遇到光线能迅速收缩变小，而且神志清醒。休克伤员的两瞳孔不一样大，对光线反应迟钝或不收缩。对呼吸困难或停止呼吸者，应及时进行人工呼吸。当出现心搏停止的现象（心音、脉搏消失，瞳孔完全散大、固定，意志消失）时，除进行人工呼吸外，还应同时进行胸外心脏按压急救。

（5）对二氧化硫和二氧化氮的中毒者只能进行口对口吹气法人工呼吸，不能进行压胸或压背法人工呼吸，否则会加重伤情。当伤员出现眼红肿、流泪、畏光、喉痛、咳嗽、胸闷等现象时，说明是受二氧化硫中毒所致。当出现眼红肿、流泪、喉痛及手指、头发呈黄褐色等现象时，说明是二氧化氮中毒所致。

（6）人工呼吸持续的时间以恢复自主性呼吸或到伤员真正死亡时为止。当救护队来到现场后，应转由救护队用苏生器急救。

第五节 自救器的使用与操作训练

一、隔绝式自救器及其使用 

自救器是一种轻便、便于携带、戴用迅速的个人呼吸保护装备。《煤矿安全规程》规定，入井人员必须随身携带额定防护时间不低于 30 min 的隔绝式自救器，当井下发生火灾、爆炸、煤（岩）与瓦斯（二氧化碳）突出等事故时，供人员佩戴和使用，可有效防止中毒或窒息。

煤矿必须使用隔绝式自救器。隔绝式自救器能防护所有的有害气体，它的作用包括提供氧气防止窒息和防止有害气体中毒。隔绝式自救器包括化学氧自救器和压缩氧自救器两种。

二、化学氧自救器及其使用 

化学氧自救器是指利用化学生氧物质产生氧气的隔绝式呼吸保护器。它用于灾区环境大气中缺氧或存在有毒有害气体的环境，供一般入井人员使用，只能使用 1 次。

1. 型号意义

例如，ZH30 型化学氧自救器（见图 6-17）的型号含义：Z 代表自救器；H 代表化学氧；30 代表额定保护作用时间（30 min）。

图 6-17 ZH30 型化学氧自救器

2. 化学氧自救器的结构

化学氧自救器的结构如图 6-18 所示。

3. 使用方法

（1）佩戴位置

将专用腰带穿入自救器腰带环内，固定在背部右

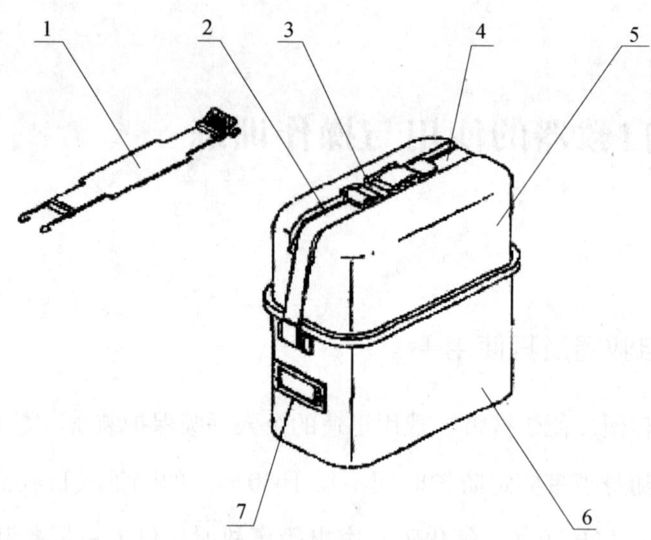

图 6-18　化学氧自救器的结构

1—橡胶保护带；2—前锁口带；3—封印条；4—后锁口带；
5—上外壳；6—下外壳；7—标牌卡

侧腰间，如图 6-19a 所示。

（2）开启扳手

使用时先将自救器沿腰带转到右侧腹前，左手托底，右手拉护罩胶片，使护罩挂钩脱离壳体，再用右手掰锁口带扳手至封印条断开后，丢开锁口带，如图 6-19b 所示。

（3）去掉上外壳

左手抓住下外壳，右手将上外壳用力拔下后扔掉，如图 6-19c 所示。

（4）套上挎带

将挎带套在脖子上，如图 6-19d 所示。

（5）提起口具并立即戴好

拔出启动针，使气囊逐渐鼓起，立即拔掉口具塞并同时将口具塞入口中，口具片置于唇齿之间，牙齿紧紧咬住牙垫，紧闭嘴唇，如图 6-19e 所示。

（6）夹好鼻夹

两手同时抓住两个鼻夹垫的圆柱形把柄，将弹簧拉开，憋住一口气，使鼻夹垫准确地夹住鼻子，如图 6-19f 所示。

（7）调整挎带。如果挎带过长，抬不起头，可以拉动挎带上的大圆环，使挎带缩短，长度适宜后，系在小圆环上，如图 6-19g 所示。

（8）退出灾区

上述操作完成后，开始撤离灾区。途中感到吸气不足时不要惊慌，应放慢脚步，做深呼吸，待气量充足后再快步行走，如图 6-19h 所示。

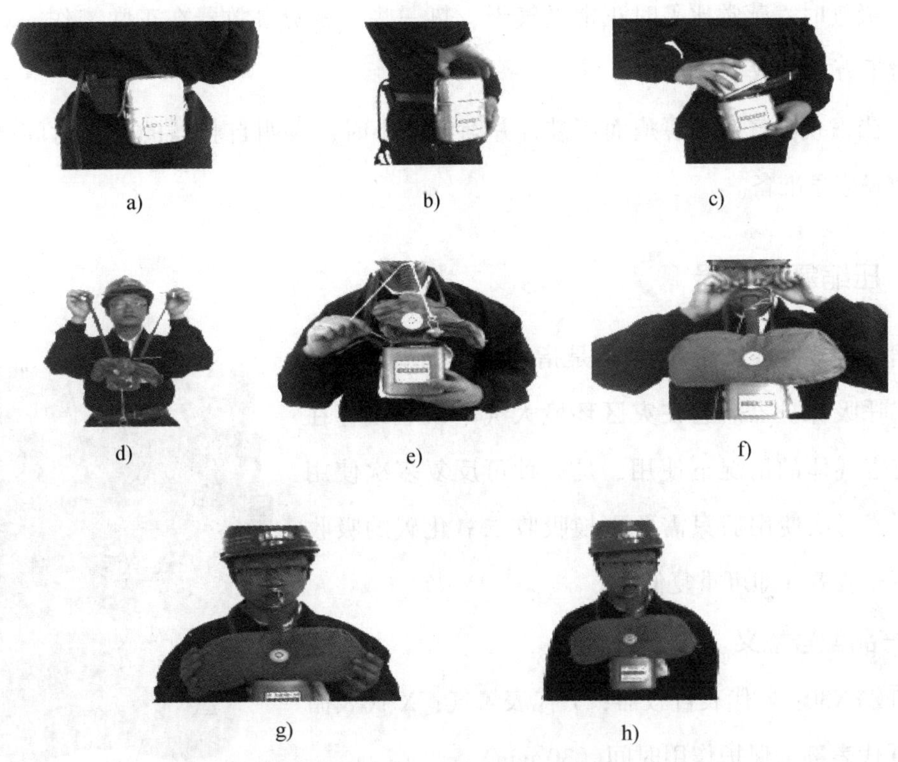

图 6-19 化学氧自救器使用方法

4. 使用注意事项

（1）每班携带自救器前，应检查自救器外壳有无损伤或松动，如发现不正常现象应及时将自救器送到发放室检查校验。

（2）携带自救器时，应避免碰撞、跌落。禁止将自救器当坐垫用，禁止用尖锐的器具猛砸外壳或药罐，禁止自救器接触带电体或浸泡在水中。

（3）携带自救器时，任何场所不准随意打开自救器上壳。如果自救器上外壳已意外开启，应立即停止携带，做报废处理。

（4）在井下，一旦发现事故征兆，应立即佩戴自救器后迅速撤离。佩戴自救器要求操作准确、迅速。

（5）佩戴自救器撤离火区时，要冷静、沉着，最好匀速行走。

（6）在整个逃生过程中，要注意把口具、鼻夹戴好，保证不漏气，严禁从嘴中取下口具说话。

（7）吸气时，感觉比平时正常吸气干、热一些，表明自救器在正常工作，对人体无害，此时千万不可取下自救器。

（8）当发现呼气时气囊瘪而不鼓，并渐渐缩小时，表明自救器的使用时间已接近终点，要做好应急准备。

三、压缩氧自救器 

压缩氧自救器（见图 6-20）是指利用压缩氧气供氧的隔离式呼吸保护器。它在灾区环境大气中缺氧或存在有毒、有害气体的情况下使用，是一种可反复多次使用的自救器，每次使用后只需要更换吸收二氧化碳的吸收剂和重新充装氧气即可重复使用。

图 6-20　压缩氧自救器

1. 产品型号意义

例如 ZYX30：Z 代表自救器；Y 代表氧气；X 代表循环式；30 代表额定保护作用时间（30 min）。

2. 压缩氧自救器的结构

压缩氧自救器的结构如图 6-21 所示。

3. 压缩氧自救器的使用方法

（1）将自救器挂在腰间皮带上，将自救器移至身体前方，如图 6-22a 所示。

（2）左手握紧自救器，右手用力向上提上盖，此时氧气瓶开关即可自动打开，随后将主机从下壳中拽出，将背带挂于脖间，如图 6-22b 所示。

（3）两手展开气囊，气囊不要扭折，如图 6-22c 所示。

（4）咬住器具口具片置于唇齿间，牙齿紧咬牙垫并紧闭嘴唇，确保气密，如

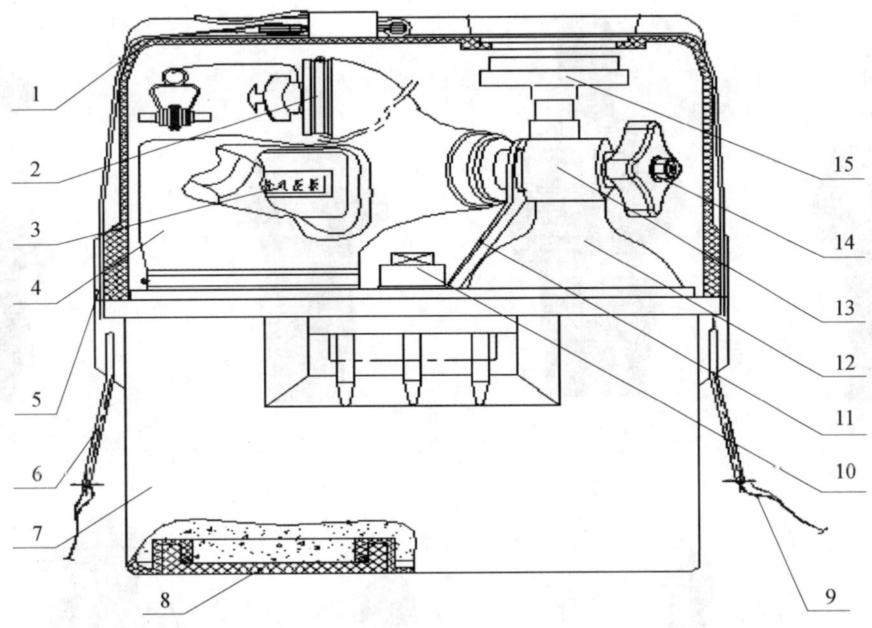

图 6-21 压缩氧自救器的结构

1—上壳组；2—口具；3—补气压板；4—气囊；5—封口带组；6—背带环；7—下壳组；8—底盖；9—背带组；10—支架螺母；11—氧气瓶支架；12—氧气瓶；13—减压阀；14—氧气瓶开关；15—氧气压力表

图 6-22d 所示。

（5）逆时针转动氧气瓶开关，然后用手指按动补气压板，使气囊迅速鼓起，如图 6-22e 所示。

（6）待气囊鼓起后，用手掰开鼻夹上的弹簧后，将鼻夹垫准确夹住鼻翼不得漏气，用嘴呼吸，如图 6-22f 所示。

（7）双手托起仪器，并保持匀速前进，迅速撤离灾害现场，如图 6-22g 所示。

4. 使用注意事项

（1）在携带过程中要防止碰撞自救器，严禁将自救器当坐垫使用。

（2）携带过程中严禁开启扳把。

（3）在佩戴压缩氧自救器行走时要匀速行走，应保持呼吸均匀，禁止狂奔和取下鼻夹、口具或通过口具讲话。

（4）自救器不能使用或失效时，应用湿毛巾捂住口鼻，匍匐前行至安全地点。

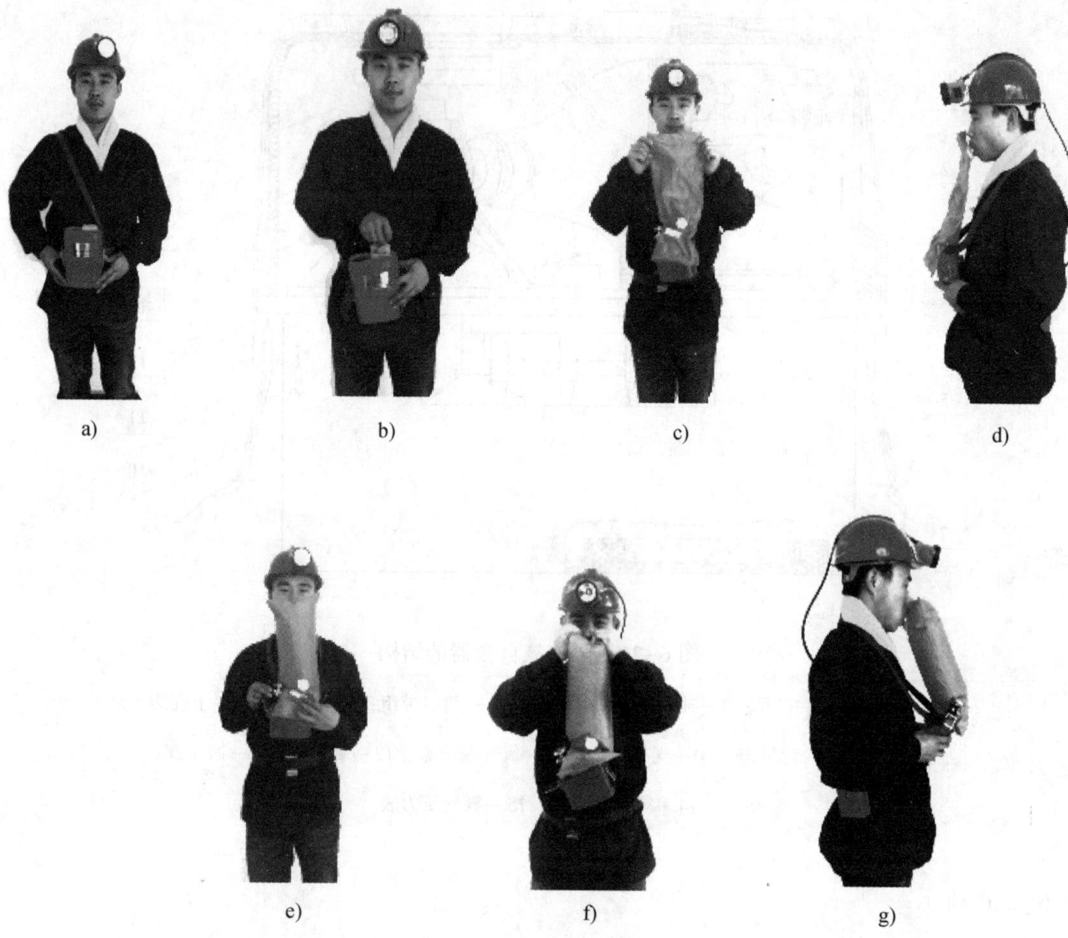

图 6-22　压缩氧自救器的使用方法

第七章　井工煤矿典型事故案例分析及防范措施

案例一　煤尘爆炸事故分析

一、事故经过

2019 年 1 月 12 日 16 时 20 分左右，陕西省榆林市神木市某矿业公司（以下简称“某矿业”）发生一起重大煤尘爆炸事故，造成 21 人死亡，直接经济损失 3 788 万元。

1 月 12 日约 9 时 45 分，连采队当班 26 人先后从副平硐乘车入井到达 506 连采面，在三支巷组织回采。当班任务是在 506 连采面三支巷回采 3 个采硐，并进行运输、放顶、支护等工作，然后在二区掘进。连采队队长张某旭现场安排完工作后，于 10 时 36 分升井。13 时 50 分，连采队开始爆破强制放顶，爆破结束后，班长李某广和 3 名爆破工升井办理火工品退库手续。完成退库手续后，班长李某广带领 1 名爆破工（马某文）再次入井到 506 连采面作业。

16 时 24 分，主平硐驱动机房胶带机司机杭某军发现主平硐口有黑烟喷出，电话汇报值班调度员王某。王某立即查看，发现安全监测监控系统和通信联络系统中 506 连采工作面信号中断，立即通知张某旭查明情况。张某旭安排蔡某友驾车入井查看，蔡某友约 16 时 40 分从副平硐入井，沿 506 回风巷向工作面前行，在 506 回风巷约 700 m 处，追上驾驶第 6 趟入井的 C09 号运煤车的余某，二人均感到巷道内粉尘大、能见度极差，呼吸困难。二人停车熄火，弃车升井。

16 时 25 分，井下带班矿领导杨某鹏发现 507 综采工作面风流逆转，粉尘较大，电话汇报调度室后，到 506 连采面查看情况，发现 506 回风巷有 2 处密闭墙损坏，烟尘较大，于17时18分将情况汇报调度室。

17时35分，总工程师屠某德到506连采工作面进风巷查看情况后汇报调度室：506连采面进风巷烟尘大、无法进入、情况不明。

17时40分，调度室请示矿长胡某贞后，通知井下所有作业人员撤离。

经核对全矿当班入井87人，66人安全升井，连采队有21人被困井下。

经调查认定，本起事故为生产安全责任事故。

二、事故原因

1. 直接原因

506连采工作面和开采保安煤柱工作面采空区及与之连通的老空区顶板大面积垮落，老空区气体压入与老空区连通的巷道内，扬起巷道内沉积的煤尘，弥漫506连采面，并达到爆炸浓度，在三支巷中部处于怠速状态下的无MA标志非防爆C17运煤车产生火花，点燃煤尘，发生爆炸，造成人员伤亡。

2. 间接原因

（1）违法进入老空组织回采，开采老空保安煤柱

1）回采方案和506连采工作面作业规程中设计的部分支巷位于采空区保安煤柱范围内。

2）超出回采方案和作业规程中506连采工作面开采范围，违法组织开采采空区煤柱。

（2）使用国家明令禁止的设备和工艺

1）506连采工作面主、辅运输车辆均为无MA标志的非防爆柴油无轨胶轮车，主运输车辆由个人购买，自管自用。

2）采用落后淘汰的巷道式开采工艺回采边角煤，以掘代采、以探代采。

3）二区边角煤开采没有独立的进风巷，利用506进风顺槽作为进风巷，垂直于506进风顺槽掘进探巷，后退式单翼采硐回采，局扇通风，串联通风。

4）506连采工作面采用每采2~3个采硐强制放顶方式，放顶后工作面只有1个安全出口，工作面风流通过冒落的采空区回风。

（3）井下采掘工程违规承包分包，现场安全管理失控

1）将井下采掘工程分别承包给山东某泰和某源两公司。

2）将井下综掘和连采工作面承包给不具备安全生产条件和相应资质的炜源公司。

3）某矿业、某泰公司百吉项目部、炜源公司共同隐瞒采掘承包真相。

4）没有建立统一有效、合理健全的安全管理体系，管理体制混乱，职责相互交叉，责任不明确。

5）某源公司组织机构不健全，未设置安全管理机构。

6）陕西某泰作为山东某泰在陕公司，并未将采掘承包情况向有关部门报告，对某泰百吉项目部部分管理人员在某矿业煤矿担任煤矿领导职务制止不力。

（4）资料造假，蓄意隐瞒违法违规行为，逃避监管

1）506 连采工作面开切眼东南部老空内巷道及开采情况，没有出现在作业规程中，也没有填绘在采掘工程平面图上，图纸、资料等与实际不符。

2）对专家“会诊”检查出的重大问题未落实整改。

（5）矿井安全投入不足，职工培训不到位，现场管理混乱

1）某矿业和某源公司未配备钻探设备和防爆运输车辆。

2）职工安全意识差，安全教育培训不到位，有入井人员携带香烟、火机现象。

3）防尘设施不全。洒水管路未按规定延伸至所有作业地点；在进、回风巷未安设自动控制风流净化水幕等设施。

（6）对隐蔽致灾因素没有进行治理

1）对于已经探明的碳窑沟老空存在的大面积悬顶等安全隐患未进行治理。

2）掘进巷道 9 次打通老空后，没有退回并未按规定构筑防爆防水闭墙。

（7）地方政府及煤矿安全监管部门监督管理存在漏洞

1）店塔中心煤管所现场检查不严不细，在某矿业《5-1 煤南翼连续采煤机短壁回采设计》《5-1 煤南翼连续采煤机短壁回采作业规程》采用国家明令禁止的采煤工艺、违反规定串联通风、506 连采工作面开切眼和二支巷位于碳窑沟老空保安煤柱范围内的情况下，仍同意 5-1 煤南翼连采区域进行回采；对某矿业组织 3 次专家“会诊”式检查，对排查出的隐患没有如实记录在执法文书中，并依法处理；对驻矿安监员、包矿人员履职情况监督不到位；驻矿安监员在无 MA 标志非防爆无轨胶轮车月检合格登记表上签字，同

意其入井，未发现某矿业长期违法进入老空回采保安煤柱、采用国家明令禁止的采煤工艺、违规串联通风、违法承包等问题。

2）神木市能源局履职不到位。未认真落实市政府相关文件要求，未对某矿业报送的《5-1煤南翼连续采煤机短壁回采设计》组织审批，对某矿业《5-1煤南翼连续采煤机短壁回采设计》采用国家明令禁止的采煤工艺、违反规定串联通风，老空开采和违规承包等问题失察；对专家“会诊”检查出的隐患问题没有如实记录，并依法处理；对店塔中心煤管所驻矿安监员同意某矿业无MA标志非防爆无轨胶轮车入井问题失察；没有组织、督促某矿业对《隐蔽致灾地质因素普查报告》普查发现的隐蔽致灾情况采取措施治理。

3）榆林市能源局对榆林市行政区域内煤矿长期存在无MA标志非防爆无轨胶轮车入井、违法承包、采用国家明令禁止的采煤工艺等问题监管不力，安全检查走过场、不认真。按照监管计划，于2018年12月18日对某矿业进行安全检查，检查人员没有入井检查；在查看了神木市能源局组织的某矿业第三轮专家“会诊”式检查组提出的48条问题清单后，没有采取处理措施或提出处理意见。

4）神木市政府对神木市能源局履职不到位问题失察。对神木市能源局落实市政府相关文件要求督促检查不够。

5）神木市委督促市政府开展“隐蔽致灾因素治理年”专项行动不够。

三、防范措施

1. 牢固树立安全发展理念，明确煤矿安全“红线”标准

榆林市政府要牢固树立安全发展理念，坚守“发展决不能以牺牲安全为代价”这条红线，要对近年来发生的多起重大事故（含涉险）教训进行梳理，举一反三，认真查找影响当前煤矿安全生产的主要问题，制定出符合榆林煤矿安全实际的、具体的、可操作的标准规定，作为全市煤矿必须遵守的安全“红线”。

2. 开展专项整治行动，落实“红线”安全标准

榆林市各级政府要认真落实市政府制定的安全“红线”标准，持续开展专项整治，以钉钉子精神持续开展“采空区大面积悬顶”和“矿井周边明盘开采”等隐蔽致灾因素普查，采取有效措施进行治理。要始终保持对“非法违法承包分包”“采用国家明令淘汰

的巷道式采煤方法采煤”“非防爆胶轮车入井”“超层越界乱采乱挖”等问题依法严惩的高压态势，坚持群众路线，畅通群众举报渠道，进一步加大举报奖励力度和宣传力度，有效发现明停暗开、偷挖盗采等违法行为，使暗藏的非法违法活动无容身之地。

3. 提高政治意识，强化作风建设，落实责任，切实做好煤矿安全监管工作

榆林市各级煤矿监管部门要按照全面从严治党的要求，深刻反思事故暴露出的煤矿安全监管工作存在的形式主义、官僚主义、作风漂浮等问题，检视企业“五假五超”、假托管真承包、老空开采煤柱、巷道式采煤、非防爆车辆入井，入井人员携带香烟、火机等问题持续存在的根源，提高政治站位，转变工作作风，落实各级责任，扎实做好监管工作。

4. 加强对煤矿企业“关键人”的教育

地方监管部门要加强对煤矿企业实际控制人、董事长、总经理、矿长、总工程师等“关键人”的教育，组织学习安全生产方针、政策、法律法规，强化警示教育，定期组织对“关键人”的考核，提升煤矿“关键人”的安全“红线”意识、守法意识、诚信意识。

5. 中介机构依法依规服务煤矿企业

中介机构必须依法依规服务煤矿企业，吸取事故教训，严格遵守“独立、客观、公正、准确”的基本行业准则。设计部门要严格按国家标准、规范编制设计，以安全标准确定方案；评估、评价等机构要实事求是，坚持国家标准和法律底线，坚守职业操守，提升服务质量。

6. 煤矿企业依法管矿，依法治矿，建立诚信机制，落实煤矿企业主体责任

榆林市各煤矿企业要认真贯彻落实国家关于安全生产“安全第一、预防为主、综合治理”的方针，增强法治意识，尊法守法，诚实守信，严格按照国家法律法规和行业标准管理和经营，杜绝“非法违法承包分包”“采用国家明令淘汰的巷道式采煤方法采煤”“非防爆胶轮车入井”“超层越界乱采乱挖”等故意违法问题，建立健全风险分级管控、隐患排查治理和安全质量达标“三位一体”的煤矿安全生产管理体系，提高煤矿安全保障能力。

案例二　瓦斯爆炸事故分析

一、事故经过

2019 年 11 月 18 日 13 时 07 分左右，山西省平遥县某煤焦某集团某煤业（以下简称某煤业）发生一起瓦斯爆炸事故，造成 15 人死亡，9 人受伤（其中 1 人重伤），直接经济损失 2 183.41 万元。

11 月 18 日早 6 时，某煤业高档普采队队长吴某燕、副队长刘某成在综合大楼二楼会议室召开班前会，对当班工作进行安排，当班共 35 人，分为机采和炮采两个小组。炮采组在煤柱回收面作业，共有 5 人，机采组在 9102 高档普采工作面作业，共有 16 人，另有辅助工 14 人。

6 时左右，煤柱回收面当班爆破工赵某明从地面火药库领取了炸药、雷管，在副斜井口把炸药和雷管交给了炮采组工人。炮采组工人张某银携带雷管，李某双等 4 人携带炸药入井。赵某明因身体不适当班没有下井，也未履行请假手续。

7 时左右，当班瓦斯检查工郭某敬入井，检查了中央变电所、水仓、避难洞室、9102 高档普采工作面等地点的瓦斯浓度，10 时左右到煤柱回收面检查瓦斯。中午 12 时左右，郭某敬离开。

8 时左右，当班安全检查工陈某荣入井，先到 9102 高档普采工作面安全检查，约 11 时到煤柱回收面进行安全检查，随后离开。8 时左右，当班带班矿领导、安全副矿长王某亮入井，9 时左右到达煤柱回收面巡查，12 时左右离开。

13 时 07 分，炮采组工人张某银（无爆破工特种作业人员证件）在未执行“一炮三检”和“三人连锁爆破”制度的情况下违章爆破。爆破产生的明火引爆了 9103 工作面采空区涌入煤柱回收面的瓦斯，发生瓦斯爆炸。

经调查认定，本起事故为生产安全责任事故。

二、事故原因

1. 直接原因

某煤业违法开采保安煤柱，贯通 9103 采空区，造成采空区瓦斯大量涌入煤柱回收面，违章爆破产生明火引爆瓦斯。

（1）瓦斯来源

9103 工作面采空后，上下邻近煤岩层不断释放瓦斯，逐渐在采空区内形成高浓度的瓦斯流。某煤业违法开采保安煤柱，煤柱回收面与 9103 工作面采空区贯通，采空区的瓦斯向煤柱回收面运移，成为本次瓦斯爆炸的主要瓦斯来源。

（2）火源

事故当班，煤柱回收面封堵炮眼未使用水炮泥，封堵炮眼材质为煤粉和炭块，且封堵长度不足。爆破作业产生明火，成为瓦斯爆炸引爆火源。

2. 间接原因

（1）煤业方面

1）违法开采保安煤柱。矿方违反《中华人民共和国煤炭法》规定，违法开采 9102 运输顺槽与 9103 工作面采空区之间的保安煤柱，造成煤柱回收面与 9103 工作面采空区直接贯通。

2）通风管理混乱。煤柱回收面未形成独立的通风系统，采用局扇供风，乏风串入 9102 高档普采工作面，形成违规串联通风，并且未安设甲烷等传感器。

3）违章爆破作业。事故当班爆破作业未执行“一炮三检”和“三人连锁爆破”制度。当班持证爆破工没有下井，由无证人员进行爆破作业。煤柱回收面封堵炮眼未使用水炮泥，封堵炮眼材质为煤粉和炭块，且封堵长度不足。爆破时没有撤离人员、未设置警戒。

4）煤矿企业对火工品管理不规范。一是某煤业对火工品的审批流于形式。煤柱回收面的民爆物品领用批准单未填写领用班组名称，只标注了压底，以压底工程的名义领取火工品，实际用于煤柱回收面，但某煤业的安全检查工和值班领导均签字同意。二是违规运送电雷管。事故当班爆破工将电雷管交给无爆破工特种作业证件的张某银，由张某银携带入井。

5）人员位置监测系统形同虚设。某煤业未给高档普采队工人配备识别卡。事故当班入井 105 人，携带识别卡的仅有 68 人。

6）9102、9103 回采面变更采煤工艺未按规定申报，煤柱回收面违规采用炮采工艺。9102 和 9103 回采面采煤工艺由设计的综采变更为高档普采，仅由某煤焦集团批复，未按山西省煤炭工业厅《关于进一步做好煤矿生产能力登记公告和生产要素信息管理工作的通知》（晋煤行发〔2016〕307号）规定报有关部门变更登记。煤柱回收面采用山西省明令禁止的炮采工艺，违反了山西省煤炭工业厅《关于加强煤矿井下生产布局管理控制超强度生产的实施意见》（晋煤行发〔2014〕718号）第十条的规定。

7）劳动组织不规范。9102高档普采工作面作业规程规定的作业形式为“三八”制，但高档普采面和煤柱回收面实际按“两班”组织生产。早班6时至16时，夜班18时至次日凌晨4时，工人作业严重超时。带班矿领导不与工人同时出入井，队长吴某燕不跟班。

8）煤矿企业隐患排查和安全检查流于形式。从10月15日煤柱回收面开始回采到11月18日事故发生，长达一个多月的时间内，某煤业开展了3次隐患排查和安全大检查活动，每班还有带班矿领导和安全检查工，但他们对违法开采保安煤柱、贯通采空区、违规串联通风等诸多严重违章行为和重大事故隐患熟视无睹，不制止、不处置。

（2）某煤焦集团

1）未落实主体企业安全管理职责。2019年，某煤焦集团总经理、某煤业安全生产挂牌责任人王某未到某煤业下井检查，未履行挂牌责任人职责。某煤业总经理、总工程师分别兼任某煤业的矿长和总工程师，造成自己监督自己的局面，使某煤业对所属煤矿的安全管理职能成为摆设。

2）未严格执行安全检查制度。某煤焦集团《安全监督检查制度》规定：某煤业每月至少对所属煤矿进行一次以上全面安全大检查。但9月15日至11月18日，某煤业对所属煤矿检查了7次，均未对某煤业9#煤采掘作业地点进行检查。

（3）地方党委、政府及监管部门

1）驻矿安监员对某煤业检查不到位、安全监管不力。驻矿安监员未认真履行职责，未发现某煤业长时间存在的违法开采保安煤柱、贯通采空区、违规使用火工品、违章爆破作业、违规串联通风、部分入井人员不携带识别卡等安全隐患。

2）平遥县煤矿监管五人小组（以下简称五人小组）未认真履行职责，检查不全面、检查次数不足。五人小组连续一个月未对某煤业9#煤采掘作业地点进行检查，未发现某煤业违法开采保安煤柱、违规作业等安全隐患，对某煤业火工品使用监管不力。

3）平遥县煤矿安全监管巡查队（以下简称平遥县煤矿巡查队）履职不到位。平遥县煤矿巡查队对某煤业火工品使用情况监督检查不到位，对某煤业存在的违法开采保安煤柱等安全隐患巡查不到位，对五人小组及驻矿安监员管理监督不到位。

4）平遥县应急管理局安全监管工作有漏洞。平遥县应急管理局落实《平遥县深化煤矿安全攻坚年（2019）活动方案》（平办发〔2019〕28号）不到位，对煤矿巡查队疏于管理，对五人小组和驻矿安监员监督管理不到位，对某煤业违法开采保安煤柱等安全隐患失察。平遥县人民政府调整领导分工后，没有及时建议县政府调整某煤业挂牌责任人。

5）平遥县委、县政府未全面落实煤矿安全生产相关职责。平遥县人民政府对平遥县应急管理局履职情况巡查和考核力度不够，监督有关部门落实《平遥县深化煤矿安全攻坚年（2019）活动方案》（平办发〔2019〕28号）不到位。县政府领导调整分工后，没有及时调整某煤业挂牌责任人。平遥县委履行安全生产党政同责不到位。

6）晋中市应急管理局（晋中市地方煤矿安全监督管理局）对煤矿安全生产监督管理不到位。晋中市应急管理局（晋中市地方煤矿安全监督管理局）未按照《关于对全市煤矿办矿主体企业开展安全生产专项检查的通知》（市应急函〔2019〕30号）的要求，对平遥县煤矿主体企业开展抽查。

三、防范措施

1. 煤矿企业要强化法治意识，坚守安全红线，严格落实安全生产主体责任

煤矿企业要深刻认识和反思事故中暴露出的突出问题，牢固树立以人为本、安全发展的理念，强化法治意识，严格依法依规组织生产，严禁违法开采各类保安煤柱，严禁布置隐蔽采场，严禁多头多面、超强度开采，严禁违规外包、转包、分包，严禁使用淘汰禁用的设备工艺。要切实落实安全生产主体责任，加强煤矿安全基础工作，健全管理制度，强化责任落实。要加强职工安全培训教育，强化重大危险源的管控，要严格执行矿领导带班下井制度，加强井下现场管理，配齐配足特种作业人员，强化对重点作业场所的安全检查，强化技术管理，坚决杜绝无规程作业行为。

2. 煤矿企业要加强瓦斯治理工作

煤矿企业要坚持把瓦斯灾害治理作为煤矿安全生产的重中之重，狠抓矿井“一通三防”及监控管理、现场管理等重点环节，大力推进瓦斯“零超限”目标管理。要严格落

实通风管理规定，完善矿井通风系统，采煤工作面必须实现正规开采，严禁违规串联通风，严禁微风、循环风作业。要按规定做好安全监控系统各类传感器的安设、校准和维护工作，有效防范瓦斯事故的发生。

3. 煤矿企业要加强火工品和井下爆破作业管理

煤矿企业要严格执行火工品的领用审核程序，严格落实火工品入库、保管、发放、运输、清退等管理制度，火工品必须由专人领取并如实编号登记，严禁违规管理和发放火工品。井下爆破作业必须严格执行“一炮三检”和“三人连锁爆破”制度。爆破作业必须由专职爆破工执行，严禁无证人员从事爆破作业。爆破前要按规定设置警戒，且工作面所有人员必须撤离警戒区域。严禁用煤粉、块状材料或者其他可燃性材料封堵炮眼，严禁裸露爆破或放明炮、糊炮。

4. 煤矿主体企业要严格落实安全管理责任

煤矿主体企业要健全管理机构，完善管理制度，充实管理人员，真正落实责任。要加强对所属煤矿的安全管理、技术管理、隐患排查等工作，严格管理，严格把关。要加强对所属煤矿安全生产状况的动态掌控，及时发现问题，及时解决问题。要加大对所属煤矿的监督管理力度，强化监督检查，切实落实主体企业的安全管理职责，真正发挥主体企业的安全管理作用。

5. 地方政府及监管部门要进一步提高政治站位，转变工作作风，做细做实煤矿安全监管工作

晋中市、平遥县政府及监管部门要以对人民生命财产高度负责的态度，认真落实党和国家关于安全生产的方针、政策，健全安全监管工作机制，完善工作制度，创新工作方法，提高工作人员业务水平和履职能力，加大监管力度，落实监管责任。要深刻反思事故中暴露出的煤矿安全监管流于形式、作风漂浮等问题，检视煤矿企业长期存在违法开采保安煤柱、通风管理混乱、违规作业等安全隐患的深层次原因，全面推进煤矿分级分类精准监管执法，要以铁的担当尽责、铁的手腕治患、铁的心肠问责、铁的办法治本，进一步做细做实煤矿安全监管工作，着力构建煤矿安全生产长效机制。要持续深化煤矿重大灾害治理，认真开展“一通三防”专项整治，扎实推进安全生产专项整治三年行动，严厉打击煤矿“五假、五超、三瞒、三不”等违法违规行为，规范煤矿劳动用工行为，加强火工品的管理，有效防范化解煤矿安全生产重大风险，坚决遏制煤矿重特大事故的发生。

案例三　顶板事故分析

一、事故经过

2020 年 11 月 21 日 23 时 47 分许，河北省某能源股份有限公司某矿某井 S2707 采煤工作面轨道巷距离工作面 21～32. 9 m 范围内发生冒顶事故，导致 1 人死亡，直接经济损失 91. 409 2 万元。

2020 年 11 月 21 日 21 时班，综采三队共出勤 14 人，20 时召开班前会，安排武某生带领赵某芳、张某魁共 3 人到 S2707 工作面轨道巷移 JM－14kW 绞车，其他人进行采煤作业。到达轨道巷距工作面 26 m 的绞车处，武某生等 3 人将轨道巷上帮绞车压戗点柱拆除，然后用另一部绞车将该绞车外移 4 m，移到指定地点后，开始固定绞车。22 日 0 时 10 分许，3 人准备用单体液压支柱打绞车压戗点柱，绞车处顶板突然垮落，将张某魁埋在瓦斯抽放管路上方，武某生、赵某芳被困在瓦斯抽放管路下方。在机尾工作的董某春听到声响，发现冒顶，立即呼喊“轨道巷冒顶了！”综采三队跟班副队长牛某海听到呼喊后立即从机尾向外查看情况，发现超前支护段外顶板垮落，无法行人，通过工作面来到轨道巷冒顶区另一侧查看情况，同时呼喊遇险人员姓名。此时，武某生、赵某芳有应答，张某魁无应答，牛某海向调度室汇报后，组织人员进行临时支护，开始现场施救。

22 日 0 时 12 分，某矿救护队接警后，立即出动救援，1 时 5 分许到达事故现场，经了解事故情况后，救护队与现场作业人员相互配合，手工挖掘营救通道。1 时 10 分许，将 2 名遇险人员武某生、赵某芳救出，两人均无明显外伤，能自由活动，随后 2 人升井。10 时许将第三名遇险人员张某魁救出，送往医院。11 时 15 分，医院确认张某魁死亡。

经调查认定，本起事故为生产安全责任事故。

二、事故原因

1. 直接原因

S2707 采煤工作面轨道巷受超前压力和 S2705 采空区固定支撑压力的叠加影响及巷道

扩修扰动，致使轨道巷顶板离层下沉、受压破碎，采空区侧顶板破碎岩石冒落，导致顶板失稳垮落，将在此作业的3名工人困住，造成1人死亡。

2. 间接原因

（1）现场顶板管理不到位

1）回采过程中，S2707轨道巷矿压显现明显，顶板离层下沉、受压破碎，巷道两帮变形、底鼓严重，未执行《某能源股份有限公司某矿顶板管理制度（修订）》“加强超前支护距离并加大支护密度”的规定，现场仍采用20 m超前支护。

2）巷道反复扩帮、卧底，加剧顶板破碎下沉，破坏了原有支护的可靠性、稳定性。

3）安排综采三队、二煤掘进一队、巷修二区等3支队伍集中在同一区域平行交叉作业，安全责任不明确。

（2）技术管理不到位

1）制度不落实。未根据S2707轨道巷矿压显现明显，顶板离层下沉、受压破碎，巷道两帮变形、底鼓严重等情况，按照《某矿顶板管理制度（修订）》补充“加强超前支护距离并加大支护密度”的安全技术措施，仍执行20 m超前支护。

2）技术措施有漏洞。巷道反复扩帮、卧底，加剧顶板破碎下沉，破坏了原有支护的可靠性、稳定性，下达的《采掘技术管理通知单》和《S2707轨道巷扩帮、卧底施工安全技术措施》均未要求在采空区侧顶板加打锚索等补强措施，且审批不严格；未履行审批程序，现场将锚索槽钢联锁支护改为点锚支护，降低了顶板支护强度。

（3）安全检查不到位

1）现场跟班人员、班组长履行安全检查责任不到位，未发现现场冒顶预兆。

2）多次开展安全大检查和日常检查，对超前支护未采取加长加密措施、巷道反复扩帮、卧底，现场平行交叉作业等产生的安全隐患检查不到位。

（4）顶板安全风险认识不到位

1）对矿压显现明显、顶板下沉垮落的安全风险认识不足。

2）对S2707采煤工作面边角煤开采、轨道巷沿采空区布置、与工作面夹角小，采空区压力与超前压力叠加等因素综合产生的安全风险认识不足。

3）对S2707轨道巷多次扩帮、卧底，围岩应力发生变化后对原支护破坏程度的安全风险认识不足。

三、防范措施

1. 开展顶板安全隐患大排查大整治工作

深刻吸取事故教训，结合煤矿安全生产专项整治三年行动方案要求，立即开展顶板安全隐患大排查大整治工作，对全公司各矿井下所有在用巷道进行全面排查，发现顶板安全隐患，立即制订巷道维修计划，按照“五落实”要求进行整改；深入评估分析采掘工作面顶板方面隐蔽性致灾因素，采取有力有效措施，将隐患消灭在萌芽状态。

2. 加强采掘工作面特殊条件下顶板管理工作

全面分析、评估采掘工作面可能产生的顶板安全隐患，制定科学的技术方案和安全技术措施；严格执行规程措施中顶板管理规定，不得现场随意变更支护方式和支护参数；遇到特殊条件，必须立即采取可靠措施，防止顶板事故发生。

3. 强化技术管理

完善矿井技术管理规定，严格检查考核，确保落到实处；严把规程措施编制、会审、审批关，减少漏洞，确保针对性、有效性；积极推广应用先进的顶板支护技术和手段。

4. 严格落实风险防控和隐患排查双控机制

从设计到回采要充分考虑现场实际情况，树立技术管理风险意识，定期全面排查采掘各环节技术上可能存在的风险；提高对边角煤开采、压力叠加区域产生安全风险的认识，采取有效措施，防止风险转变为隐患。

案例四　井下运输事故分析

一、事故经过

2018 年 5 月 19 日 0 时 53 分，黑龙江鸡西矿业（集团）有限责任公司（以下简称鸡西矿业公司）某煤矿（以下简称某煤矿）立井发生一起运输事故。事故造成 1 人死亡，直接经济损失 87.6 万元。

2018 年 5 月 19 日零点班，某煤矿共入井 168 人，建井 30 队共出勤 7 人。5 月 18 日 23 时，建井 30 队副队长宋某成、技术员孟某省组织召开班前会，宋某成安排安全员杨某山（遇难者）、放炮员孙某东、掘进工辛某去领取火工品，宋某成带领其他3名工人到工作面作业，23时30分集体入井。杨某山、孙某东、辛某在火药库领火药、雷管期间约定，领完火药、雷管后在临时充电硐室会合，如果有闲置的蓄电池牵引机车（以下简称电机车）就由杨某山驾驶将火药、雷管运送至建井30队工作面。孙某东首先到达临时充电硐室，发现2号电机车停在充电机附近，随即坐在2号电机车靠近充电接口一侧的驾驶室内，等候杨某山、辛某。随后杨某山与辛某陆续抵达临时充电硐室，杨某山坐进2号电机车另一侧的驾驶室内，启动车辆准备运送辛某、孙某东及3人所携带的火药、雷管到建井30队工作面。车辆刚启动至临时充电硐室与二水平西部主运大巷的岔口处，发现从西侧有人驾驶电机车出来（经调查，驾驶员为建井30队副队长宋某成，驾驶车辆为3号电机车），为防止车辆相撞，杨某山将车停住。宋某成告诉杨某山“不要动2号电机车，给2号电机车充上电!”，杨某山让宋某成用3号电机车顶2号电机车一下，将其送至充电机处，在顶2号电机车的过程中，杨某山坐在反向行驶的驾驶室内，2号电机车到达充电机处杨某山拉了两下手轮闸，由于操作不当，未能将电机车停住，机车开始向临时充电硐室内滑行。辛某看见杨某山探出身子想要下车，紧接着就听到了杨某山的叫喊声，跑过去发现杨某山被挤在2号电机车与3号蓄电池之间，机车已停住，辛某便大喊“老杨被挤了!”随后宋某成、孙某东赶来进行救援，将杨某山救出并护送升井，同时打电话向技术员孟某省报告了事故。

5月19日2时许，杨某山被送往城子河区医院进行抢救。3时10分，杨某山经抢救无效死亡。

经调查认定，本起事故为生产安全责任事故。

二、事故原因

1. 直接原因

蓄电池机车在滑行未停稳前，驾驶人员违章提前下车，与其前进方向右侧放置的蓄电池组发生剐碰，被挤伤致死。

2. 间接原因

（1）物的不安全状态

经调查认定，临时充电硐室设置不合理。该硐室由联络巷改造而成，设置了3台8 t级蓄电池充电机组，无独立回风系统，无防火铁门及警示标识等设施，不符合《煤矿安全规程》规定；临时充电硐室内右帮布置的蓄电池及托架与轨道上运行的电机车安全距离不足，最小间距仅为0.12 m，低于《煤矿安全规程》要求。

（2）人的不安全行为

通过调查认定，现场作业人员在未经煤矿电机车司机专门培训的情况下，擅自违章驾驶电机车；现场作业人员在没有专人观察监视的情况下，违章将停在二水平主运巷的2号电机车顶回至临时充电硐室；工人违章乘坐在反方向行驶的司机室内，在视野受限、电机车滑行未停稳的情况下，违章提前下车，致使事故发生。

（3）管理上的缺陷

某煤矿未按规定与承包单位签订专门的安全生产管理协议，未约定各自的安全生产管理职责；在建井30队运输火工品期间，某煤矿未按规定派员进行全程监督，未能及时制止违规作业的行为。建井工程处和三工区对所属段队业务范围内的安全设施检查不到位，对从业人员的培训教育不到位，没能有效规范本队员工的安全行为。

（4）建井工程处日常管理责任不落实

建井工程处作为三工区日常管理主体，劳务队组派遣单位，对从业人员的教育、培训、管理工作上存在严重不足，导致派出人员严重违反劳动纪律，接连出现违章行为，致使事故发生；并且对派出队组业务范围内的安全设施检查不到位，电机车管理混乱。

三、防范措施

1. 深刻吸取事故教训，举一反三，加大工作力度

某矿建公司和鸡西矿业公司以及所属单位要深刻吸取事故教训，深入贯彻落实关于加强安全生产工作的法律法规相关规定，牢固树立“发展决不能以牺牲人的生命为代价”的红线意识，举一反三，进一步强化安全管理，按照全省煤矿安全生产现场会议、全省煤矿事故警示教育会议精神，围绕查大系统、治大灾害、除大隐患、防大事故要求，加大安全投入、补齐安全欠账，紧盯石门揭煤防突、瓦斯防治、水害、火灾、冲击地压等重大灾害治理，爆破和动火等关键环节，全面、系统、深入排查治理煤矿安全风险和事故隐患，严厉打击“三违”行为，以铁的决心、铁的措施、铁的手腕，全力做好安全生

产大检查和隐患排查治理等工作，坚决遏制煤矿重特大事故发生。

2. 履行法定职责，加强对承包单位的管理

某煤矿要认真贯彻落实《安全生产法》规定，使用派遣劳务队伍时必须与其签订专门的安全生产管理协议，或者在承包合同、租赁合同中约定各自的安全生产管理职责，对承包单位、承租单位的安全生产工作要统一协调、管理，定期进行安全检查，发现安全问题的，要及时督促整改。

3. 加强技术管理，合理设置安全设施

某煤矿一是要立即解决临时充电硐室未实现独立通风、安全距离不足和无人看管等问题，问题未整改前，严禁继续使用；二是要尽快完成二水平充电硐室建设，硐室内设施和设备以及警示标识的布置要符合《煤矿安全规程》有关规定，保证各种设备之间的安全距离，确保运输及作业安全。

4. 加强现场监督管理，严防事故隐患产生

某煤矿一是要严格按照《鸡西矿业公司火工品管理使用规定》的要求，落实各级安全监察部门对火工品运输、管理和使用全过程监督检查责任，避免出现管理的盲区。二是要强化现场监督管理，定期对矿井各安全设施、作业环境及作业人员行为进行检查，及时发现、消除各类安全隐患，坚决纠正人的不安全行为，使得各项规定和措施落实到位，确保施工安全。

5. 加强培训教育，严格日常管理

某矿建公司一是要强化对安全管理人员和从业人员的培训教育，各工种上岗作业前必须要具备相应的操作技能并经培训考试合格，坚决杜绝未经煤矿电机车司机专门培训驾驶电机车等违章行为；二是要加强对派出队组的安全检查和管理，定期对派出队组业务范围内的安全设施和作业环境进行检查，采取有效措施规范派出人员的安全行为，切实加强对派出队伍和人员的管理。

6. 严格遵守规定制度，避免管理出现盲区

某矿建公司要严格遵守所在施工单位的各项规章制度和合同约定的义务，履行好相应职责，避免出现管理的盲区，如遇重大险情或事故发生后要及时向施工所在单位报告，严防事态扩大。

案例五　煤与瓦斯突出事故分析

一、事故经过 

2019 年 12 月 16 日 23 时 10 分，贵州省黔西南州安龙县戈塘镇某煤矿（以下简称某煤矿）21202 运输巷掘进工作面发生一起煤与瓦斯突出事故，造成 16 人死亡、1 人受伤，直接经济损失约 2 311 万元。

2019 年 12 月 16 日，调度会安排白班 21202 运输巷打排放孔和锚网支护，夜班正常掘进。入井前未开班前会，作业人员 19 时 30 分左右陆续入井，带班矿长支某 20 时 30 分入井。当班入井共计 23 人。

20 时 40 分许，21202 运输巷传出开皮带信号，综掘机开始掘进割煤；20 时 44 分，21202 切眼掘进工作面回风流甲烷传感器发出超限报警信号，监测最大瓦斯浓度值为 2. 76%。20 时 54 分，瓦检员杨某元打电话到监控室汇报 21202 切眼掘进工作面回风流甲烷传感器显示甲烷浓度为百分之三点几，怀疑传感器故障，准备处理；21 时 24 分，杨某元打电话到监控室汇报传感器已处理好。

23 时 10 分，正在二部皮带机头操作的皮带司机杨某科突然感觉有一股风吹过来，巷道里粉尘变大，眼睛难以睁开。此时，在二采区皮带下山皮带机头操作的司机杨某生被风流冲倒，风流持续约 10 min 后停止；23 时 14 分，韦某祥发现水泵房、变电所、主水仓入口处甲烷传感器发出报警信号并闻到有焦臭味，韦某祥将 3 个甲烷传感器传输线拔掉并沿皮带运输线路往二采区方向查看情况；23 时 30 分许，韦某祥到达二采区运输下山斜巷刮板输送机处先后遇到田某祥和被冲倒后从二采区皮带下山走上来的杨某生。韦某祥询问杨某生情况，杨某生回答："被瓦斯冲倒了。"韦某祥随即打电话给彭某如报告"可能发生煤与瓦斯突出了!"汇报完毕后，韦某祥、杨某生、田某祥 3 人沿二部皮带下山（在二部皮带下山皮带机头处遇到杨某科并同行）经主斜井升井，12 月 17 日 0 时 20 分许在井口与杨某明相遇。彭某如接到井下汇报电话后，随即拨打 21202 运输巷及回风巷和切眼的电话，电话均接通但无人接听，直至杨某生等 4 人升井方确认发生了煤与瓦斯突出事故。

经调查并结合事故救援报告分析，事故发生前 21202 运输巷掘进工作面正常进行掘进割煤作业，现场作业人员发现甲烷浓度异常并停机撤出。23 时 10 分，在 21202 运输巷作业人员正在撤出时，发生煤与瓦斯突出事故。

经调查认定，本起事故为生产安全责任事故。

二、事故原因

1. 直接原因

21202 运输巷掘进工作面全程构造煤发育、煤层松软，突出点附近煤层变厚，煤层具有煤与瓦斯突出危险；工作面掘进未按规定采取针对性的防突措施消除煤层突出危险；综掘机割煤扰动诱导煤与瓦斯突出。

2. 间接原因

（1）某煤矿安全生产主体责任不落实

1）违章指挥作业人员在有明显突出预兆的情况下冒险作业。2019 年 11 月中旬以来，21202 运输巷、回风巷瓦斯涌出量增加，频繁超限，并出现响煤炮、顶钻、卡钻、喷孔等明显突出预兆的情况下，该矿既不按照《煤矿安全规程》立即停止作业撤出人员，也未按《防治煤与瓦斯突出细则》要求采取针对性防突措施，违章指挥作业人员冒险作业。

2）煤矿故意隐瞒瓦斯真实情况。一是不按规定悬挂甲烷传感器；二是封堵甲烷传感器进气口，用塑料袋包裹掘进工作面甲烷传感器或用煤泥封堵进气口；三是监控系统发出瓦斯超限报警信号时，监控员就拔掉数据传输线，导致监测数据不能正常传输到上级公司和县监控中心。四是瓦斯超限数据不在瓦斯检查手册和现场瓦斯检查牌板上记录。五是瓦斯超限时，不执行瓦斯超限撤人和瓦斯超限处理分析追究制度，也未采取有效的针对性的措施。

3）煤矿不具备防治煤与瓦斯突出的基本能力。煤矿矿长、总工程师均只有从事低瓦斯矿井工作的经历，且未参加过防突知识专门培训，对防突知识不了解；在井下出现明显突出预兆后，未立即停产撤人，重新测定瓦斯参数，也不按照突出煤层管理采取有效防突措施，继续冒险蛮干。

4）煤矿技术管理薄弱。一是煤矿专业技术人员配备不足，仅有总工程师和通防副总工程师两名专业技术人员，且均无防突工作经验及能力。二是不重视瓦斯地质基础工作。

未及时发现 21202 运输巷煤层赋存情况变化，对煤层变厚、煤质变软等地质变化未引起重视。三是制定措施无针对性。在 21202 运输巷出现瓦斯涌出量增大、喷孔和顶钻后，编制的《21202 回风巷、运输巷掘进工作面打设瓦斯排放孔安全技术措施》无法消除突出危险。

5）安全管理混乱。一是煤矿投资人、法定代表人违法将煤矿托管给不具备资质的提某夫个人，提某夫又将井下采掘工程转包给不具备资质的陆某兵，陆某兵负责组织人员施工，现场管理由煤矿安全员或带班领导负责，且井下工程存在交叉管理。二是安全教育培训工作不到位。部分矿级管理人员未经过专门培训并取得安全生产知识和管理能力考核合格证明。特种作业人员配备严重不足，监控员、爆破工、掘进机司机等无证上岗。三是拒不执行监管指令，违法违规组织生产。违法违规在一采区布置巷采点，且被原州安监局、县工科局、某公司多次查处后，仍在一采区组织巷采。2019 年 5 月 27 日至 2019 年 11 月 1 日、2019 年 11 月 28 日至事故发生时，煤矿曾多次被责令停止井下生产，实际煤矿在被责令停止生产期间仍偷偷组织生产。

（2）某公司安全管理不到位

1）人员配备严重不足。公司日常安全技术管理人员仅配备有 4 人，无通防专业技术管理人员。

2）公司对所属煤矿无实际管理权，未做到真控股、真投入、真管理，属于松散型公司。

3）未严格履行对所属煤矿安全管理职责。对煤矿长期、反复存在的违法违规生产、瓦斯超限作业、监控系统不能正常运行等安全隐患，未采取有效手段进行监督并跟踪整改落实到位。

（3）中介机构出具的评估报告结论失真

某学院在实施某煤矿“C3 煤层突出危险性评估及瓦斯参数测定研究”项目过程中，项目负责人没有到某煤矿现场，对参数测定过程管控不到位，现场施工的测压孔直径、长度以及封孔长度均未达到测定方案要求，压力表读数观测时间和取样方式也不符合要求，导致测定的参数及评估结论失真。

（4）安龙县工科局监管工作不到位

1）人员配备不能满足对辖区煤矿安全监管的需要。安龙县工科局负责煤矿安全监管的内设机构为安龙县煤矿安全生产监督管理中心，核定事业编制51名，在编人员38人，实有人员仅有16名（其中1人于2019年11月份调往织金县），从事煤矿日常安全监管的仅有5人（2019年11月份之后仅有4人），监管力量薄弱。

2）内部管理不到位。一是监测监控股、能源管理股均未按职责要求制定相应的管理制度和岗位责任制，造成监控值守等工作无章可循，职责不清，相应岗位的职责无法落实到位；二是煤矿监管执法人员对某煤矿在被责令停止作业期间仍有煤炭外运的情况未引起重视，造成其违法违规生产行为未及时得到制止和查处；三是煤矿安全生产监督管理中心监测监控股6名人员均未经过监控系统相关业务技能培训，造成其无法履行岗位职责；四是制定的煤矿安全监管执法计划未按规定报批；五是对驻矿安监员考核、管理不到位。

3）执法检查工作不严不细。一是发现煤矿未执行停止掘进的监管指令后，未进一步采取有效措施监督煤矿落实到位；二是对某煤矿井下出现的瓦斯超限、用塑料袋包裹掘进工作面甲烷传感器或用煤泥封堵进气口等情况未认真核查和分析，未及时查明煤矿瓦斯涌出异常的事实；三是复查和验收工作不严不细。相关人员在对某煤矿复产复工验收检查、复查时，明知该矿存在瓦斯监测监控系统备用电源达不到要求、人员位置监测系统不能显示下井总人数的问题，仍在对应检查项目中签字认可其合格。10月28日复产验收未下井，仅听取煤矿汇报整改情况和查阅某公司验收资料后，即同意通过验收。

（5）安龙县委、县政府落实煤矿安全生产工作存在差距

1）安龙县委落实安全生产党政同责，一岗双责存在差距。一是机构改革后，对县工科局班子配备和煤矿日常监管、行业管理方面的人员配备不足，造成煤矿安全监管工作弱化。二是对煤矿安全生产领域重大风险认识不足，防范化解30万吨/年以下煤矿在退出前疯狂突击生产的重大风险的能力上存在差距。

2）安龙县政府煤矿整合相关工作推进迟缓，对相关部门工作督促、检查不力。一是对州政府相关文件落实上存在差距，推动淘汰落后产能、加快煤矿兼并重组改造方面推进迟缓。安龙县兼并重组保留矿井共有12处，但仍有3处已批兼并重组实施方案的煤矿未取得初步设计、安全设施设计批复，有3处煤矿初步设计、安全设施设计虽已批复，但未正常建设；二是安龙县政府制定的煤矿包保文件流于形式，并未开展煤矿包保相关工作；三是对县工科局工作督促检查不力。对该局内部管理制度不健全、人员调配不合理、

从事煤矿日常安全监管的人数不能满足实际需要及执法工作不规范等情况失察。

（6）黔西南州能源局监管工作弱化

1）人员配备和装备不能满足对辖区煤矿日常安全监管和行业管理的职责需要。

2）对黔西南州煤炭产业发展规划，特别是对30万吨/年以下煤矿分类处置、有序退出相关工作推进缓慢。

3）对安龙县工科局的督促指导不力。

4）对煤矿安全生产“双控”机制建设存在差距。对辖区内煤矿重大隐患分析不到位，防范化解30万吨/年以下煤矿在退出前疯狂突击生产的重大风险能力上存在差距。

三、防范措施

（1）煤矿企业要提高法治意识，严格落实安全生产主体责任

1）必须树立法治思维，坚守法治底线，依法办矿，依法管矿。合法合规安排生产和建设，严禁布置隐蔽工作面违法组织生产，服从监管监察指令，做到令行禁止。

2）要完善安全管理制度和管理机构，建立以总工程师为首的技术管理体系及瓦斯防治体系，并配齐专业技术人员和特种作业人员。

3）严禁将矿井违法发包给不具备资质的单位及个人，严禁包而不管，以包代管等。

4）加大反“三违”力度，严禁违章指挥和违规作业。

5）加大对从业人员的培训，切实提高从业人员安全意识、职业技能水平和综合素质。

（2）煤矿企业要严格瓦斯管理特别是防突管理工作

1）真正树立瓦斯“零超限”和煤层“零突出”的瓦斯管理理念。

2）非突出矿井和非突出煤层出现瓦斯动力现象时，必须按照《防治煤与瓦斯突出细则》的规定停止作业，进行煤层突出危险性鉴定，或按照突出煤层管理。

3）高度重视瓦斯地质工作，做好地质编录工作，及时准确掌握煤层厚度、产状变化情况。

4）做好地质预测预报。临近断层前，采用物探、钻探等手段探明断层构造情况，防止在断层构造应力集中区冒险作业。

（3）煤矿和集团公司要强化安全监控系统管理

1）及时升级改造安全监控系统。对于老化严重、故障频繁的安全监控系统要坚决淘汰，进行升级改造，确保监控系统运行可靠、监控有效。

2）加强监控作业人员培训，做到持证上岗。监控作业人员必须经专门培训，使其熟知基础安全知识，熟练掌握系统操作业务，防止盲目执行错误指令，坚决打击弄虚作假行为。

（4）集团公司要着力解决责任悬空的问题

1）要杜绝“拼凑型”的集团公司，要真正实现真控股、真投入、真管理。

2）配齐安全技术管理人员，建立健全安全管理机构，完善安全责任体系和相应的岗位责任制。

3）加大隐患督促整改力度。对煤矿存在的隐患要一追到底，抓好过程跟踪监督，确保整改落实。对拒不整改、屡改屡犯的煤矿一律交由地方监管部门或煤矿安全监察机构予以惩处。

4）要充分发挥监督作用。公司针对所属煤矿生产情况制定针对性的检查计划，对安全隐患多、安全管理薄弱的要加大检查频次和查处力度，采取计划检查和随机检查相结合的方式，让煤矿安全隐患真正暴露出来。

5）要强化对煤矿安全投入、安全设施运行情况等的监督检查。对于安全投入不足、安全设施不完善的煤矿要坚决停止生产建设，待其具备安全生产条件后方准复工。

6）严格所属煤矿管理，严禁违法发包、违法托管。

（5）黔西南州要坚持问题导向，抓好省政府“开小灶”各项措施的落实

1）要强化监督企业主体责任落实，着力解决安全生产重大问题。要抓住矿长和总工程师“两个关键人”和制度健全可靠、重大灾害治理到位“两件关键事”，通过严格执法，倒逼企业落实安全生产主体责任。

2）制定出台强化对煤矿企业集团公司监管的制度规定，加强监督检查，督促公司落实主体责任。

3）解决违法承包问题。按照《煤矿整体托管安全管理办法（试行）》要求，对全州煤矿进行排查和整治，对没有资质的托管、承包单位要坚决清理出市场，对存在违法承包分包企业要依法停产整顿。

4）严查煤矿采用隐蔽工作面违法组织生产的问题。采用信息化手段，在煤矿井口安

设视频探头，对煤矿生产活动进行监督；严查假密闭，井下所有密闭都要分类编号建档，并定期检查；责令煤矿停工停产的，要及时告知地方人民政府的公安、供电和煤炭产品调运管理等相关部门，对煤矿实施停止民用爆炸物品供应、限制电力供应和煤炭准运等综合措施。

5）相关部门要加强对中介机构的管理，从制度上堵塞漏洞，对违法违规的中介机构，要严肃追究责任。

6）对开采该地质单元内同一煤层的其他煤矿，要严格按照突出矿井进行监管。

（6）黔西南州要强化红线意识，着力消除煤矿安全生产系统性风险

1）要树立"抓安全生产也是政绩"的观念，正确处理好安全与发展、安全与生产、安全与效益的关系，通过系统治理、依法治理、综合治理和源头治理，不断推进煤矿安全治理体系和治理能力现代化。

2）依据国家和省有关政策，结合本州实际坚决推动落后产能淘汰退出和制定好煤炭产业发展规划，推动本州煤炭产业高质量发展。

3）抓好《省人民政府关于强化煤矿瓦斯防治攻坚进一步加强煤矿安全生产工作的意见》《省人民政府办公厅关于开展煤矿瓦斯防治攻坚年行动进一步提升瓦斯治理能力的实施意见》等文件的落实，切实抓好煤矿安全生产"六个专项整治"工作。

4）配齐配强煤矿监管人员和加强执法装备保障，并加强督促检查，解决其执法频次高、执法效能低的问题。

案例六　水害事故分析

一、事故经过

2019年10月25日22时45分左右，山西省某县煤业有限公司（以下简称"某县煤业"）3-3011采区3#巷采面发生一起较大水害事故，造成4人死亡，直接经济损失968.23万元。

25日四点班，共有104人入井作业，其中3-3煤层70人，15#煤层34人。15时30分，作业人员下井后，根据班前会安排拖电缆到15#煤15101回风顺槽掘进工作面，然后曾某勇等5人到3-30113运输顺槽延伸段作业，曾某勇和黄某江负责巷道支护，陈某友

和羊某斌负责打眼、出煤，张某四负责开刮板输送机及巷道清煤。18 时左右，曾某勇等 5 人到达 3-30113 运输顺槽延伸段开始作业。曾某勇和黄某江在 2#巷采面打锚杆、锚索，陈某友和羊某斌在 3#巷采面右帮打眼。20 时左右，李某意进行了爆破。待炮烟吹散后，曾某勇和黄某江进入 3#巷采面打锚索，陈某友和羊某斌进入 2#巷采面打迎头炮眼。22 时 30 分左右，李某意进行了爆破。炮烟吹散后，曾某勇和黄某江再次进入 3#巷采面打锚索，陈某友和羊某斌进入 2#巷采面打滑轮眼，张某四在刮板输送机附近清煤，李某意到 3-30113 运输巷查看胶带输送机能否开启。

22 时 45 分左右，在 3#巷采面作业的曾某勇和黄某江看到工作面迎头顶板掉渣、出水，就往外跑，边跑边喊“透水了，快跑!”张某四、申某明听到喊叫声后也往外跑。22 时 54 分，李某意听到喊叫声后，跑到 3-30113 运输顺槽胶带输送机机头，用电话向调度室值班领导王岗汇报了事故情况。22 时 56 分，曾某勇用电话向调度室值班调度员李某欣汇报了事故情况。值班领导王某接到事故汇报后，立刻安排调度员李某欣、监控员郭某向井下各作业地点打电话通知撤人。26 日 0 时 10 分，井下人员撤至地面后，经清点确认有 4 人被困井下，分别为在 3-30113 运输顺槽延伸段 2#巷采面作业的采煤工陈某友和羊某斌，在 15#煤行人暗斜井的胶带输送机司机史某波和李某维。

11 月 4 日 16 时 08 分抢险救援工作结束，救援人员将 4 名遇难矿工运送至地面。

经调查认定，本起事故为生产安全责任事故。

二、事故原因

1. 直接原因

某县煤业在邻近老空积水和断层区域违法违规组织生产，未按规定进行探放水；3#巷采面爆破作业后，在老空水压力作用下造成断层破碎带松动垮塌导通老空区，导致已整合关闭煤矿的老空水溃入矿井。

2. 间接原因

（1）某县煤业主体责任不落实

该矿法制意识淡薄，在事故区域违法采用国家明令淘汰禁止的巷道式采煤工艺采煤，以掘代采；在煤尘具有爆炸性的情况下采用国家明令禁止使用的钢丝绳牵引耙装机出煤；

图纸作假、隐瞒采掘作业地点。

（2）某县煤业未落实综合防治水措施

该矿防治水技术人员配备不足：防治水副总为采矿工程专业，不具有地质或水文地质相关专业学历；地测防治水科有3名技术人员，其中科长因身体原因长期不能下井，副科长由长治市某勘探工程有限公司的人员兼职。矿井在事故区域进行采掘作业未按规定探放水。25日零点班和八点班先后发现透水异常征兆后，未引起矿方相关人员的足够重视，未进行深入分析研判，也未采取有效防范措施，更未制止四点班人员作业。

（3）某县煤业现场安全管理混乱

人员定位卡管理不严格，事故当班下井104人，其中31人未佩戴人员定位卡；使用真假两套调度台账、调度会议记录、入井检身记录；矿领导日常带班下井不在井下现场交接班。

（4）某县煤业安全培训不到位

事故当班入井104人，11人未经培训；施工队伍部分新入矿人员未经培训直接上岗；井下特种作业人员配备不足，6名探放水工中只有4人持有效证件；井下爆破工数量不足，作业时安全员兼职爆破工。

（5）某县煤业施工队伍管理混乱

事故发生时，某县煤业共有4支施工队伍，只有陕西德源矿业投资有限公司具备施工资质、签订了施工合同，进行了（中标）备案；浙江华越矿山有限公司具备施工资质，但未签订施工合同；掘进二队和开拓二队不具备施工资质；矿方违规将井下巷道维修作业劳务承包。

（6）矿业集团主体企业责任不落实

安全生产管理人员配备不足，某县煤业矿长马某宏兼任集团总工程师、煤炭事业部经理等职务；煤炭事业部安全监察处、生产技术处各仅配备一名人员；重利润指标、轻安全生产，2019年10月8日下达《关于开展煤炭企业“百日攻坚活动”的实施方案》，致使某县煤业采用国家明令淘汰、禁止使用的巷道式采煤工艺组织生产来增加产量；对该矿安全检查不到位，8—10月对该矿进行两次检查，只有一次下达现场检查意见书。

（7）县委、县政府及部门监管责任不落实

县应急管理局对驻矿安检站及包矿巡查组管理不到位，对某县煤业检查不严、不细，对某县煤业存在的诸多安全隐患失察。县委、县政府贯彻落实上级有关安全生产的方针、政策及规定不到位，对部门的机构改革工作抓得不紧；对县应急管理局履行安全监管职责监督指导不力；未及时配齐矿业集团领导班子，对矿业集团履行安全生产主体责任督促检查不够。

三、防范措施 

1. 某县煤业要强化主体责任落实

矿井要增强法制意识，做到依法办矿、守法经营。要依法依规组织生产，严禁采用国家明令淘汰、禁止使用的生产工艺及设备组织生产。严禁图纸作假、隐瞒采掘工作面等行为。

2. 某县煤业要加强防治水工作

矿井要深刻吸取本起事故教训，严格执行《煤矿防治水细则》，强化“可采区”“缓采区”“禁采区”分区管理，严格落实防治水“三专、两探、一撤”规定。尤其要通过“一查全、二探清、三放净、四验准”四步工作法抓好老空水害防治。

3. 某县煤业要加强现场安全管理

矿井要加强人员出入井管理，入井人员必须携带人员定位卡。安全管理人员要认真履行职责，发挥好安全员、跟班队组领导和带班下井矿领导的管理作用，加强对重点作业场所的安全检查，遇到险情时必须立即停止作业，及时撤出井下人员。

4. 某县煤业要加强施工队伍管理

矿井要加强施工队伍管理，严格施工项目（中标）备案，严禁将工程承包给不具备施工资质的单位，严禁将井下采掘工作面和井巷维修作业对外承包。规范用工管理，按要求签订劳动合同。

5. 某县煤业要加强职工安全培训

矿井要按照规定对井下作业人员进行安全生产教育和培训，未经安全生产教育和培训或者教育和培训不合格的人员不得上岗作业。特种作业人员必须经培训合格，持证上岗。

6. 某县煤业要规范事故上报工作

矿井要加强对安全生产相关法律、法规的学习，发生事故后要严格按规定及时、如实上报，不得迟报、漏报、谎报和瞒报。

7. 矿业集团要认真履行主体企业责任

矿业集团要认真履行企业安全生产主体责任，健全安全管理机构，充实安全管理人员。要加大对所属各矿井的日常安全检查力度，加强对矿井建设项目的安全管理，安全检查时要做到全面、认真、仔细，做实做细隐患排查治理工作，确保矿井安全生产。

8. 县委、县政府及部门要严格落实监管职责

县委、县政府要深刻吸取本次事故教训，确保机构改革后煤矿安全监管部门人员配备到位；督促煤矿切实落实安全生产主体责任，配齐配强领导班子。襄垣县应急管埋局要加大煤矿安全监管力度，加强对驻矿安检站及包矿巡查组的管理，切实发挥驻矿安监员及包矿巡查组的监管作用，严防类似事故再次发生。

案例七　冲击地压事故分析

一、事故经过

2018年10月20日22时37分左右，山东某能源集团所属某煤业有限公司（以下简称某煤矿）1303工作面泄水巷及3号联络巷发生重大冲击地压事故，造成21人死亡、4人受伤，直接经济损失5 639.8万元。经调查认定，本起事故为生产安全责任事故。

事故当班，综掘队和防冲项目部在1303工作面泄水巷及3号联络巷施工。

1. 综掘队施工情况

10月20日中班14时，综掘队党支部书记张某鑫、副队长王某胜组织召开班前会，安排当班工作，当班出勤28人（含3名管理人员），井下分成两队施工。掘一队16人，负责3号联络巷正常掘进，其中，掘进工12人（含掘进机司机1人）、电工1人、皮带机司机3人；掘二队7人，负责距离拐点155 m以外砌筑水沟；机电班2名机电工负责外围机电设备维护；跟班副队长王某胜、技术副队长迟某平、验收员夏某人等3名管理人员负责当班安全管理、技术指导、工程验收等工作。

16时，班长张某义带领掘一队全班人员到达3号联络巷，开始综掘施工。

21 时 40 分，区队值班人员张某鑫接到迟某平汇报，本班掘一队截割完第三排顶部，随后进行顶部支护。

事故发生时，掘一队已完成顶部支护，开始准备帮部支护，为方便帮部支护，掘进机司机正在调整机头位置。班长张某义在掘进机后整理风筒，听到轰的一声，感觉被冲击一下就失去知觉了，后被救援人员救出。

事故发生时，掘二队 7 人正在距离拐点 155 m 以外砌筑水沟，当班验收员夏某人也在这个位置，冲击气浪将其安全帽冲掉。发生事故后，夏某人和其他 7 人一起往外撤。

2. 防冲项目部施工情况

10 月 20 日中班 14 时 30 分，防冲项目部机台长韩某峰组织召开班前会，当班出勤 18 人。安排 7 名工人分两组到 3 号联络巷下段掘进机二运尾部打卸压孔。其中，一组由班长李某灵带领，姜某、赵某忠、申某江为成员；另一组由班长刘某收带领，宗某振、张某连为成员，按照每组 3 个钻孔组织施工。其余 11 人被安排至 3 号联络巷上段搬运两部整套卸压钻机到 1303X 作面胶带顺槽。

17 时左右，7 名钻孔施工人员到达 3 号联络巷施工地点。

22 时 20 分左右，李某灵现场电话汇报井下施工正常，预计中班完成 6 个钻孔，其他正常。

事故发生时，两组人员正在施工帮部卸压钻孔。

二、事故原因

1. 直接原因

某煤矿 3 煤层及其顶底板具有冲击倾向性；事故区域埋深 1 027～1 067 m，煤岩体自重应力高；采掘及疏放释水、3 煤层分岔合并及构造影响、巷道临近贯通等，形成高应力集中区；采用的防冲措施没有有效消除冲击危险，在当班掘进、施工卸压钻孔扰动和田桥断层带滑移影响下，诱发冲击地压事故发生。

(1) 事故区域具有冲击危险

某煤矿 1303 工作面泄水巷及 3 号联络巷埋藏深度为 1 027～1 067 m，自重应力高；事故区域具备冲击地压发生的应力条件与冲击倾向性条件。

（2）构造与高应力共同作用

郓城井田处于郧城断裂、巨野断裂、曹县断裂和汶泗断裂的“井”字形中间区内，井田的典型构造特征为断块型，开采区位于八里庄断层与田桥断层控制的地垒构造内，该区域构造应力集中，断裂构造活动频繁。事故区域处于3煤层分岔合并线及构造应力区附近。一采区实测最大水平地应力34.5 MPa，是垂直应力的1.40~2.20倍。

（3）巷道临近贯通，围岩处于应力调整期

事故发生于巷道贯通期间，剩余3 m煤柱，煤柱减小使其周边应力调整加剧。

（4）掘进和帮部卸压钻孔施工的扰动作用

掘进和帮部卸压钻孔施工对处于应力调整状态的临近贯通巷道围岩具有扰动作用。

（5）田桥断层带滑移动载作用

山东地震台网测定，2018年10月20日22时37分左右在山东省菏泽市翊城县（北纬35.61度、东经116.02度）发生1.5级近地表、非天然地震动事件，震源位于田桥断层带，为本次事故提供了外部动载作用。

2. 间接原因

（1）采掘活动对覆岩结构的影响

由于该区域厚表土薄基岩的特殊结构，1300、1301工作面开采后地表最大下沉3.1 m，影响范围波及事故区域上部，使事故区域的应力状态受到影响。

（2）顶板疏放水对地层区域应力分布的影响

某煤矿顶板岩层富含水，2013年3月至2018年9月，开采采区顶板疏放水总量达1 464万立方米，顶板砂岩水水位降低30 m。顶板砂岩水疏放释水及前期采掘活动会导致地层区域性应力调整和重新分布，改变了本区域内构造的稳定状态，并可能造成覆岩大范围的结构性改变。

（3）巷道支护系统没有承受住强动载冲击

事故巷道沿底板托顶煤掘进，上部为顶煤和泥岩组成的复合顶板，节理发育，受到冲击后易碎胀破坏。从事故现场情况看，矿井按照《煤巷锚杆支护技术规范》设计的巷道支护，但这次冲击载荷超过现支护的承载能力，造成事故区域巷道破坏。

（4）某煤矿对卸压钻孔施工时发生的卡钻现象重视不够

10月1日—17日，现场施工卸压钻孔曾发生卡钻现象，施工区队、防冲办公室分析认为只是风压不足的原因，未进行深入分析。

（5）某煤矿劳动组织不合理

3 号联络巷综掘队施工与防冲卸压孔施工，没有研究优化施工的工序和时间；《1303 工作面泄水巷掘进工作面作业规程》中循环图表未明确卸压钻孔施工工序，冲击地压发生时，冲击区域内作业人员数量较多。

（6）某煤矿对个体防护措施落实不严格

1303 泄水巷 2 号联络巷有 100 m 长度区域评价为强冲击危险区域，现场配备了 10 套防冲服，作业人员进入该区域时未穿防冲服。

（7）某煤矿防冲制度修改不及时

冲击地压防治管理制度没有根据《防治煤矿冲击地压细则》及时修改完善。

（8）某煤矿防冲安全教育培训效果差。防冲培训内容少、针对性差，考试组织不严格、不认真，防冲作业人员不掌握基本的岗位防冲知识。

（9）某煤矿对大采深、复杂条件下实体煤掘进巷道冲击地压复杂性和危险性认识不足、重视不够

没有针对疏放释水、3 煤层分岔合并影响形成的高应力集中进行深入分析，防冲技术措施针对性差。

（10）能源集团对某煤矿采深大、地垒构造、3 煤层分岔合并等产生的高应力集中认识不足

未及时督促某煤矿对顶板疏放水与地层区域应力调整的影响进行分析研究，防冲技术监督管理工作不严格，对某煤矿存在的劳动组织不合理、防冲个体防护措施落实不严格、防冲技术措施针对性差、防冲制度修改不及时等监督检查不到位。

（11）市煤炭管理局对冲击地压防治安全监管重视不够

对某煤矿冲击地压防治工作监管不力，负责监管的煤矿均为冲击地压矿井，2018 年度执法工作计划中没有冲击地压专项检查内容。落实山东省煤炭工业局关于开展冲击地压防治专项监督检查的文件要求不到位，对某煤矿冲击地压防治专项监督检查不严不细。对某煤矿违法违规行为处理处罚不严格、不规范。

此外，事故还暴露出某煤矿微震监测信息分析研判能力差的问题。矿井微震监测系统自 10 月 20 日 22 时 37 分 36 秒至 22 时 37 分 51.79 秒记录了两次震动事件，由于两次震

动事件时间间隔小于监测系统原始设定的一次事件的间隔，监测分析人员将第一次事件作为本次冲击地压的事件进行了能量计算，而没有发现处于窗口尾部的第二次事件。

三、防范措施

1. 严格落实企业主体责任

（1）煤矿企业要严格落实冲击地压防治工作主体责任，要以冲击地压防治安全为前提，科学制定生产经营指标，凡经冲击地压危险性评价不能保证安全开采的区域，严禁安排组织开拓开采。

（2）主要负责人要认真落实冲击地压防治第一责任人的责任，对冲击地压防治工作全面负责，其他负责人要认真落实分管范围内冲击地压防治责任，总工程师要认真落实冲击地压防治技术责任。

2. 加强和改进冲击地压防治工作

（1）矿井要严格限制开采深度，遵守国家有关规定，深度超过 1 000 m 的工作面开采前应当组织专家进行安全性论证，不能保证安全开采的，不得开采。

（2）要严格限制开采强度，不得核增产能，严格按照设计的采掘工作面个数组织生产，严格控制采掘工作面推进速度。

（3）要严格限制劳动定员，掘进工作面进入人员不得超过 9 人，采煤工作面进入人员不得超过 16 人，现场实行挂牌管理，超员人员一律不得擅自进入。

（4）2019 年年底，所有的采煤工作面原则实现智能化无人开采，煤巷掘进工作面应实现远距离操控和钻孔施工机械化、自动化。

3. 加强地质构造及疏放水对冲击地压影响的研究

（1）加强区域构造应力与构造活动规律的研究。

（2）加强对厚表土断块型地垒构造条件下开采覆岩结构、围岩移动、围岩应力场的演化规律、矿压显现规律研究。

（3）加强顶板岩层疏放水，可能导致采场覆岩结构与周围应力场改变对冲击地压的影响规律研究，合理选择矿井水的治理方式，优先选用自然疏水和钻孔疏水方式。

（4）加强巷道贯通期间冲击地压防治措施研究，掌握应力调整规律，采取有针对性防治措施。

4. 加强巷道防冲支护

（1）冲击危险区域的巷道必须采取加强支护措施，采煤工作面巷道超前支护要加大支护范围和支护强度，采用液压支架支护。

（2）有冲击危险的掘进巷道应加强支护研究，根据巷道围岩与支护结构的破坏状况，深入分析围岩冲击破坏特征与支护失效机制，探索进一步提高巷道防冲支护强度的措施。

（3）中等以上冲击危险区的厚煤层托顶煤掘进巷道除了采取抗冲击主动支护方式外，还应当采取可缩式U形钢棚、液压支架等加强支护。

5. 优化矿井开拓布局

（1）针对矿井实际开采条件，优化矿井的开拓布局、回采巷道布置、开采顺序、煤柱留设、采煤方法、采掘工艺等，选择合理的采掘推进速度和开采强度，避免形成高应力集中区。

（2）新开拓及新采区准备巷道布置层位应充分考虑地应力因素，不得布置在有冲击危险性的煤层中。

（3）矿井禁止开采孤岛工作面。

6. 强化防冲监测预警能力建设

进一步提高技术人员对微震监测、钻屑法检测、应力在线监测等数据综合分析研判能力，提升预测、预判、预警水平，同时要加强对各类监测系统的检测、检验和日常维护，为冲击地压防治工作提供技术支撑。

7. 加强防冲安全教育培训

建立并严格落实冲击地压防治培训制度，定期对矿长、技术负责人、管理人员和防冲专业人员、现场作业人员进行冲击地压防治知识教育培训，确保相关人员具备必要的岗位防冲知识和技能。

8. 强化复产措施落实

矿井恢复生产前，要制定恢复生产方案，通过专家论证，落实综合防冲措施，消除冲击危险后，方可恢复生产。

9. 切实加强安全监管监察

各级地方政府要进一步加强对煤矿安全生产工作的管理。煤矿安全监管监察部门要加强安全执法，创新监管监察方式方法，提高执法能力和水平，要针对煤矿开采煤层埋藏深、压力大、受冲击地压威胁严重的实际，督促煤矿落实防冲措施；认真开展煤矿安全“体检”工作，查找存在的安全隐患和薄弱环节，提高监管监察的针对性和实效性。

案例八　火灾事故分析

一、事故经过

2015 年 11 月 20 日 21 时 39 分，黑龙江某集团公司某分公司某煤矿发生一起重大火灾事故，造成 22 人死亡，直接经济损失 1 598.5 万元。

11 月 20 日下午四点班，某煤矿东一采区出勤 38 人。21 时 40 分左右，作业人员常某东发现大倾角皮带道内有黑烟顺风流方向飘到皮带尾，马上打电话给王某，让他沿大倾角皮带道往下走，查看原因。然后又给 136 队采煤队当班班长高某（事故中遇难）打电话，告诉他大倾角皮带道内有烟，让他马上带人撤离工作面。打完电话后，常某东进入三段绞车道走到左五车场坐二段人车升井，人车运行到二段左一巷上部时突然停电，人车停了下来，常某东步行到大倾角皮带道向下走至距皮带头 800 多米的位置时，发现该处皮带、电缆全部着火并且火势很大，就和正在该处灭火的王某、电工王某顺一起灭火。21 时 50 分左右，当班在东一采区巡检的矿安检科安检员韩某超在巡检到三段车场发现有烟后，就跑到车场附近变电所打电话向安检科调度报告，紧接着给 136 采煤队打电话，对接电话的采煤队当班队长封某东说巷道内烟很大，让他组织撤人。封某东说没事，一会要干活。安全矿长蔡某杰接到报告后，要求立即通知井下队组断电撤人，随后在井下安排人车等待救护。之后，进入事故区域，组织现场人员恢复运输系统供电、向着火巷道洒水、恢复通信等工作；总工程师周某学接到报告后，立即联系驻矿救护大队六中队并带领救护队员入井赶赴事故区域，对火灾情况进行侦察并采取相应措施控制火势。经初步救援，事故区域 38 名作业人员中有 16 人安全撤离，22 人被困井下。

20 日 21 时 53 分，救护大队六中队值班员关某勇接到矿总工程师周某学报警后，立即向值班中队长高某康报告某煤矿发生事故。六中队值班小队（驻某煤矿中队）接到指令后迅速出动并于 22 时 5 分到达某煤矿与周某学一同入井，22 时 55 分到达大倾角皮带道（事故区域）后，开始从上向下勘查。到距二段井底车场与大倾角皮带道联络巷 90 m

时，发现明火无法前进，随即返回向指挥部汇报。指挥部立即命令在大倾角皮带道联络巷处设置三道水幕阻止火灾扩大。随后，指挥部先后派出4个救护小队采取相应措施控制火区火势、降低灾区温度。21日7时40分，救护队员开始沿三段绞车道向下侦查，在车场与三段绞车道交叉口上15 m处，发现第一名遇难人员，在绞车道往下440 m范围内陆续发现20名遇难者。

按照救援部署，救护队每班2~3个小队30余人24小时不间断搜救，24日17时35分在三段水仓里发现最后一名遇难人员，至此22名遇难人员全部找到并升井，搜救工作结束。

经调查认定，本起事故为生产安全责任事故。

二、事故原因

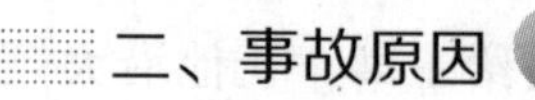

1. 直接原因

（1）东一采区大倾角胶带输送机机头向下836 m处，巷道底浮煤清理不及时，形成底浮煤堆积层。

（2）底浮煤堆积层将胶带机底托辊卡死，胶带与浮煤堆积层、底托辊长时间摩擦发热，使底托辊附近底浮煤堆积层积蓄大量热能形成高温。

（3）胶带输送机停机后，胶带与底浮煤堆积层静止接触，煤体持续升温、达到燃点燃烧，引燃胶带引起火灾。

2. 间接原因

（1）现场安全管理混乱

1）对胶带老化没有采取针对性措施。某煤矿东一采区大倾角胶带输送机于2009年10月安装投入使用，胶带年久老化，经常发生纵向撕裂，造成胶带输送机运转期间洒煤严重。因东一采区进入回采收尾阶段，因而未更换带面，也没有制定和采取针对性措施。

2）浮煤清理不及时，造成浮煤长期沉积。因清理浮煤人力不足、进度跟不上，胶带下洒落浮煤不能得到及时清理，长时间堆积的浮煤局部达到托托辊、托皮带的程度。

3）检修和机道清理时间不足。胶带机每天的检修、维护时间为8时至12时，其他时间为生产运煤时间。由于胶带带面老化且磨损严重，裂口增多，处理带面裂口及清理浮煤等工作量加大，没能按实际情况作出调整，使得胶带机检修和清理浮煤时间不足。

（2）运转环境检查制度不落实

某煤矿安检科每旬对设备运转环境开展一次排查，每月都能对大倾角胶带输送机道检查一两次，但都没有对巷道进行过全面检查，没有发现皮带道局部浮煤堆积严重的问题。

（3）安全质量达标动态检查有盲区

1）某煤矿每周开展一次专业性检查，机电专业由机电副矿长组织技术员对全矿各采区机电运输设备进行检查，主要检查采掘工作面机电运输设备，2015 年 8 月至事故的发生，没有到过大倾角皮带道检查胶带输送机。

2）某分公司每月开展一次安全质量标准化达标检查，由公司安全监察部各监察处室组织各专业系统检查。其中机电监察处负责机电运输系统的安全质量标准化达标检查，也没有检查过某煤矿东一采区大倾角胶带输送机。

3）某集团多年未开展煤矿质量标准化达标检查，集团安全生产监察部驻矿监察处对所驻矿业公司煤矿安全监察不力。

（4）安全投入不足

1）胶带撕裂后，裂口需用胶带专用冷补胶补接。自 2015 年 10 月起，某煤矿没有再购买冷补胶。保运队机修工人只得采用铁板卡子对胶带进行缝合，缝合后不但不能完全避免漏煤，反而加剧了对胶带底托辊的磨损。

2）保运队于 7 月和 9 月两次向矿里打报告要求购进托辊，但至事故的发生时也未购进。

（5）安全教育不力，工人的安全意识淡薄

1）东采段相关领导和保运队现场作业人员安全防范意识不强，对存在的浮煤长时间堆积、托辊不能转动情况下胶带继续运转可能造成的后果认知程度不够。

2）136 采煤队带班队长和作业人员安全意识淡薄，在得知风流中有烟后，没有及时撤离，延误了逃生时间。

（6）管理职责不清，岗位责任制落实不力

矿领导对东采段的行政管理分工不明确；矿段两级未认真落实安全生产责任制，未认真履行岗位职责，未按大倾角皮带管理制度要求对皮带道及胶带输送机进行日常维护，也未按安全管理责任制要求进行检查和管理。

（7）安全管理人员配备不足

某煤矿分管安全的副总工程师2015年9月被撤职后，其安全副总的岗位一直空缺；某分公司安全监察部下设的机电监察处处长2015年7月离职后，由机电监察处一名科长临时负责，其机电监察处长的岗位也未得到补充。

三、防范措施 

（1）全面落实企业安全生产主体责任

某集团及所属各公司及煤矿要认真总结和深刻吸取某煤矿“11·20”火灾事故教训，举一反三，深入开展安全生产隐患排查。认真查找安全生产工作存在的不足和漏洞，认真落实企业安全生产主体责任。要牢固树立安全红线意识，强化底线思维，认真贯彻落实国务院和省政府关于安全发展的总体部署和要求，加强煤矿安全生产，保障资金投入。完善公司安全生产管理制度，堵塞安全管理漏洞，杜绝此类事故，有效防范和坚决遏制重特大事故的发生。

（2）强化现场管理，排查设备安全隐患

某分公司及所属煤矿要深刻吸取事故教训，立即开展在用设备专项检查。

1）要查清老旧设备并登记建档，列出更新计划，已经达到设计使用寿命或超期服务的设备，要立即更换。

2）设备在用期间要加强日常检查、维护和保养，保证设备运行状况完好。建立健全设备维修档案，易损部件要有充足的备件并保证及时更换。

3）要对照井工煤矿禁止使用的设备目录排查在用设备情况，坚决淘汰禁止使用的设备。

（3）保证设备的良好运行环境

某分公司及所属煤矿要根据设备运行环境的实际情况，合理安排人力进行环境清理，制定明确的岗位责任制并加强检查，强化现场管理责任制的落实。合理安排设备检修时间，对在用的老旧设备要保证其检修、维护时间。要加强设备运行日常管理，对于胶带输送机，要建立机道巡查制度，安排专人负责落实，发现问题及时处理，不得带病运行。

（4）加强安全生产和质量达标检查

要把采区集中运输设备纳入安全生产检查重点范围，督促采区加强安全生产管理。安全生产检查和运转环境检查要制订计划，定期对全矿所有在用设备及运转环境全面检查。某分公司及所属各煤矿，要强化安全质量标准化达标检查，不能只注重采掘队组和采掘工作面，采区所有的设备和地点都要纳入安全质量标准化达标检查范围内，实现全方位、全覆盖。

（5）要重视安全投入，保障设备运转维护资金

某集团及某分公司要积极筹措和合理安排资金，保证煤矿安全生产、设备安全运转所需资金投入。要严格执行国家关于安全生产费用提取和使用管理办法的规定和要求，足额提取和使用安全费用，及时更换不符合安全要求的设施设备，保障煤矿运输系统设备改造和灾害治理工程资金投入。

（6）加强职工的安全思想教育，加强事故预案演练，提高职工的安全意识和逃生能力

某分公司及所属煤矿要认真总结和深刻吸取事故教训，加强职工安全思想教育，增强职工的安全意识和责任感；加强职工安全培训，将事故预案演练纳入培训内容之中，增强职工自主保安能力和井下逃生能力。

（7）配齐安全管理人员，明确责任划分

某分公司及所属煤矿，对存在的安全管理人员空缺问题要立即整改，配齐安全管理人员。针对某煤矿实行两级管理后，其采段人员的行政管理不明确问题必须立即整改，加强采段管理，明确矿、段两级的行政管理和安全管理职责。

（8）完善事故上报流程，依法依规报告事故

某分公司及某煤矿要认真吸取迟报事故教训，贯彻落实《安全生产法》《生产安全事故报告和调查处理条例》等法律法规，完善事故报告程序和办法。某集团要按照法律法规要求制定实施细则，明确报告责任人，建立事故报告责任制，层层分解落实，坚决杜绝事故隐瞒不报、谎报和迟报问题。

案例九　爆破事故分析

一、事故经过

2017年6月12日10时45分，黑龙江某集团公司某分公司某煤矿发生一起爆破事故，造成1人死亡、1人受伤，直接经济损失77.36万元。

2017年6月12日，采下山区70306掘进队当班出勤5人，约9时30分，丁某军安排赵某刚和王某军装药爆破，自己去三片巷道会同瓦检段长景某元到警戒地点负责安全警戒。赵某刚联6个掏槽炮眼，在工作面大喊三声“放炮了”，到100 m外放炮地点又大喊三声“放炮了”，10时05分，赵某刚放响了第一遍炮。炮烟散尽后，赵某刚和彭某财到工作面查看，工作面没有贯通，赵某刚联8个辅助炮眼，其中4个煤岩炮眼、4个岩石炮眼。约10时45分，赵某刚在工作面和爆破地点先后大喊三声后，放响了第二遍炮。炮烟散尽后，赵某刚带领王某军和彭某财进入工作面，通过探眼听到被贯通巷道内丁某军喊话，说他和景某元受伤了。

赵某刚知道发生事故后，立即安排瓦检员彭某财打电话通知采区领导，他和王某军折回斜上巷道底部通过另一斜上巷道到达三片贯通地点，看到丁某军和景某元均倒在距贯通地点2 m处，2人面部流血。王某军跑到其他工作地点找来10多名工友，用风筒布等材料做成简易担架，将受伤的丁某军和景某元抬上平巷人车，经副立井升井。升井后，一采下山区区长王某国、党支部书记吴某东、通风区区长王某新等井区领导将丁某军和景某元送到某矿业公司总医院救治。14时20分，通风段长景某元经抢救无效死亡。掘进副区长丁某军耳部、肩部受伤，无生命危险。

经调查认定，本起事故为生产安全责任事故。

二、事故原因

1. 直接原因

右四片68#层全岩斜上工作面贯通放炮时，作业人员违章进入贯通地点，被爆破产生的震动、空气冲击波和飞石击伤，导致事故的发生。

2. 间接原因

（1）干部违章指挥，作业人员违规作业

1）一采下山区掘进副区长违章安排非专职爆破工进行爆破作业。

2）一采下山区68#层全岩斜上工作面爆破作业未执行“三人连锁爆破”制度。

3）警戒人员明知一采下山区贯通作业地点有再次进行爆破的危险，仍违规冒险进入，安全警戒形同虚设。

（2）现场安全管理混乱，贯通作业违规

1）进行爆破贯通作业时，没有按照《某煤矿一采下山区68#全岩斜上作业规程》规定要求设置警戒栅栏。

2）一采下山区、通风区主要领导没有按照某矿业公司规定，亲自到现场指挥贯通作业。

3）现场工作安排不力，只安排两人掘进作业，没有专职爆破工，无法执行“三人连锁爆破”制度。

（3）安全生产监督检查不到位

1）对贯通地点现场爆破警戒没有设置栅栏、没有执行“三人连锁爆破”制度等情况监督检查不到位。

2）巷道贯通作业时，现场无安检人员监督。

（4）从业人员安全教育培训不到位

1）从业人员安全教育、安全培训流于形式，从业人员安全意识淡薄，自主保安、互保联保意识差，违章指挥、违规作业等“习惯性”违章行为时有发生。

2）一采下山区区长、安全副区长任职已超过6个月，没有按照规定参加培训并经考核合格，不具备安全管理资格。

三、防范措施

（1）强化安全生产主体责任落实

某煤矿要切实落实煤矿安全生产主体责任，强化红线意识，把“生命至上、安全第一”的理念贯穿煤矿生产全过程。针对事故暴露出在安全管理及安全监督检查等方面存在的漏洞，要采取有力措施，举一反三，查漏补缺，夯实煤矿生产安全基础，全面提高安全生产管理水平。

（2）规范职工操作行为，杜绝违章指挥、违规作业

某煤矿要加强对作业人员管理，加大对作业规程和安全措施现场落实情况的检查力度，健全完善责任追究制度，从严查处违章作业和违章指挥，重点打击“习惯性违章”行为。要不断规范作业人员的操作行为，做到所有现场作业均有规可依、有规必依，切实做到自身无违章，身边无“三违”。

（3）强化现场安全管理和安全生产责任制落实

某煤矿要采取有力措施，进一步强化各级安全管理人员、各岗位人员的安全生产责任制贯彻执行。落实安全生产问责制度，切实杜绝掘进巷道贯通时警戒区域不按规定设置栅栏、人员违章进入警戒区域、不执行“三人连锁爆破”制度以及巷道贯通时无专人在现场统一指挥等安全管理乱象。

（4）加强安全监督检查工作

某煤矿要强化井下作业场所现场安全监督检查，防止出现监管盲区，全面提高安全管理水平。各级安全管理人员要加强对某矿业公司关于《煤矿“一通三防”管理规定》等各项管理规章制度落实情况的监督检查，强化巷道贯通、过断层破碎带等存在较大安全风险工程的检查力度，对安全隐患问题进行严格督促整改，对参与作业人员的不安全行为及时纠正和制止，并认真跟踪问效。

（5）加强安全教育和培训工作

某煤矿要严格执行安全培训管理制度，切实开展好职工日常安全培训，强化从业人员安全思想教育，确保安全生产管理人员具备煤矿安全生产知识和管理能力并经考核合格，特种作业人员按国家有关规定培训合格，持证上岗作业，所有从业人员经安全教育和培训合格。进一步提高全体从业人员的安全防范意识和自主保安能力，实现思想上“我要安全”，行动上“我能安全”，从而有效防范煤矿生产安全事故的发生。

附录一　培训要点

1. 煤矿安全生产法律法规

（1）了解安全生产方针政策；

（2）熟悉有关安全生产法律法规；

（3）熟悉煤矿安全生产规章。

2. 煤矿安全生产管理

（1）了解煤矿安全管理的目的和任务；

（2）了解煤矿安全管理的基本知识、基本概念；

（3）了解煤矿安全生产管理制度，熟悉本单位安全生产规章制度和劳动纪律；

（4）了解煤矿作业特点，熟悉煤矿作业场所常见的危险、职业危害因素；

（5）熟悉煤矿井下安全标志及其识别，安全设施的使用和基本维护要求；

（6）掌握煤矿“三违”及其危害；

（7）掌握煤矿作业岗位危险预知与风险管控有关要求；

（8）掌握煤矿其他从业人员安全生产权利和义务，熟悉煤矿其他从业人员的职业道德及行为规范的有关要求；

（9）熟悉工伤保险知识。

3. 露天煤矿开采安全

（1）掌握露天煤矿开采工艺概况，露天煤矿开采的基本安全要求；

（2）掌握露天煤矿开采作业安全要求，包括凿岩、爆破、采装、运输排卸及辅助作业过程中存在的主要危险、职业危害因素及其操作安全要求；

（3）掌握边坡安全管理基本要求及事故防范措施；

（4）掌握露天煤矿对防尘防毒、防排水与防灭火的安全管理基本要求；

（5）掌握露天煤矿常见事故征兆及防范措施。

4. 井工煤矿开采安全

（1）熟悉本矿井的建设与发展状况、开拓方式、生产系统和采煤方法；

（2）掌握井巷工程施工安全要求，包括井巷工程施工过程中存在的主要危险、职业危害因素，掘进、支护、顶板管理安全要求，矿井常见顶板事故征兆及防范措施；

（3）掌握采煤作业安全要求，包括采煤方法及其回采工艺过程中存在的危险、职业危害因素以及安全要求，采空区安全管理基本要求；

（4）掌握“一通三防”安全基本知识，包括矿井通风的作用及《煤矿安全规程》对井下空气的有关规定，瓦斯的危害、爆炸条件及其防治措施，矿尘的产生、危害及其防治措施，矿井防灭火基本要求，熟悉监测监控系统等基本要求；

（5）掌握机电运输安全基本知识，包括矿井提升、运输作业存在的主要危险因素，用电安全基本知识及触电事故的防范措施，矿内运输常见事故的防范措施；

（6）掌握爆破安全基本知识及本矿井常见爆破事故征兆及防范措施，掌握本矿井常见水害事故征兆及防范措施；熟悉冲击地压事故征兆及防范措施等。

5. 煤矿职业病防治基本知识

（1）了解煤矿职业病类型；

（2）熟悉煤矿劳动防护用品配备基本要求；

（3）熟悉煤矿劳动过程中职业病防护与管理基本要求；

（4）熟悉职业病诊断与职业病病人保障基本要求。

6. 煤矿事故避灾和自救互救基本知识

（1）掌握煤矿生产安全事故类型、特点及辨识方法；

（2）熟悉煤矿生产安全事故应急预案相关规定；

（3）掌握煤矿生产安全事故应急处置及避灾方法；

（4）掌握自救、互救和创伤急救基本知识。

7. 基本技能训练

（1）熟悉自救器的基本知识；

（2）掌握自救器的使用方法，并熟练操作；

（3）能够辨识本矿常见的危险因素；

（4）掌握事故应急处置方法；

（5）掌握所从事工种的基本技能。

8. 典型事故案例分析及常见事故预防知识

（1）了解煤矿典型事故发生的原因及防范措施；

（2）掌握常见事故的预防知识。

附录二　培训学时

煤矿其他从业人员的培训时间，露天煤矿应不少于40学时；井工煤矿不少于72学时，具体培训学时应符合附表的规定。

露天煤矿、井工煤矿其他从业人员的再培训时间不得少于20学时。

附表　　煤矿其他从业人员安全生产培训学时安排

项目	培训内容		学时	
			露天煤矿	井工煤矿
培训	第一章	煤矿安全生产法律法规	4	4
	第二章	煤矿安全管理	6	8
	第三章	露天煤矿开采安全	10	
	第四章	井工煤矿开采安全		26
	第五章	职业病防治	2	4
	第六章	事故应急处置、自救与创伤急救	2	6
	第七章	现场参观与基本技能训练	10	16
	第八章	典型事故案例分析及事故预防	4	6
		考试	2	2
		合计	40	72
再培训		有关安全生产方面的新法律法规、新标准、新规程、新技术、新工艺、新设备和新材料等方面的安全培训；有关事故隐患排查治理、安全风险分级管控、职业卫生等方面的安全培训；典型事故案例分析	18	18
		考试	2	2
		合计	20	20

附录三　本教材适用工种

本教材按照《中华人民共和国职业分类大典》分类，适用于从事煤炭开采、选矿等作业的下列职业：露天采矿工、露天矿物开采辅助工、运矿排土工、矿井开掘工、井下采矿工、井下支护工、井下机车运输工、矿山提升设备操作工、矿井通风工、矿山安全防护工、矿山安全设备监测检修工、矿山救护工、矿山生产集控员、矿石处理工、选矿工、选矿脱水工、尾矿工、煤层气排采集输工、输送机操作工、地质测绘工程技术人员等。